Nachhaltiges Umweltmanagement

Von
Prof. Dr. Justus Engelfried

R. Oldenbourg Verlag München Wien

Bibliografische Information Der Deutschen Bibliothek

Die Deutsche Bibliothek verzeichnet diese Publikation in der Deutschen
Nationalbibliografie; detaillierte bibliografische Daten sind im Internet
über <http://dnb.ddb.de> abrufbar.

© 2004 Oldenbourg Wissenschaftsverlag GmbH
Rosenheimer Straße 145, D-81671 München
Telefon: (089) 45051-0
www.oldenbourg-verlag.de

Das Werk einschließlich aller Abbildungen ist urheberrechtlich geschützt. Jede Verwertung
außerhalb der Grenzen des Urheberrechtsgesetzes ist ohne Zustimmung des Verlages unzu-
lässig und strafbar. Das gilt insbesondere für Vervielfältigungen, Übersetzungen, Mikrover-
filmungen und die Einspeicherung und Bearbeitung in elektronischen Systemen.

Gedruckt auf säure- und chlorfreiem Papier
Gesamtherstellung: Druckhaus „Thomas Müntzer" GmbH, Bad Langensalza

ISBN 3-486-20012-7

| 4.4 | Wechselwirkungen verschiedener Managementsysteme und deren Vereinheitlichung | 130 |

5 Nachhaltiges Umweltmanagement als Bestandteil einer nachhaltigkeitsbezogenen Unternehmensstrategie ... 135

- 5.1 Bestimmung einer umweltbezogenen Unternehmenspositionierung ... 138
- 5.2 Formulierung einer umweltbezogenen Unternehmensstrategie ... 145
- 5.3 Instrumente des Umweltmanagements ... 150
  - 5.3.1 Marktbezogene Instrumente des Umweltmanagements ... 150
    - 5.3.1.1 Umweltverträgliche Produktpolitik ... 156
    - 5.3.1.2 Umweltverträgliche Distributions- und Redistributionspolitik ... 156
    - 5.3.1.3 Umweltverträgliche Produktionspolitik ... 159
    - 5.3.1.4 Umweltorientierte Kontrahierungspolitik ... 159
    - 5.3.1.5 Umweltorientierte Kommunikationspolitik ... 161
  - 5.3.2 Umweltorientierte Investitions- und Finanzpolitik ... 166
  - 5.3.3 Umweltorientierte Personalpolitik ... 168
  - 5.3.4 Umweltorientierte Forschungs- und Entwicklungspolitik ... 171

6 Ausblick ... 173

7 Übungsaufgaben für Studierende ... 178

- 7.1 Einfluss der nachhaltigen Entwicklung auf Branchen ... 178
- 7.2 Informationsbeschaffung für die Erläuterung von Umweltauswirkungen ... 180
- 7.3 Anwendungsbereiche von „Ökobilanzen" ... 180
- 7.4 Vergleich von Umweltauswirkungen verschiedener Unternehmen ... 181
- 7.5 Forschung und Entwicklung im Unternehmen ... 182
- 7.6 Auswahl eines Lieferanten unter Einbeziehung von Umweltaspekten ... 182
- 7.7 Umweltverträgliche Produktpolitik ... 185
- 7.8 Umweltverträgliche Produkte und deren Präsentation im Handel ... 186
- 7.9 Umweltaspekte in der externen Unternehmenskommunikation ... 186
- 7.10 Umweltmanagement im Versandhandel ... 187
- 7.11 Umweltmanagement in Hochschulen ... 187
- 7.12 Umweltmanagement in Kommunen ... 188
- 7.13 Beurteilung der umweltbezogenen Unternehmenspositionierung hinsichtlich "nachhaltiger Entwicklung" ... 191
- 7.14 Analyse von umweltrelevanten unternehmensinternen Faktoren ... 191
- 7.15 Analyse von umweltrelevanten unternehmensexternen Faktoren ... 192
- 7.16 Umweltorientierte Investitionsplanung ... 193
- 7.17 Zusammenführung von Managementsystemen ... 195
- 7.18 Persönlicher Lebensstil und Umweltschutz ... 195
- 7.19 Nationale und internationale Umweltpolitik und betriebliches Handeln ... 196

8 Zusammenfassung ... 200

9 Literatur- und Quellenverzeichnis ... 203

- 9.1 Literatur und Quellen (verwendet) ... 203

Inhalt

Abkürzungsverzeichnis

Abbildungsverzeichnis

1	**Einleitung: Konzeption des Lehrbuches**	**1**
2	**Hintergründe des nachhaltigen Wirtschaftens**	**5**
2.1	Entwicklung des Umweltbewusstseins und des Umweltmanagements	5
2.2	Nachhaltige Entwicklung als Leitbild für Unternehmen	13
3	**Nachhaltiges betriebliches Umweltmanagement**	**19**
3.1	Definitionen und Charakteristika von nachhaltigem Umweltmanagement ...	19
3.2	Vor- und Nachteile von nachhaltigem Umweltmanagement für Unternehmen	21
4	**Implementierung von Umweltmanagement im Unternehmen**	**26**
4.1	Einzelne Elemente der Implementierung	36
	4.1.1 Umweltpolitik	36
	4.1.2 Umweltprüfungsverfahren und Umweltprüfung	40
	4.1.2.1 Umweltprüfungsverfahren	41
	4.1.2.2 Inhalte der Umweltprüfung	44
	4.1.3 Umweltprogramm	59
	4.1.3.1 Energieeinsatz	64
	4.1.3.2 Materialeinsatz und Abfallanfall	65
	4.1.3.3 Wassereinsatz und Abwasseranfall	67
	4.1.3.4 Flächeneinsatz und Biodiversität	69
	4.1.3.5 Emissionen	71
	4.1.3.6 Lärm	76
	4.1.3.7 Störfälle	76
	4.1.3.8 Transport/Verkehr	77
	4.1.3.9 Umweltauswirkungen der Produkte und Dienstleistungen	78
	4.1.4 Umweltmanagementsystem und Umweltmanagementhandbuch ...	84
	4.1.4.1 Aufbau eines Umweltmanagementsystems bzw. eines Umweltmanagementhandbuchs	85
	4.1.4.2 Aufbau des Kapitels „übergeordnete Managementaufgaben"	94
	4.1.4.3 Aufbau der Kapitel für jeden umweltrelevanten Unternehmensbereich	100
	4.1.5 Umweltbetriebsprüfungsverfahren und Umweltbetriebsprüfung	103
	4.1.5.1 Umweltbetriebsprüfungsverfahren	105
	4.1.5.2 Inhalte der Umweltbetriebsprüfung	109
	4.1.6 Umwelterklärung	110
	4.1.7 Validierung bzw. Zertifizierung	113
	4.1.8 Eintragung in das Standortregister bzw. Aushändigung des Zertifikats	121
4.2	Auswahl der Bezugsgrundlage des Umweltmanagementsystems	123
4.3	Kosten/Nutzen-Überlegungen zur Einführung von Umweltmanagement ...	127

Vorwort und Danksagung

Die Erkenntnis der Notwendigkeit zum Schutz der Umwelt um ihrer selbst und um des Menschen willen liegt diesem Lehrbuch zugrunde.

Meine Motivation war es aufzuzeigen, dass der Gegensatz zwischen Ökonomie und Umweltschutz, der das Denken in Unternehmen leider noch häufig prägt, bei einem umfassend verstandenen Umweltmanagement entfällt.

Umweltmanagement dient dem Schutz der natürlichen Lebensgrundlagen und dem ökonomischen Vorteil der Unternehmen gleichermaßen, wenn es an den Notwendigkeiten einer nachhaltigen Entwicklung auf breiter Basis orientiert ist.

Mein herzlichster Dank gilt Dr. Norman Fuchsloch, Freiberg/Sachsen, für die sorgfältige Korrektur des Manuskripts und seine sehr wertvollen Hinweise.

Meinem Kollegen Prof. Dr. Klaus von Sicherer danke ich sehr für die Ermutigung, ein Lehrbuch aus meinen Lehrveranstaltungen zu entwickeln.

Meinem Kollegen Prof. Dr. Rudolf Wilhelm danke ich ganz herzlich für die Unterstützung durch jederzeit offene und freundschaftliche Diskussionen.

Bei Dipl.-Kauffrau (FH) Peggy Henning bedanke ich mich sehr für die freundliche und jederzeit hilfsbereite Unterstützung bei den Recherchearbeiten, beim Layout und bei der Erstellung der Abbildungen.

Herrn Martin Weiger vom Oldenbourg Wissenschaftsverlag, München, danke ich für die kooperative und unkomplizierte Zusammenarbeit.

Besonderer Dank gilt Dr. Jochen Bayer, Ulm, für seine Hinweise zum umweltorientierten Marketing und für sein Verständnis bei der Erstellung dieses Lehrbuchs trotz unseres Projektes „www.nexxt.ag".

Meiner Familie danke ich sehr für ihr Verständnis und ihre Geduld während der Erarbeitung des Lehrbuchs.

... für Thales

Ulm/Merseburg   Justus Engelfried

9.2	Gesetze/Verordnungen/Normen etc. in engem Zusammenhang zum Umweltmanagement	205
9.3	Literaturhinweise zum Umweltmanagement	207
9.4	Literaturhinweise zur Entwicklung des Umweltbewusstseins und des Umweltmanagements	214
9.5	Literaturhinweise zum Umweltrecht	216
9.6	Internetadressen	217
10	**Anhang**	**218**
10.1	Anhang 1: Informationsquellen zu „Umwelt" - eine Auswahl	218
10.2	Anhang 2: Arten der Informationsbeschaffung - eine Auswahl	220
10.3	Anhang 3: Wesentliche umweltrelevante Gesetze/Verordnungen etc. – eine Auswahl	221
10.4	Anhang 4: Vorschlag einer Checkliste zur Dokumentation der Implementierungsschritte eines Umweltmanagements nach EMAS bzw. zur Verwendung im Rahmen der Umweltbetriebsprüfung	226
10.5	Anhang 5: Vorschlag einer Checkliste zur Dokumentation der Implementierungsschritte eines Umweltmanagements nach DIN EN ISO 14001 bzw. zur Verwendung im Rahmen des Umweltmanagementsystem-Audits	228
10.6	Anhang 6: Vorschlag für die Gestaltung von Interviewleitfäden für die Umweltbetriebsprüfung bzw. für das Umweltmanagementsystem-Audit	230
10.7	Anhang 7: Maßnahmen zur Erhöhung der umweltspezifischen Qualifikation der Beschäftigten - eine Auswahl	231

Stichwortverzeichnis **232**

Abkürzungsverzeichnis

ADI-Wert:	acceptable daily intake; duldbare tägliche Aufnahmemenge (DTA-Wert)
BSB:	Biochemischer Sauerstoffbedarf
Cd:	Cadmium
CH_4:	Methan
CO_2:	Kohlenstoffdioxid
CSB:	Chemischer Sauerstoffbedarf
dB(A):	Dezibel (A)
F&E:	Forschung und Entwicklung
FCKW:	Fluorchlorkohlenwasserstoffe (einschließlich bromierter Kohlenwasserstoffe)
HCl:	Chlorwasserstoff, Salzsäure
HF:	Fluorwasserstoff, Flußsäure
Hg:	Quecksilber
HWK:	Handwerkskammer
idF:	in der Fassung
IHK:	Industrie- und Handelskammer
JiT:	Just-in-Time
MAK-Wert:	maximale Arbeitsplatzkonzentration
N_2O:	Distickstoffoxid
NH_3:	Ammoniak
NH_4^+:	Ammonium
NO_3^-:	Nitrat
NO_x:	Stickoxide
PAK:	Polycyclische aromatische Kohlenwasserstoffe
Pb:	Blei
PO_4^{3-}:	Phosphat
SO_2:	Schwefeldioxid
SO_3:	Schwefeltrioxid
v&nB:	dem Unternehmen vor- und nachgelagerte Bereiche
VOC:	Volatile organic compounds; flüchtige organische Kohlenstoffverbindungen

Abkürzungen von Quellen sind in Kapitel 9.1 aufgeführt.

Abbildungsverzeichnis

Abbildung 1: Entwicklung des Umweltmanagements und des Umweltbewusstseins in Deutschland (bis 1990 für Westdeutschland) 6
Abbildung 2: Quantitative Vorgaben für eine nachhaltige Entwicklung in Deutschland 17
Abbildung 3: Formale und inhaltliche Umsetzung von EMAS 28
Abbildung 4: Formale und inhaltliche Umsetzung von DIN EN ISO 14001 30
Abbildung 5: Ablauf der Durchführung einer Umweltprüfung 42
Abbildung 6: Energie- und Stoffströme (Input-/Outputströme einschließlich Fläche) am Standort 46
Abbildung 7: Energie- und Stoffströme (Input-/Outputströme, einschließlich Fläche) der dem Standort vor- und nachgelagerten Bereiche 48
Abbildung 8: Umweltauswirkungen am Standort einschließlich der dem Standort vor- und nachgelagerten Bereiche und einschließlich der Kennzeichnung der Umweltauswirkungen mit wesentlicher Bedeutung 54
Abbildung 9: Konzeption zur Ableitung von Zielen im Umweltprogramm aus der betrieblichen Umweltpolitik 60
Abbildung 10: Beispiel eines betrieblichen Umweltprogramms 63
Abbildung 11: Arten von Stoffströmen (als Emissionen) 66
Abbildung 12: Systematisierung von Recyclingarten 82
Abbildung 13: Verantwortungsmatrix - Muster 87
Abbildung 14: Dokumentenmatrix - Muster 90
Abbildung 15: Aufbau eines betrieblichen Umweltmanagementhandbuchs 92
Abbildung 16: Verantwortungsmatrix (beispielhaft für die Produktion) 101
Abbildung 17: Dokumentenmatrix (beispielhaft für die Produktion) 102
Abbildung 18: Ablauf der Durchführung einer Umweltbetriebsprüfung 106
Abbildung 19: Zulassungs-, Aufsichts- und Registrierungssystem nach EMAS in Deutschland 114
Abbildung 20: Zulassungssystem nach DIN EN ISO 14001 in Deutschland........... 115
Abbildung 21: Logo „Geprüftes Umweltmanagement" der Teilnahmebestätigung am Europäischen Gemeinschaftssystem nach EMAS und Logo „Geprüfte Information" nach EMAS 122
Abbildung 22: Unterschiede von EMAS und DIN EN ISO 14001 124
Abbildung 23: Unterschiede der formalen Elemente von EMAS und DIN EN ISO 14001 126
Abbildung 24: Elemente des nachhaltigen Umweltmanagements und ihre Auswirkungen auf die Kostensituation des Unternehmens 127
Abbildung 25: Aufbau eines integrierten Handbuchs 132
Abbildung 26: Integration verschiedener Managementsysteme und deren Handbücher zu einem integrierten nachhaltigen Managementsystem bzw. zu einem integrierten Handbuch (exemplarisch) 134
Abbildung 27: Schritte im Entscheidungsprozess der umweltbezogenen Positionierung des Unternehmens 137
Abbildung 28: Grundkonzeption des Marketing 146

Abbildung 29: Kennzeichnung von umweltbezogenen Basisstrategien zur Verwirklichung der angestrebten umweltorientierten Positionierung 148
Abbildung 30: Prozess der Erarbeitung umweltbezogener Unternehmensstrategien 149
Abbildung 31: Elemente eines umweltorientierten Marketingmix 152
Abbildung 32: Stellung eines umweltorientierten Marketing im Unternehmen und Schnittstellen 153
Abbildung 33: Erweiterung des St. Galler Umweltmanagementmodells 176
Abbildung 34: Halbmatrix zur Bestimmung der Zielgewichte bei der Nutzwertanalyse zur Lieferantenauswahl (beispielhaft) 184
Abbildung 35: Ermittelte Ausprägungen (beispielhaft) 184
Abbildung 36: Nutzwertanalyse bei der Lieferantenauswahl (beispielhaft) 185
Abbildung 37: Wesentliche Unterschiede für die Umsetzung von Umweltmanagement in Unternehmen und Kommunen 190
Abbildung 38: Generelle Kostenbetrachtung für den Vergleich von End-of-pipe-Technologien und produktionsintegriertem Umweltschutz 194
Abbildung 39: Rechtsquellen des Umweltrechts 221

1 Einleitung: Konzeption des Lehrbuches

Das hier vorliegende Lehrbuch unterscheidet sich von anderen Lehrbüchern zum Thema dadurch, dass es die **Notwendigkeiten der nachhaltigen Entwicklung** in das betriebliche Umweltmanagement einbezieht. Das Lehrbuch beschreibt die Implementierung des nachhaltigen Umweltmanagements einschließlich dessen Einbeziehung in die Unternehmenspositionierung und Unternehmensstrategie. Das Lehrbuch schließt somit die Lücke zwischen Arbeiten zur Theorie der Nachhaltigkeit und der vorliegenden umfassenden Literatur zum Thema „Einführung von Umweltmanagement" sowie „marktorientiertes" bzw. „strategisches Umweltmanagement". Das Lehrbuch grenzt sich durch seinen betrieblich-praxisorientierten Ansatz von einer häufig nur sehr ethisch orientierten Umweltmanagementkonzeption[1] ab.

Der sehr häufig für eine umweltorientierte Unternehmensführung gewählte umfassende Ansatz des **„Marktorientierten Umweltmanagements"**[2] steht einer praktischen Umsetzung aufgrund seiner Komplexität entgegen. Er ist daher in einzelnen Aspekten zu behandeln. Dabei stellen die Instrumente „umweltverträgliche Produktpolitik", „umweltverträgliche Produktionspolitik" und „umweltverträgliche Distributions- und Redistributionspolitik" die Basis dar, auf der die Instrumente „umweltorientierte Kommunikationspolitik" und „umweltorientierte Kontrahierungspolitik" aufbauen. Dieser Teil ist in seiner Theorie eine Weiterentwicklung des „umweltorientierten Marketing". Eine „umweltorientierte Investitions- und Finanzpolitik", eine „umweltorientierte Personalpolitik" sowie eine „umweltorientierte Forschungs- und Entwicklungspolitik" ergänzen diese Instrumente.

Das Lehrbuch erläutert damit die einzelnen Schritte zur Umsetzung eines nachhaltigen Umweltmanagements in Unternehmen. Es bezieht sowohl die prozessorientierten Aspekte des Umweltmanagements, d.h. eine umweltverträgliche Produktion am Unternehmensstandort, als auch die produktorientierten Aspekte des Umweltmanagements, d.h. die Herstellung umweltverträglicher Produkte und auch die damit zusammenhängende umweltverträgliche Distribution bzw. Redistribution, ein. Dabei werden die Anforderungen an das nachhaltige Umweltmanagement aus den Erkenntnissen der nachhaltigen Entwicklung formuliert und in die praktische Implementierung integriert. Hieraus lassen sich für die Unternehmen **konkrete Handlungsschritte** ableiten. Zweitens erfolgt im Lehrbuch eine Einordnung von Umweltmanagement in die Unternehmenspositionierung, die Unternehmensstrategie und die Erläuterung der Instrumente des Marketing. Das Lehrbuch geht damit aber über die formal geforderten Ansprüche an Umweltmanagementsysteme nach Öko-Audit-Verordnung (EMAS) und DIN EN ISO 14001 hinaus.

Die **Konzeption** des Buches beruht auf meinen praktischen Erfahrungen als selbstständiger zugelassener Umweltgutachter nach EMAS in der Beratung und Validierung von Unternehmen und deren Umweltmanagementsystemen und auf der methodisch-didaktischen Gestaltung von Lehrveranstaltungen, die seit 1997 im Rahmen von Lehraufträgen und Schulungen konzipiert und seither ständig für die

---

[1] Exemplarisch ZABEL, 2002.
[2] Exemplarisch MEFFERT/KIRCHGEORG, 1998.

Lehre weiterentwickelt wurden. Zudem fanden die Ergebnisse praxisorientierter Diplomarbeiten zu vielfältigen Aspekten des Umweltmanagements Eingang.

Das Lehrbuch ist geschrieben für:

- **Studierende**, die sich berufsvorbereitend mit dem Thema Umweltmanagement auseinandersetzen,
  Den theorie-ambitionierten Studierenden soll ein detaillierter Einblick in die betrieblichen Vorgänge vermittelt werden.
- **Entscheidungsträger** in den Unternehmen,
  Es soll helfen, schnell die wesentlichen strategischen Entscheidungen vorzubereiten, die für oder gegen ein nachhaltiges Umweltmanagement in seiner umfassenden Form für das Unternehmen sprechen, eine Abwägung der Vor- und Nachteile von „Umweltmanagement" im Detail vorzunehmen und sich einen Überblick über die erforderlichen Arbeiten bei der Implementierung zu verschaffen.
- **Praktiker**, die ein Umweltmanagement im Unternehmen aufbauen wollen (oder müssen) und einen schnellen und pragmatischen Einstieg in das Thema suchen, sowie solche, die ihre Vorkenntnisse vertiefen und sich eventuell zum Umweltauditor/Umweltbetriebsprüfer weiterqualifizieren möchten,
- **Unternehmensberater**, die auf dem Gebiet „Umweltmanagement" tätig sind, sowie Umweltgutachter bzw. Zertifizierer, die das Thema „Nachhaltigkeit" neu oder verstärkt in ihre Tätigkeit einbringen möchten,
- **Behörden**.
  Das Buch kann als Hilfestellung dienen, die komplexen Abläufe in den Unternehmen im Zusammenhang einer umweltverträglichen Wirtschaftsweise zu verstehen; zudem können die aufgeführten Aspekte zur Nachhaltigkeit als Hinweise in Genehmigungsverfahren Eingang finden.

Um diesen Gruppen gerecht zu werden und zu einer möglichst schnellen und erfolgreichen Umsetzung eines Umweltmanagementsystems in Unternehmen beizutragen, werden die Inhalte auf die umsetzungsnotwendigen Kenntnisse fokussiert; Ausnahmen sind die Erläuterungen zur Nachhaltigkeit und zu den marktbezogenen Instrumenten des Umweltmanagements.

Zur Umsetzung dieser Ziele ist das Lehrbuch wie folgt aufgebaut:

Kapitel 1 umreißt die **Konzeption des Lehrbuches**.

Kapitel 2 skizziert die Hintergründe von nachhaltigem Umweltmanagement, in dem es die **Entwicklung des Umweltmanagements und des Umweltbewusstseins** seit 1945 (Kap. 2.1) und die **Grundlagen nachhaltigen Wirtschaftens** als Leitbild für Unternehmen beleuchtet (Kap. 2.2).

Kapitel 3 enthält die wesentlichen **Charakteristika von Umweltmanagement** (Kap. 3.1) sowie die **Vor- und Nachteile von Umweltmanagement** bzw. Umweltmanagementsystemen für die Unternehmen (Kap. 3.2).

Kapitel 4 beschreibt ausführlich die **Implementierung von Umweltmanagement in Unternehmen**.

Die einzelnen Elemente Umweltpolitik und Umweltprogramm, Umweltmanagementsystem und Umweltmanagementhandbuch, Umweltprüfung und Umweltprüfungsverfahren, Umweltbetriebsprüfung und Umweltbetriebsprüfungsverfahren sowie die Umwelterklärung sind in Kap. 4.1 erörtert. Ein wesentlicher Schwerpunkt liegt auf der **Erstellung eines Umweltprogramms** vor dem Hintergrund einer nachhaltigen Entwicklung. In diesem Rahmen werden die für die Unternehmen praktischen Managementgrundsätze zur Reduzierung der wesentlichen Umweltauswirkungen aufgeführt, die sich aus den Anforderungen einer nachhaltigen Entwicklung ergeben. Dieses Kapitel 4 und die einzelnen Elemente bei der Einführung von Umweltmanagement im Unternehmen sind als **kommentierte Checkliste** angelegt, die ein leichtes Zurechtfinden und praktisches Umsetzen garantieren soll. Die Ausführungen sind auf die beiden Bezugsgrundlagen für Umweltmanagementsysteme, EMAS und DIN EN ISO 14001, orientiert und gehen in ihren Ansprüchen darüber hinaus. Ziel ist es, die in der Praxis häufig zu beobachtenden Probleme zu umgehen, die entstehen, wenn im betrieblichen Alltag Umweltmanagementsysteme lediglich ohne strategische Ausrichtung eingeführt werden.

Die **Auswahlkriterien** für die Bezugsgrundlage des Umweltmanagementsystems nach EMAS oder DIN EN ISO 14001 diskutiert Kap. 4.2, die **Kosten/Nutzen-Überlegungen** als Basis der Entscheidungsfindung zur Einführung des nachhaltigen Umweltmanagements Kap. 4.3. Beide Aspekte sind vor dem Hintergrund der zu wählenden umweltbezogenen Unternehmenspositionierung und Unternehmensstrategie zu betrachten.

Die Wechselwirkungen mit anderen Managementsystemen im Unternehmen und die Herangehensweise zur Vereinheitlichung sind in Kap. 4.4 dargestellt.

Kapitel 5 diskutiert eine **Einbeziehung von Umweltmanagement in die Unternehmensstrategie**. Dabei liegt der Schwerpunkt auf der Entwicklung einer **umweltorientierten Unternehmenspositionierung** (Kap. 5.1) und der **Unternehmensstrategie** (Kap. 5.2), als deren Teil Umweltmanagement anzusehen ist. Die einzelnen Instrumente des marktorientierten Umweltmanagements, der Marketingmix, werden detailliert beschrieben und in ihrem Verhältnis zueinander neu beleuchtet. Es erfolgt eine Darstellung der betrieblichen Schnittstellen (Kap. 5.3). Ebenso werden die Instrumente „**umweltorientierte Investitions- und Finanzpolitik**", „**umweltorientierte Personalpolitik**" und „**umweltorientierte Forschungs- und Entwicklungspolitik**" erörtert.

Im Rahmen des Kapitel 6 erfolgt ein **Ausblick** auf die weitere Entwicklung der nachhaltigen betrieblichen Umweltmanagementsysteme und deren Stellung im Kontext einer nachhaltigen Unternehmensführung.

In Kapitel 7 werden **Übungsaufgaben für Studierende** aufgeführt, die sich mit dem Thema „nachhaltiges Umweltmanagement" auseinandersetzen möchten; sie dienen zur Überprüfung des Gelernten und als Anregung zum Ein- und Weiterdenken.

Kapitel 8 bietet eine kurze **Zusammenfassung** des Lehrbuchs.

Ein **Literatur- und Quellenverzeichnis** (Kap. 9) ergänzt das Lehrbuch und rundet es ab. Darin werden die verwendete Literatur und die wiedergegebenen Quellen (Kap. 9.1) und die im engen Zusammenhang mit „Umweltmanagement" geltenden **Rechtsgrundlagen und Normen** (Kap. 9.2) angegeben. Eine Vielzahl von **ergänzenden und weiterführenden Literaturhinweisen** zum Umweltmanagement findet sich in Kap. 9.3. In Kap. 9.4 werden **Literaturhinweise zur historischen Entwicklung** des Umweltbewusstseins und des Umweltmanagements aufgeführt. In Kap. 9.5 finden sich einige Literaturangaben zur Thematik „**Umweltrecht**". Zudem werden in Kap. 9.6 **Internetquellen** angegeben, die es ermöglichen, sich schnell in die Thematik „Umweltschutz und Umweltmanagement" einzuarbeiten, die Rechtsgrundlagen bezüglich Umweltmanagement zu erfassen (auch als Download) und die aktuellen Entwicklungen zu verfolgen.

Abschließend werden im **Anhang** (Kap. 10) wichtige ergänzende Unterlagen aufgeführt, die zur schnellen Umsetzung von Umweltmanagement dienen sollen. In Kapitel 10.1 und 10.2 sind eine **Auswahl wesentlicher Ansprechpartner** und **Arten der Informationsbeschaffung** aufgelistet, um Unternehmen und Studierenden, die sich bisher wenig mit der Thematik „Umweltschutz und Umweltmanagement" auseinandersetzten, einen schnellen Zugang zu ermöglichen. Kapitel 10.3 gibt einen **Überblick über die wesentlichen Umweltgesetze** in Deutschland. Vorschläge zur **Gestaltung von Checklisten zur Dokumentation der Implementierungsschritte** eines Umweltmanagements nach EMAS werden in Kapitel 10.4, nach DIN EN ISO 14001 in Kapitel 10.5 gegeben. In Kapitel 10.6 findet sich ein Vorschlag für die Gestaltung von **Interviewleitfäden für die Umweltbetriebsprüfung bzw. das Umweltmanagementsystem-Audit**, in Kapitel 10.7 sind Möglichkeiten von **Maßnahmen zur Erhöhung der umweltspezifischen Qualifikation** der Beschäftigten aufgeführt.

Zur Erhöhung der Übersichtlichkeit werden die Themen komprimiert und größtenteils in Form von Checklisten und Spiegelanstrichen vorgetragen - dies ermöglicht zum einen eine schnelle Erfassung der wesentlichen Aspekte und somit eine schnelle Implementierung von nachhaltigem Umweltmanagement in den Unternehmen, zum anderen ein besseres Erlernen des Stoffs für die Studierenden.

Zu Gunsten der Lesbarkeit ist eine Auswahl der sonst noch wesentlichen Arbeiten zum Thema in Form von Literaturhinweisen aufgeführt. Das Lehrbuch verzichtet aber überwiegend auf eine textliche Auswertung der umfangreichen Literatur sowie auf die häufig nur verwirrenden Verweise auf entsprechende Stellen in der Öko-Audit-Verordnung und in der Norm DIN EN ISO 14001. Hinweise zu Definitionen und Begriffsklärungen, zum vertiefenden Verständnis, zu weiteren Literaturangaben etc. sind in Fußnoten aufgeführt.

Der Vollständigkeit halber sei erwähnt, dass aus der Umsetzung der sorgfältig zusammengestellten Hinweise keine Haftungsansprüche gegenüber dem Verfasser und dem Verlag abgeleitet werden können.

2 Hintergründe des nachhaltigen Wirtschaftens

Die Ausformung des Umweltbewusstseins in Deutschland und die inzwischen weltweit als Leitbild angesehene „Nachhaltige Entwicklung" bilden wesentliche Hintergründe für nachhaltiges Wirtschaften und für die Einführung von Umweltmanagementsystemen in den Unternehmen.[1] Die Entwicklung des Umweltbewusstseins und des Umweltmanagements werden seit 1945 (bis 1990 für Westdeutschland), die Ansätze zur nachhaltigen Entwicklung seit 1992 jeweils in Überblickbetrachtungen beschrieben.

2.1 Entwicklung des Umweltbewusstseins und des Umweltmanagements

Die Entwicklung des Umweltbewusstseins und des Umweltmanagements in Deutschland in den letzten 50 Jahren, bis 1990 für Westdeutschland, zeigt die Abbildung 1.[2]

Generell ist anzumerken, dass bereits fortwährend seit der Antike **lokale und regionale** Umweltprobleme bekannt waren. Damalige Ereignisse stehen jedoch nicht direkt mit der Entwicklung des heute vorhandenen Umweltbewusstseins in Verbindung. Die wesentlichen umweltbewusstseinsprägenden Ereignisse datieren nach dem zweiten Weltkrieg, so dass sich eine Kurzbeschreibung auf den Zeitrahmen nach 1945 bezieht.

Waren nach 1945 bis Ende der 50er Jahre die Wirtschaft und das Bewusstsein vom Ziel „Wiederaufbau" geprägt, so stellte sich in den 60ern trotz des gelungenen Wiederaufbaus kein Gefühl der Zufriedenheit ein - regionale Umweltprobleme und deren Lösung wurden unter dem Schlagwort „vom blauen Himmel über der Ruhr" diskutiert bzw. als Ziele formuliert.

Daraus entwickelten sich seither, vor allem in den 1970er Jahren im Zeichen von Wirtschaftswachstum und Ölkrise, Umweltinteresse und eine detaillierte Problemidentifikation. Überwiegend noch emotionale und aktionsorientierte Ansätze wichen in den 80ern zunehmend einer professionalisierten Umweltschutzpolitik und Umweltbewegung, die immer mehr durch Kooperationen statt durch Konflikte charakterisiert war.

---

[1] Allgemein wird unter „**Umwelt**" der **Komplex der Beziehungen** einer Lebenseinheit zu ihrer Umgebung verstanden. Bezogen auf die Umwelt des Menschen wird die in der Definition enthaltene Bindung der Lebenseinheit an einen bestimmten Ort aufgehoben, da die Auswirkungen menschlichen Handelns **weltweit** zu betrachten sind. In die Definition von „Umwelt" wird auch der **Mensch selbst** als Teil des Beziehungsgeflechtes „Erde" einbezogen (siehe ENGELFRIED, 1994:10). Somit wird „Gesundheitsschutz" Bestandteil des Umweltschutzes.

[2] Die Idee zu dieser Darstellung entstand aus GÜNTHER (1992:132); die dort aufgeführte Abbildung wurde komplett verändert, überarbeitet und wesentlich erweitert.

Abbildung 1: Entwicklung des Umweltmanagements und des Umweltbewusstseins in Deutschland (bis 1990 für Westdeutschland)*

Phase	Leitsatz und Vorzeichen	Gravierende Ereignisse	Öffentlichkeit	Organisation des staatlichen/internationalen Umweltschutzes	Management und Mitarbeiter	Organisation des betrieblichen Umweltschutzes	Umwelttechnik
nach 1945 bis Ende der 50er Jahre	Ein Ziel: Wiederaufbau	(1943 Los Angeles-Smog; oberirdische Atombombentests (u.a. Bikini-Atoll) mit weltweitem radioaktivem Fall-out; 1952 London-Smog; Contergan (ab 1958); Minamata- (Hg-) und Itai-Itai-Krankheit (Cd-Kontamination) (Japan)	Nahrungsmittel- und Produktkonsum; Naturschutz durch die Nähe führender Protagonisten zur NS-Ideologie politisch korrumpiert; Atomeuphorie; Automobilisierung der Gesellschaft und Reisewelle	Umweltschutz ist Teil der Gesundheitspolitik; Gewerbeaufsicht versucht, erreichten Vorkriegsstand zu halten und zu verbessern; keine bundeseinheitliche Politik bei Luft- und Wasserreinhaltung sowie Abfallbeseitigung; international keine verbindlichen Übereinkommen; 1957 Wasserhaushaltsgesetz	"Unser" Unternehmen ist unschuldig, die Nachbarn sind verantwortlich	1956 VDI-Kommission "Reinhaltung der Luft" als Selbsthilfegruppe	Elektrofilter zur Produktabscheidung (seit 1908); Abwasser: Einleitung nicht mehr am Ufer, sondern in der Flussmitte; betriebseigene Deponien
60er Jahre	Keine Behaglichkeit trotz Wirtschaftswunder - der Beginn des Weges "zum blauen Himmel über der Ruhr"	Kuhsterben in der Nachbarschaft einer Müllverbrennungsanlage (Niederlande); Einsatz chemischer Waffen im Vietnamkrieg (Agent Orange)	1962 R. Carson "Silent Spring"; 1965 A. Mitscherlich "Die Unwirtlichkeit unserer Städte"; 1965 Bürgerinitiative gegen Fluglärm in Frankfurt/M.; Hippie- und Studentenbewegung	1963 Internationale Kommission zum Schutz des Rheins (Berner Übereinkommen, zunächst wirkungslos); 1964 TA Luft; 1968 Atomwaffensperrvertrag; 1969 sozial-liberale Koalition erklärt "Umwelt" zu maßgeblichem Bestandteil der Innenpolitik	auf Massenproduktion ausgerichtete Wirtschaftsprozesse; technologischer Fatalismus: Umweltbelastungen werden als unvermeidbar angesehen	Ex-TÜV-Präsident S. Balke Bundesminister für Atomenergie und Wasserwirtschaft; Ausdehnung der Arbeitsbereiche der TÜVe; rechtspositivistischer Umweltschutz	Verlagerungstechniken: verbrennen, vergraben, jedenfalls vergessen
70er Jahre	"Mehr Wachstum - Mehr Wohlstand - Mehr Technik - Mehr Umwelt"; aus Unkenntnis und Verdrängen wird Umweltinteresse und Problemidentifikation	1973 erste Ölkrise; 1976 Seveso/Italien (Firma Icmesa); 1978 "Amoco Cadiz" (vor Brest); 1979 Stoltzenberg-Skandal mit Fabrikschließung nach illegaler und fahrlässiger Lagerung von Sonderabfällen (Hamburg); Boehringer-Skandal (Hamburg) mit Dioxinentstehung bei Pestizidproduktion	1972 Club of Rome "Limits to Growth"; Bürgerliches Umweltbewußtsein: "Grüne sind Spinner"; Umweltprobleme, die aus alltäglichem Handeln resultieren, werden deutlicher sichtbar; Atomprotestbewegung; Zunahme von "Grünen"; Gründung/Belebung von Umwelt- und Naturschutzorganisationen: Greenpeace, B.U.N.D., BBU; kirchliches Umweltengagement	1970 Gründung Bayerisches Ministerium für Landesentwicklung und Umweltfragen; 1971 Umweltprogramm der Bundesregierung; "Die Erhaltung einer gesunden und ausgewogenen Umwelt gehört zu den Existenzfragen der Menschheit." (Bundeskanzler W. Brandt 1971); "Die Versäumnisse der letzten hundert Jahre können nicht von heute auf morgen aufgeholt werden." (Innenminister H.-D. Genscher); 1972 Abfallbeseitigungsgesetz; 1972 UN-Konferenz in Stockholm "Umwelt des Menschen"; 1973 Washingtoner Artenschutzabkommen; 1973 1. Umweltprogramm der EWG; 1974 Bundesimmissionsschutzgesetz; 1974 Gründung des Umweltbundesamts; 1975 Umwelt in der KSZE-Schlußakte von Helsinki; 1978 Begriffe "Altlasten" und "geordnete Entsorgung"	Verdrängen bzw. Verharmlosen der Probleme; Leitsatz "die billigste Entsorgung ist die beste Entsorgung"; Gesetzliche Einzelanordnungen, die auch befolgt werden; Umweltschutz beschränkt sich auf technische Lösungen; Beginn der technokratischen Umsetzung; erste Erkenntnisse, dass Prozesse und Produkte hinsichtlich ihrer Umweltauswirkungen zu rechtfertigen sein müssen	erste umfassende Energieeinsparungsansätze, partielle organisatorische und technische Lösungsansätze, erste Pioniere mit umfassendem Verständnis für "Umweltmanagement"	nahezu ausschließlich End-of-pipe-Technologien; NRW feiert 1976 "Hohe-Schornstein-Politik"

Hintergründe nachhaltigen Wirtschaftens

Phase	Leitsatz und Vorzeichen	Gravierende Ereignisse	Öffentlichkeit	Organisation des staatlichen/internationalen Umweltschutzes	Management und Mitarbeiter	Organisation des betrieblichen Umweltschutzes	Umwelttechnik
80er Jahre	Von aktionistischer und emotionalisierter Umweltschutzaktion zur professionalisierten Umweltpolitik - vom Konflikt zur Kooperation	Saurer Regen/„Waldsterben", Eutrophierung der Ostsee; Wiederentdeckung des Los Angeles-Smog; verstärkte Wahrnehmung der Regenwaldabholzung und des Artensterbens; Startbahn West (Frankfurt/M.); FCKW/„Ozonloch" und CO₂/Klimaerwärmung; 1981 Ende der Elbfischerei; 1984 Bhopal/Indien (Union Carbide); 1985 französischer Geheimdienst versenkt Rainbow Warrior vor Auckland/Neuseeland; 1986 Tschernobyl/Ukraine; 1986 Rheinvergiftung Sandoz, 1989 „Exxon Valdez" (Alaska)	1980 Horst Stern gründet Zeitschrift „natur", „Umwelt als Tagesthema in den Medien; Grüne als Partei in den Parlamenten; 1985 erste Regierungsbeteiligung in Hessen (Umweltminister J. Fischer); Konsumenten zeigen Bedarf an umweltfreundlichen Produkten; Beginn des umweltfreundlichen Konsums; Durchsetzung des „Blauen Engels"; staatlicher Handlungsbedarf wird durch Umweltkatastrophen und Umweltskandale stärker, sowie durch starke Anti-AKW- und Friedensbewegung	1986 nach Tschernobyl Gründung des Bundesministeriums für Naturschutz, Umwelt und Reaktorsicherheit; 1987 Montreal-Protokoll: Internationaler FCKW-Ausstieg; 1987 Einheitliche Europäische Akte gibt EG-Umweltschutz rechtliches Fundament; Umweltgesetzgebung folgt medialem Ansatz (Wasser, Luft, Boden) - Regelungswut/-flut; Überwiegend technokratische Umsetzung; Vorbereitung und Beginn der Umsetzung internationaler Lösungsansätze; 1989 Basler Konvention	Betroffenheit durch Industriekritik; erste Modelle umweltorientierter Unternehmensführung (B.U.U., future, BAUM); erste Umweltbeauftragte, zunehmendes Commitment; „Umweltschutz ist Chefsache"; Umweltschutz wird (bei Pionieren) systematisiert; Umweltschutz wird zum Markenartikel (z.B. Frosch, Hipp); erste Öko-Bilanzen/ Öko-Audits und Ansätze von umfassendem Umweltmanagement 1982 Bayer AG beendet Dünnsäureverklappung in der Nordsee	neben technischen Lösungen partielle Erprobung organisatorischer Lösungen, Weiterentwicklung technischer und organisatorischer Ansätze	Chancen des integrierten Umweltschutzes werden erkannt - andererseits: umwelttechnische Scheinlösungen (Katalysator, bleifreies Benzin)
90er Jahre	Generelle umweltbezogene Betroffenheit mit hoher Sensibilität für Umweltfragen und Beginn umweltorientierter Organisationsentwicklung	1990 Skandal um dioxinverseuchtes „Marsberger Kieselrot"; 1991 Kuwait-Krieg: Krieg um Rohstoffe und Ölverpestung als Waffe; 1992 „gelber Regen" am Rosenmontag in Frankfurt/M. (Hoechst AG); 1995 Ölplattform Brent Spar (Shell)	1990 Ende der DDR (gemäß Einigungsvertrag „eine einzige Altlast") und Zusammenbruch der UdSSR; Umweltschäden in Osteuropa und „Öko-Krieg" schüren neue Ängste; 1995 Chemie-Nobelpreis an Crutzen/Rowland/ Molina für Aufklärung des Chemismus der Ozonlochentstehung; 1998 Rot-Grüne Koalition in Berlin; Atomausstieg vereinbart; umweltverträgliche Produkte in allen Branchen erhältlich	1992 Weltumweltgipfel Rio: „Sustainable Development" - USA (Clinton) ratifizieren die Erklärung nicht; 1997 Kyoto-Protokoll zum Klimaschutz: Anerkennung der menschlichen Ursachen des Treibhauseffekts; Fortführung der Etablierung technologischer und organisatorischer Lösungen; freiwillige Selbstverpflichtungen; verschärfte Gesetze; Beginn der detaillierten Diskussion um globale Lösungsmechanismen; 1998 Bundesbodenschutzgesetz	Umweltschutz wird aktive Zukunftsstrategie u. dient der Motivation der Mitarbeiter; fortschrittliche Unternehmer fordern umweltfreundliche Produkte, die umweltschonend hergestellt und recycliert werden; bekannt schädliche Produkte werden vom Markt genommen (z.B. FCKW, Asbest); Ende der 90er: „New Economy" mit verpaßten Chancen bei Umweltentlastung	Erfahrungen von Pilotunternehmen werden systematisch ausgewertet; Beginn der Umsetzung einer umweltorientierten Organisationsentwicklung; 1993 EMAS I; 1996 DIN EN ISO 14001; ab 1994 erste zertifizierte Umweltmanagementsysteme	Erkenntnis, dass die Umweltbelastung während des gesamten Produktlebenszyklus reduziert werden soll; produktions- und produktintegrierter Umweltschutz setzen sich durch; Abfälle werden andererseits zu Produkten/Bergeversatz umdeklariert

Phase	Leitsatz und Vorzeichen	Gravierende Ereignisse	Öffentlichkeit	Organisation des staatlichen/internationalen Umweltschutzes	Management und Mitarbeiter	Organisation des betrieblichen Umweltschutzes	Umwelttechnik
2000 bis heute	Umsetzung betrieblicher und globaler Lösungskonzepte oder permanentes globales Krisenmanagement?	2000 BSE-Lebensmittelbelastung; 2001 World Trade Center (New York); 2003 Irak-Krieg; 2003 Öltanker Prestige (Galizien/Spanien)	Sichtbarwerden der Auswirkungen der globalen Umweltveränderungen und „Öko-Krieg"; Wirtschaftskrise nach New Economy-Boom rückt ökonomisch-soziale Fragen in den Mittelpunkt	USA (Bush) verweigert die Ratifizierung des Kyoto-Protokolls; Politik der Globalisierung; zaghafte Versuche der Umsetzung globaler umweltpolitischer Lösungsmechanismen stehen vor dem Scheitern	Bei Global Playern: Umsetzung international einheitlicher Umwelt- und Sozialstandards auf dem besten Level?	2001 EMAS II; Umweltmanagementsysteme werden in großer Zahl umgesetzt; Erkenntnis zur Ausrichtung der Umweltziele an den Notwendigkeiten einer nachhaltigen Entwicklung	

* Diese Abbildung entstand in enger Zusammenarbeit mit Norman Fuchsloch. Literaturhinweise zu dieser Abbildung sind in Kap. 9.4 aufgeführt. In anderen Ländern mögen noch weitere lokal bzw. regional bedeutende Vorkommnisse eingetreten sein, die im Detail aber hier nicht zu betrachten sind. Diese länderspezifischen Ereignisse könnten zu einer Entwicklung des Umweltbewusstsein in diesen Ländern geführt haben, die von der hier für Deutschland dargestellten abweicht. So zogen z.B. die Regierungen der EU-Mitgliedstaaten unterschiedliche umweltpolitische Konsequenzen aus gleichen Sachverhalten, z.B. dem Aufkommen der Einwegverpackungen.

Eine hohe allgemeine umweltbezogene Sensibilität und Betroffenheit kennzeichneten den Beginn der 90er Jahre. Mit ihnen einher ging die Entwicklung umweltorientierter Organisationsentwicklung. Diese setzte sich zu Beginn des 21. Jahrhunderts fort, allerdings unter veränderten Vorzeichen – im Zuge weltweit vernetzter Wirtschaftsprozesse ist sie global zu diskutieren, ebenso wie die Umsetzung globaler internationaler umweltpolitischer Lösungskonzepte.

Diese Entwicklung des heutigen Umweltbewusstseins und des Umweltmanagements kann anhand folgender Ereignisse beschrieben werden, die die Erkenntnisse über lokale, regionale und globale Umweltprobleme maßgeblich geprägt haben und sich als solche im Bewusstsein der Menschheit verankert und als Bewusstsein herausgebildet haben:

- die **Begrenztheit von Ressourcen**,
    Sie wurde erstmals durch die Ölkrisen in den 70er Jahren verdeutlicht, einhergehend mit der Studie des Club of Rome zu den „Grenzen des Wachstums". Ebenfalls seit Ende der 70er Jahre und dann verstärkt in den 80er Jahren wurde die **Abnahme der biologischen Vielfalt**, das Artensterben, wahrgenommen - sowohl in terrestrischen Ökosystemen durch die Abholzung der tropischen Regenwälder oder die in den alten Bundesländern exzessiv durchgeführte Flurbereinigung, als auch in marinen Ökosystemen durch Überfischung der Meere.
- die **lokale** und **regionale Bedrohung** von Gesundheit und Ökosystemen durch technische Prozesse,
    Sie wurde insbesondere anhand von Störfällen bewusstseinsprägend, v.a. in Chemieanlagen (z.B. in Seveso und Bhopal, am Rhein), sowie durch eine Vielzahl größerer und kleinerer Tankerhavarien. Bereits in den 50er Jahren wurden Prozesse mit derartigen Auswirkungen erkannt, u.a. die Itai-Itai- und Minamata-Krankheit, ohne allerdings eine derartige bewusstseinsprägende Wirkung in Deutschland zu entfalten. Ebenso sind die Smog-Ereignisse in London und Los Angeles, ebenfalls in den 50iger Jahren, zu deuten.
- die **überregionale Bedrohung** von Ökosystemen durch die allgemeinen Wirtschaftsprozesse, nicht mehr eindeutig einzelnen Verursachern, sondern diffusen Quellen wie Individualverkehr, Transportprozesse, Energieerzeugung, Kommunen, Haushalte etc. zuzuordnen,
    Sie wurde erkennbar an der Eutrophierung der Ostsee oder der Adria durch Nährstoffeinträge und das „Waldsterben", u.a. in deutschen und osteuropäischen Mittelgebirgen oder Skandinavien als Folge des „Sauren Regens".
- die **globale Bedrohung** der Ökosysteme,
    Sie wurde durch den radioaktiven Fallout der oberirdischen Atombombentests der 50er Jahre und nachfolgend durch die Forschungen zu Emission und Wirkung der Kühlmittel Flurchorkohlenwasserstoffe hinsichtlich der Zerstörung der Ozonschicht und der Veränderung der Atmosphäre durch die Gase Kohlenstoffdioxid und Methan mit ihren Folgen der Bedrohung von Gut und Leben durch Stürme, Überschwemmungen etc. erkannt. Diese globalen Auswirkungen sind ebenfalls nicht mehr einzelnen Verursachern zuzuordnen, sondern werden verursacht durch eine Vielzahl von diffusen Quellen, u.a. Klimaanlagen und Kühl- bzw. Gefriergeräte im Falle von FCKW, sowie Indivi-

dualverkehr, Transportprozesse, Heizung, Energieerzeugung, Landwirtschaft etc. im Falle der treibhausrelevanten Emissionen.
- das **überregionale** bzw. **globale Risiko** für Gesundheit und Ökosysteme durch einzelne technische Prozesse und Anlagen,

  Es wurde durch den größten anzunehmenden Störfall (GAU) im Atomkraftwerk Tschernobyl verdeutlicht. Erste Erkenntnisse über die globale Wirkung von Einzelereignissen gehen zwar auf die beiden Atombombenabwürfe 1945 und die oberirdischen Atombombentests zurück, die aber vor dem politisch-militärischen Hintergrund der Aufrüstungsspirale des „Kalten Kriegs" nicht (tief) ins Umweltbewusstsein vordrangen. Erst später wurde die möglich gewordene Vernichtung der Menschheit und der Ökosysteme unter dem Schlagwort „Nuklearer Winter" geführt.

- die **beabsichtigt herbeigeführten lokalen und globalen Gefährdungslagen und Bedrohungen**,[1]

  Die oben aufgeführten Bedrohungen sind nicht weiter eine in Kauf genommene Folge der technischen Risiken der wirtschaftlichen Prozesse, sondern können beabsichtigt herbeigeführt werden, u.a. durch Manipulation technischer Prozesse wie chemischen Produktionsanlagen, Atomanlagen, Pipelines, biotechnologischen Laboratorien, etc. Dies zeigte der Anschlag auf das World Trade Center in New York 2001 sowie der Golfkrieg 1991.

- die **globale Arm/Reich-Problematik**.

  Vor dem Hintergrund des starken Wirtschaftswachstums und steigenden Wohlstandes in den Industrienationen, aber auch der geostrategischen Konzepte der Ost-West-Konfrontation, entwickelte sich das Bewusstsein der globalen Arm/Reich-Problematik. Basierend auf möglichen und erfolgten kriegerischen Konflikten zur Sicherung des Zugangs zu den begrenzten Ressourcen, einschließlich des Trinkwassers, und den immer wieder eintretenden Hungersnöten in Afrika seit den 70er Jahren bildete sich in Verbindung mit dem Umweltbewusstsein ein „Bewusstsein der nachhaltigen Entwicklung", das seit 1992 als solches bezeichnet werden kann und sich seither vertieft.[2]

War zunächst Umweltschutz in Deutschland Bestandteil der Gesundheitspolitik, reagierte die Politik seit Ende der 60er Jahre beginnend mit Einzelgesetzen und Einzelverordnungen auf die Probleme. Diese Einzelanordnungen zielten auf die schnelle Verbesserung der Umweltsituation durch den Einsatz von sog. **additiver Umweltschutztechnik** („**End-of-(the)-pipe-Umweltschutztechnik**"), u.a. Abgasfilter, Kläranlagen, Müllverbrennungsanlagen und Deponien. Dadurch, dass die Prozesse in den Unternehmen beim Einsatz dieser Techniken nicht verändert wurden, kamen auf die Unternehmen z.T. immense Kosten zu. So entstand das aus heutiger Sicht als Vorurteil zu bezeichnende Urteil: „Umweltschutz kostet Geld". Seit Beginn der 90er Jahre wurden in Wissenschaft, Politik und Unternehmen verstärkt neue Modelle favorisiert und gefördert, die zu **produktionsintegrierten („prozessintegrierten") Lösungen**, die Umweltauswirkungen bereits vor ihrer Entstehung verhindern sollten, und zu **produktintegrierten Lösungen**, die die Umweltaus-

---

[1] Begründungen zur bewussten Herbeiführung können sehr vielfältig sein, z.B. die weltweite Arm/Reich-Diskrepanz, religiöser Fanatismus, Geistesverwirrung bei Einzeltätern, politische Eiferei etc.; sie sind aber für das Bewusstsein möglicher Gefährdungslagen sekundär.

[2] Dies führte allerdings noch nicht zur Überwindung der klassischen militärischen Konfliktpotentiale (z.B. Ex-Jugoslawien, Russland).

wirkungen der Produkte über deren gesamten Produktlebenszyklus und ebenfalls vor ihrer Entstehung vermeiden sollen, führten. Durch den Weltumweltgipfel 1992 floss zudem der Gedanke der „Nachhaltigkeit" in die politische Arbeit ein, was wiederum die integrierten Lösungen favorisierte; insgesamt wird die nationale Umweltpolitik durch die internationale Entwicklung und deren Bestrebungen zu globalen Lösungsmechanismen, wie z.B. zum Arten- oder Klimaschutz, beeinflusst.

In den Unternehmen zeigten sich nach einer Phase der Verdrängung und Verharmlosung der Probleme in den 70er Jahren die ersten Ansätze zum „Umweltmanagement", beginnend mit dem „Management" einzelner Aspekte, insbesondere dem Energie- und Wassermanagement. Etwa zu Beginn der 80er Jahre, mit fortschreitendem Umweltbewusstsein der Konsumenten, der breiten Öffentlichkeit und der Medien sowie der Verantwortlichen in den Unternehmen selbst, setzte sich, bedingt durch massive Industriekritik, auf breiter Basis die Erkenntnis durch, dass die industrielle Tätigkeit hinsichtlich ihrer Umweltverträglichkeit zu rechtfertigen sei. Es stiegen die Aufgeschlossenheit und die Bereitschaft der Unternehmen, Umweltaspekte in ihrer Produktion und ihren Produkten zu berücksichtigen, bis hin zu ersten Ansätzen einer umweltorientierten Unternehmensführung bei **Pionierunternehmen**. Mit dieser Betrachtung von Unternehmen einhergehend, entwickelten sich seit Mitte der 80er Jahre umfassende Ökobilanzen und Produktlinienanalysen als Voraussetzung zur umweltorientierten Optimierung der Unternehmen.

Spätestens seit dem Inkrafttreten der EG-Öko-Audit-Verordnung 1993 (EMAS I) und ihrer Nachfolgeregelung 2001 (EMAS II) sowie der weltweit anwendbaren DIN EN ISO 14001 1996 wurden dann Umweltmanagementsysteme als **Bestandteile einer umweltorientierten Unternehmensführung** in den Unternehmen umgesetzt. Durch die Maßnahmen der Energieeinsparung, Abfallvermeidung oder Wassereinsparung im Rahmen des produktions- und produktintegrierten Umweltschutzes konnten zudem auch Kosten eingespart werden (siehe Kap. 4.3). Die Ende der 80er Jahre entstandene Erkenntnis, „Umweltschutz ist Chefsache", wurde im Zuge dieser umweltorientierten Organisationsentwicklung dahingehend erweitert, Umweltschutz auf allen Ebenen des Unternehmens zu verankern. Die Beschäftigten, anfangs diese Entwicklung bewusst ignorierend, dann ihr eher unwillig gegenüberstehend, wurden über die Jahre verstärkt in die betrieblichen Abläufe und Entscheidungen eingebunden, so dass sich die Motivation zur aktiven Mitarbeit einstellte.

Die Unternehmen setzen zum einen Maßnahmen, die Umweltauswirkungen am Unternehmensstandort reduzieren, zum anderen Maßnahmen hinsichtlich umweltverträglicher Produkte und des damit verbundenen **„Umweltorientierten Marketing"** um. Beides manifestiert sich in der zunehmenden Anzahl von Validierungen nach EMAS und Zertifizierungen nach DIN EN ISO 14001 und in der zunehmenden Anzahl von **Umweltkennzeichen** für die Produkte, z.B. „Blauer Engel", „Ökologischer Landbau", „Europäische Blume" etc. Diejenigen Unternehmen, die eine umweltorientierte Unternehmensführung für sich beanspruchen, insbesondere die Global Player, werden zunehmend daran gemessen werden, ob es ihnen gelingt, die in einzelnen Ländern erreichten Umwelt- und Sozialstandards auf alle Standorte zu übertragen und ihre Umweltziele an den Notwendigkeiten einer nachhaltigen Entwicklung auszurichten.

In der Öffentlichkeit wurden Anfang der 70er Jahre die Vertreter umweltorientierten Denkens („Grüne") zunächst als weltfremde „Spinner" charakterisiert, basierend noch auf den Auswirkungen der Hippie-Bewegung. Im Zuge der Entwicklung des Umweltbewusstseins beschritten diese nach ihrer Parteigründung (als „Die Grünen") den parlamentarischen Weg, der 1998 in die erste Regierungsbeteiligung auf Bundesebene mündete. Flankiert und maßgeblich mitgeprägt wurde dieser Weg durch die Entstehung und die medien- und öffentlichkeitswirksame Arbeit von Umweltschutz- und Verbraucherschutzorganisationen, zunächst ausschließlich als Protest, dann zunehmend als lösungsorientierte Kritik, die sich sehr wohl auch gegen Landesregierungen mit grüner Beteiligung richten konnte.[3] Ebenfalls bewusstseinsbildend wirkte, dass sich die Wissenschaft verstärkt Umweltauswirkungen und deren Ursachen zuwandte, u.a. Klimaforschung, Toxikologie und Ökosystemforschung oder Umweltgeschichte.[4]

Trotz des generellen Umweltbewusstseins und des „allgemeinen Wissens" um die Umweltproblematik herrscht eine deutliche **Diskrepanz zwischen Umweltbewusstsein** und dem **tatsächlichen Verbraucherverhalten**, d.h. den individuellen Konsum- und Lebensgewohnheiten. Erst Ende der 80er Jahre stiegen die Nachfrage nach und der Konsum von „umweltverträglichen" Produkten auf breiter Basis an, durch Lebensmittelskandale in den 90er Jahren beschleunigt bei Nahrungsmitteln. Dieser Sachverhalt wird als Grundlage eines umweltorientierten Marketing (siehe Kap. 5.3.1) zu diskutieren sein.

Die skizzierten Ereignisse und Entwicklungen bedeuten vor dem Hintergrund einer zunehmend globalisierten und international vernetzten Wirtschafts- und Lebensweise für die Bewusstseinsentwicklung im beginnenden 21. Jahrhundert eine Erweiterung. Das Umweltbewusstsein und das Bewusstsein hinsichtlich der **Arm/Reich-Problematik** führt zur Bildung eines „**Bewusstseins der nachhaltigen Entwicklung**".

Als Ausblick auf das 21. Jahrhundert stellt sich die Frage, wie die nationale und internationale Politik auf die umweltbezogenen und sozialen Problemlagen reagieren wird. Wenn auch noch nicht im allgemeinen Bewusstsein verankert, so ist doch die Frage omnipräsent, ob **internationale Lösungen** gelingen können oder ob das zukünftige Handeln nur durch **permanentes und reaktives Krisenmanagement** geprägt sein wird, u.a. resultierend aus Verteilungskonflikten bei Ressourcen, aus Störfallfolgen, aus Sturm- und Überschwemmungsschäden etc.[5] Für die eingesetzten Technologien wird die Frage bestimmend sein, ob sie an den Zielen einer nachhaltigen Entwicklung orientiert sind und ob sie derart benutzerfreundlich und manipulationsunanfällig sein werden, dass Bedienungsfehler, technisches Versagen oder Manipulationen nicht zu Katastrophen führen. Hinzu kommt, dass in den Industrienationen durch die Wirtschaftskrise nach dem New-Economy-Boom das verstärkte Aufkommen der Fragen zur sozialen Gerechtigkeit und zur Sicherheit

---

[3] Z.B. die geplante Sonderabfalldeponie Mainhausen und die Erweiterung der Sonderabfallverbrennungsanlage Biebesheim in Hessen.
[4] Unterstützt wurde dieser Prozess v.a. durch die Entwicklung von Analysemethoden für Umweltschadstoffe.
[5] Warum allerdings sowohl GÜNTHER als auch MEFFERT/KIRCHGEORG ihre Darstellungen der Bewusstseinsentwicklung in Deutschland mit der Frage „Umwelt-Hysterie?" abschließen, bleibt unverständlich angesichts der globalen Probleme und dringlichen Handlungsnotwendigkeiten.

sozialer Versorgungssysteme die umweltbezogenen Fragen in den Hintergrund zu drängen scheint.

Die Integration von umweltverträglichen und sozialen Lösungen und somit die Beantwortung der aufgeworfenen Fragen, national und international, sowie die Umsetzung der notwendigen Handlungskonsequenzen hinsichtlich einer nachhaltigen Entwicklung werden auch bei einer breiten Umsetzung von betrieblichem Umweltmanagement unerlässlich sein.

2.2 Nachhaltige Entwicklung als Leitbild für Unternehmen

Vor dem Hintergrund globaler Umweltbelastungen sowie immenser Unterschiede im weltweiten materiellen Versorgungsniveau wird zunehmend die Frage einer ganzheitlichen Verantwortungsethik gestellt: gegenüber der Um- und Mitwelt, gegenüber den Mitmenschen und gegenüber zukünftigen Generationen.

Dieser Diskurs wird unter dem Schlagwort einer **„nachhaltigen Entwicklung"**[6] fächerübergreifend und seit der Übereinkunft der Weltumweltkonferenz 1992 in Rio de Janeiro (BMUNR, 1992) weltweit geführt. Auch international sind folgende beiden normativen Aspekte einer nachhaltigen Entwicklung derzeit akzeptiert:

- so zu leben, dass alle zukünftigen Generationen die gleichen Entwicklungschancen haben wie die jetzige Generation, was eine intergenerative Gerechtigkeit bedeutet,
- so zu leben, dass alle Menschen weltweit die gleichen Entwicklungschancen haben, was eine intragenerative Gerechtigkeit bedeutet.[7]

„Leben" wird hier umfassend verstanden als Art zu Wirtschaften, Art zu Wohnen und zu Konsumieren, Art der persönlichen Lebensstile etc.

Ausgehend von diesem definitorischen Ansatz wird „Nachhaltigkeit" üblicherweise als ein Konzept dargestellt, das auf drei Säulen ruht, die als gleichwertig angesehen werden: Umweltverträglichkeit, soziale Gerechtigkeit und Wirtschaftlichkeit.

Es zeigt sich, dass sich aus allen Krisen - bei entsprechenden politischen Vorgaben - ein ökonomisches System entwickeln kann, das Wohlstand einschließlich sozialer Gerechtigkeit für große Bevölkerungsteile schaffen kann. Demgegenüber kann sich kein wirtschaftliches System entwickeln, wenn die ökologischen Grundlagen menschlichen Daseins zerstört sind und dadurch auch die einzelnen Wirtschaftssubjekte zerstört würden. Die Wirtschaftssysteme sind in ökologische Systeme eingebunden. Gleichzeitig basieren auch soziale und politische Systeme auf dem Erhalt des Menschen. Als Grundbedingung einer nachhaltigen Entwicklung ist somit der **Erhalt der Lebensbedingungen,** d.h. der Erhalt der ökologischen Systeme,

---

[6] Englisch: **sustainable development**.
[7] Vergleiche u.a. BMNUR (1992 und 1994), BUND/MISEREOR (1996), WCED (1987), UBA (2002). WCED formuliert sinngemäß: eine Entwicklung ist dann nachhaltig, wenn sie der gegenwärtigen Generation die Befriedigung ihrer Bedürfnisse ermöglicht, ohne die zukünftigen Generationen daran zu hindern, deren Bedürfnisse zu befriedigen.

und die **Sicherung einer Ressourcenverfügbarkeit** zu bewerten. Damit einhergehend tritt gleichfalls eine Reduzierung sozialer Konfliktpotentiale auf, die aus Migration, z.B. in Folge von zerstörten Ökosystemen, resultieren und aus knappen Ressourcen und dem ungleichen Zugang zu diesen entstehen, z.B. zu Erdöl, Trinkwasser, Erzen, landwirtschaftlicher Fläche etc.

Aus folgenden Vorgaben an eine nachhaltige Entwicklung aus Sicht der Umweltverträglichkeit leiten sich präzise Ziele für praktisches Handeln ab:[8]

- Die Nutzungsrate erneuerbarer Ressourcen darf deren Regenerationsrate nicht übersteigen („Abbauregel").
- Die Nutzungsrate nicht-erneuerbarer Ressourcen darf die Rate des Aufbaus sich erneuernder („physisch und funktionell gleichwertiger") Ressourcen nicht übersteigen („Substitutionsregel").
- Die Rate der Schadstoffemissionen darf die Kapazität zur Schadstoffabsorption der Umwelt nicht übersteigen („Assimilationsregel").
- Das Zeitmaß anthropogener Einträge bzw. Eingriffe in die Umwelt muss im ausgewogenen Verhältnis zum Zeitmaß der für das Reaktionsvermögen der Umwelt relevanten natürlichen Prozesse stehen („Erhaltungsregel").
- Gefahren und unvertretbare Risiken für die Menschen und die Umwelt durch menschliches Handeln sind zu vermeiden („Risikoregel").

Aus diesen Vorgaben resultierte das sogenannte „**Umweltraumkonzept**".[9] Es besagt, dass der Menschheit nur soviel „Umweltraum" zur Verfügung steht, d.h. so viel „Umwelt" genutzt werden kann (darf), damit unter Einhaltung der intra- und intergenerativen Gerechtigkeit diese fünf Bedingungen (gerade noch) eingehalten werden.

Die quantitative Ermittlung des globalen Umweltraums erfolgt auf Grundlage der Erfassung folgender Parameter:

- der globalen Emissionen,
- dem Rohstoffverbrauch,
- der Tragfähigkeit (= Belastbarkeit) der Ökosysteme,
- der verfügbaren nichtregenerativen Ressourcen,
- der Regenerationsfähigkeit der regenerativen Ressourcen.[10]

Aus diesen Parametern ist die Ermittlung des **Umweltraums für die Menschheit** möglich. Wird zudem die Zahl der Weltbevölkerung ermittelt und der globale Umweltraum durch diese Zahl dividiert, erhält man den Umweltraum, der einzelnen auf der Basis einer intra- und intergenerativen Gerechtigkeit zur Verfügung steht.

---

[8] Nach ENQUETE-KOMMISSION, 1998:25.
[9] Siehe z.B. ISOE (1993) und BUND/MISEREOR, 1996.
[10] Unter „**regenerativen Ressourcen**" werden erneuerungsfähige Energiequellen und erneuerungsfähige stofflich oder energetisch eingesetzte Materialien verstanden. „Ressource" und „Rohstoff" werden synonym verwendet. Als „**nachwachsende Rohstoffe**" werden organische Stoffe aus land- und forstwirtschaftlichen Nutzpflanzen sowie Stoffe aus der tierischen Produktion verstanden, die z.B. als Werk-, Faser- und Gerüststoffe verwendet werden können (siehe ENGELFRIED, 1994:10).

Die globalen Tendenzen hinsichtlich der Nutzung des Umweltraumes stellen sich wie folgt dar: es werden zu große Mengen an Ressourcen genutzt, die Emissionen, z.B. CO_2, Methan und FCKW, verändern globale Ökosysteme, Wälder und Meere werden zu stark genutzt, die ökologische Vielfalt nimmt schnell ab, Meere und Gewässer werden verschmutzt, Erosion und Flächendegradation weiten sich aus, zudem steigt die Weltbevölkerung. Bei der derzeitigen Wirtschafts- und Lebensweise, insbesondere der Industrienationen, übernutzt die Menschheit den Umweltraum bei weitem. Es ist eine Zerstörung der Ökosysteme und eine drastische Verknappung der Ressourcen mit ihren wirtschaftlichen und sozialen Folgen zu erwarten, u.a. Unfruchtbarkeit von Böden, Unbewohnbarkeit ganzer Regionen, Flüchtlingszunahme, Preissteigerungen, soziale Konflikte bis hin zu Kriegen um Ressourcen. Bei einer Fortsetzung der derzeitigen Wirtschafts- und Lebensweise im globalen Maßstab kann eine nachhaltige Entwicklung nicht eintreten.[11]

Basierend auf dem Umweltraumkonzept und um hinsichtlich des Eintretens einer nachhaltigen Entwicklung eine notwendige Änderung herbeizuführen und konkrete Orientierung für das betriebliche Handeln zu schaffen, sind aus dem übergeordneten Leitbild der Nachhaltigkeit konkrete **Leitbilder bzw. Leitlinien** abzuleiten. Im wesentlichen soll sich an folgenden Leitbildern orientiert werden[12]:

- für den Umgang mit Ressourcen ist ein Wandel zu bewirken, weg von Energieverschwendung hin zu **Energieeffizienz**, weg von Materialverschwendung hin zu **Materialeffizienz** und Kreislaufwirtschaft, der **Materialeffektivität**,
- von einer Durchflusswirtschaft geht der Wandel hin zu **umweltorientiert-geordneten Stoffströmen**, wobei die Vermeidung von Abfällen Vorrang hat vor deren Verwertung und diese Vorrang vor der „Entsorgung" von Abfällen haben soll,
- die bisher stattfindende Produktorientierung soll durch eine **Funktionsorientierung** abgelöst werden, bei der statt des Produktes die Funktion des Produktes als Nutzenstiftung in das Zentrum der Betrachtung rückt,
- der Verbrauch von Naturkapital soll durch eine **nachhaltige Nutzung von Naturkapital** abgelöst werden, was z.B. neben der Nutzung von Energieträgern auch für Meere, Wälder und auch für die Flächennutzung gelten soll,
- für die **Gestaltung der Produktionsprozesse**, einschließlich der logistischen Prozesse, soll gelten, dass der nachsorgende Umweltschutz, der Einsatz additiver Umweltschutztechnik oder sogenannter „End-of-pipe-Umweltschutzmaßnahmen", durch vorsorgenden Umweltschutz in Form eines **produktionsintegrierten Umweltschutzes** abgelöst wird,
- für die **Gestaltung der Produkte** soll gelten, dass der nachsorgende Umweltschutz, der Einsatz von „End-of-pipe-Umweltschutzmaßnahmen" in Form der Abfalltechnik durch vorsorgenden Umweltschutz in Form eines **produktintegrierten Umweltschutzes** abgelöst wird. Bei den Produkten ist eine Produktlinienorientierung und die damit verbundene Optimierung des gesamten Produktlebenszyklus, d.h. aller auch dem eigentlichen Produkt vor- und nachgelagerten Produktstadien, vorzunehmen,

---

[11] Siehe dazu auch WORLDWATCH INSTITUTE (2003).
[12] Erweitert nach ENQUETE-KOMMISSION, 1994:67.

Dabei gilt es, die Materialien in Kreisläufen zu belassen und technische und biologische Kreisläufe zu schließen.[13]
- für die Emissionen und die damit zusammenhängenden Umweltwirkungen gilt eine Orientierung am regionalen und globalen **Absorptions- und Reaktionsvermögen** der Ökosysteme, anstatt der aus nationalen Ansätzen abgeleiteten Vorgaben,
- anstatt der bisherigen Naturbeherrschung soll eine **Orientierung an der Natur** und den Grundprinzipien ihrer Stoffumsätze erfolgen, z.B. durch bionisches Produktdesign oder angepasste Landschaftsnutzung.

Diese Leitbilder für eine nachhaltige Unternehmensentwicklung können bereits als Handlungsgrundsätze bzw. Maßnahmen für den betrieblichen Umweltschutz verstanden werden und sind somit bei der Abfassung der betrieblichen Umweltpolitik zu berücksichtigen (siehe Kap. 4.1.1). Sie sind allerdings noch unkonkret, unquantifiziert und somit für die Unternehmen schwer umsetzbar.

Um allerdings nicht nur qualitative Aussagen zu machen, sondern um Ziele und Handlungsnotwendigkeiten qualitativ festlegen zu können, wurden quantitative Betrachtungen durchgeführt. Z.B. wurden nationale Daten verwendet und deren Bezug zur globalen Situation hergestellt; es konnte der Umweltraum für Nationen und die tatsächlich stattfindende Nutzung dessen abgeleitet werden.[14] Hieraus ließen sich dann zum einen internationale (und individuelle) Vergleiche ziehen, zum anderen quantitative Ziele für das weitere nationale politische Handeln ableiten. Für Deutschland sind diese Ziele in Abbildung 2 aufgeführt.[15]

Die in Abbildung 2 vorliegenden und quantifizierten Ziele bilden einen **Rahmen** für die weitere nationale Entwicklung. Es stellt sich die Frage, welche quantitativen Ziele für Unternehmen abzuleiten sind.

Dazu werden in den beiden Studien BUND/MISEREOR (1996) und UMWELTBUNDESAMT (2002) für verschiedene Sektoren bzw. Branchen Hinweise gegeben, die sich überwiegend auf die Sektoren „private Haushalte", „Energiewirtschaft", „Industrie" und „Verkehr" (z.B. UMWELTBUNDESAMT, 2002:88) beziehen, auch z.B. für „Landwirtschaft" und „Tourismus".

Trotz der sektoralen Differenzierung können letztlich die Umweltauswirkungen der Unternehmen (bzw. aller Organisationen) auf die Produktion und die Nutzung von Produkten zurückgeführt werden, einschließlich der damit zusammenhängenden logistischen Prozesse. Werden also, wie im vorliegenden Buch, Ziele für Unternehmen bzw. Organisationen beschrieben, sind diese generell gültig und beziehen sich umfassend auf die Umweltauswirkungen der Prozesse in Unternehmen, einschließlich der Transportprozesse für Güter.

---

[13] STAHLMANN/CLAUSEN (2000:169) sprechen bei der Weiterentwicklung der integrierten Technologien auch von „Begin-of-pipe-Technologien".
[14] Z.B. für Holland (ISOE, 1993) oder Deutschland (BUND/MISEREOR, 1996; UBA, 2002).
[15] Unter Vorbehalten können diese auch für die anderen Industrienationen gelten; die USA müssen aufgrund der Höhe ihrer derzeitigen Umweltbelastungen wesentlich größere Reduktionsziele anstreben. Für Entwicklungsländer gelten grundsätzlich andere Handlungsziele.

Abbildung 2: Quantitative Vorgaben für eine nachhaltige Entwicklung in Deutschland

	Umweltziele	
	kurzfristig bis 2010[1]	langfristig bis 2050[1]
Ressourcenverbrauch		
Primärenergieeinsatz		
Energieeinsatz (nicht regenerativ)	> -30%	> -50%
Energieeinsatz (regenerativ)	+3 bis +5% pro a[5]	
Energieeffizienz[2]	+3 bis +5% pro a	
Materialeinsatz		
Materialien (nicht regenerativ)	> -25%[7]	> -80 bis -90%
Materialeffizienz[2]	+4 bis +6% pro a	
Flächeneinsatz	absolute Stabilisierung;	
(nicht regenerativ)	Flächenneuverbrauch -100%[6]	
Bodenerosion	-80 bis -90%	
Emissionen		
CO_2	-35%[3]	> -80 bis -90%[4]
SO_2	-80 bis -90%	
NO_x	-80% (bis 2005)	
NH_3	-80 bis -90%	
VOC	-80% (bis 2005)	
Risikominimierung		
Kernenergienutzung	-100%	

[1] nach BUND/MISEREOR (1996:80); sehr detaillierte Angaben sind bei UMWELTBUNDES-AMT (2002) bezogen auf die einzelnen Sektoren zu finden - eine wie bei BUND/MISEREOR vorgenommene Generalisierung findet nicht statt.
[2] Effizienz ist definiert als (erwünschter) Output („Nutzen") bezogen auf Input (siehe in WEIZSÄCKER/SEILER-HAUSMANN, 1999:passim).
[3] -25% bis 2005 (UMWELTBUNDESAMT, 2002:60)
[4] -80% (UMWELTBUNDESAMT, 2002:60)
[5] +100% bezogen auf den Anteil an der Energieversorgung (UMWELTBUNDESAMT, 2002:63)
[6] nach verschiedenen Ansätzen -ca. 70% bis -90% bis 2010 bzw. 2020 bezogen auf 2000 (UMWELTBUNDESAMT, 2002:186)
[7] -50% bis zum Jahr 2020 gegenüber 1994 oder Reduzierung um -75% bis -90% (zitiert bei UMWELTBUNDESAMT, 2002:347/348)

Der Beitrag der **privaten Haushalte und der persönlichen Lebensstile** zur Umweltbelastung, einschließlich des privaten Verkehrs, ist unbestritten. Allerdings zeigt sich auch hier, dass die Umweltauswirkungen der Haushalte bzw. der Konsumenten im wesentlichen durch (nicht umweltverträgliche) Produkte verursacht werden, z.B. ungenügend gedämmte Gebäude, ineffiziente Kühl- und Heizungsgeräte, treibstoffverschwendende Automobile, Nutzung nicht kreislauffähiger Produkte. Diese Umweltauswirkungen können somit ebenfalls den Unternehmen bzw. Organisationen zugerechnet werden, die sie hergestellt bzw. bereitgestellt haben. Die Reduzierung dieser Umweltauswirkungen ist dann **ebenfalls durch die Unter-**

nehmen vorzunehmen. Die Ziele sind bei der Herstellung umweltverträglicher Produkte dargestellt (siehe Kap. 4.1.3.9).

Dieser Argumentationslinie folgend können somit die in Abbildung 2 aufgeführten Ziele für eine nationale nachhaltige Entwicklung **qualitativ** und in der jeweils angegebenen Größenordnung als Orientierung für die **quantitative Zielformulierung im Rahmen des betrieblichen Umweltschutzes** gelten. Dies ist im Rahmen dieses Lehrbuchs eine zulässige Generalisierung, die die notwendigen Handlungsanstrengungen quantifiziert und den Unternehmen somit verdeutlichen soll.[16] Die betrieblichen Umweltzielstellungen und Umwelteinzelziele (im Rahmen des Umweltprogramms, Kap. 4.1.3) sind somit in dieser generellen Sichtweise **qualitativ** und **quantitativ** an diesen Zielen auszurichten, wenn Unternehmen eine aus Umweltsicht nachhaltige Entwicklung umsetzen wollen.

Da die in Abbildung 2 aufgeführten Ziele allerdings nicht vollständig sind, werden in Kap. 4.1.3 systematisch Umweltzielsetzungen und Umwelteinzelziele bzw. Maßnahmen erarbeitet, um eine nachhaltige Entwicklung der Unternehmen aus Umweltsicht zu gewährleisten.

Die im Rahmen einer nachhaltigen Entwicklung zu berücksichtigenden anderen Komponenten, **soziale Gerechtigkeit und Wirtschaftlichkeit**, und die dafür notwendigen Leitlinien und Ziele liegen bei weitem nicht so konkret ausformuliert vor wie im Umweltbereich.

Die globale IST-Situation zeigt vor dem Hintergrund eines zunehmenden Bevölkerungswachstums, dass nur ein geringer Anteil der Menschen über das globale Bruttosozialprodukt sowie die Inlandsguthaben verfügt und dass sich die Einkommenskluft zwischen Arm und Reich vergrößert. Mit dem mangelnden Zugriff auf ökonomische Ressourcen verbunden sind z.B. Mangelernährung, hohe Kindersterblichkeit, fehlende Bildungschancen etc. (UNDP, 1999:passim).

Dies bedeutet, dass auch hinsichtlich dieser beiden Aspekte derzeitig keine nachhaltige Entwicklung möglich ist. Es sind also analog der Leitlinien im Bereich des Umweltschutzes Leitlinien für eine sozial gerechte und wirtschaftliche Entwicklung zu erstellen, die dann im Rahmen einer nachhaltigen Unternehmensführung analog zu den Umweltleitlinien, den Umweltzielstellungen und den Umwelteinzelzielen umgesetzt werden müssen. In dieser Arbeit werden, mit Ausnahme einiger Ansätze in der Umweltpolitik (siehe Kap. 4.1.1), die Aspekte zur „sozialen Gerechtigkeit" und zur „Wirtschaftlichkeit" nicht weiterverfolgt – allerdings werden an allen Stellen der Arbeit Hinweise gegeben, wie diese beiden Aspekte analog zum Umweltschutz in ein Konzept zur nachhaltigen Unternehmensführung integriert werden müssten.

---

[16] Die fehlende Generalisierung bei UBA (2002) macht eine quantitative Übertragung der dort beschriebenen Ziele auf den betrieblichen Umweltschutz schwierig, wenn nicht sogar unmöglich.

3 Nachhaltiges betriebliches Umweltmanagement

3.1 Definitionen und Charakteristika von nachhaltigem Umweltmanagement

Es liegt ein Vielzahl von Begriffen im Zusammenhang mit „Umweltmanagement" vor. Begriffe wie „ökologische Unternehmenspolitik" oder „betriebswirtschaftliche/betriebliche Umweltpolitik" zeigen nur Teilaspekte von Umweltmanagement, ebenso wie „Umwelt-Controlling" ein (Teil)Instrument des Umweltmanagements darstellt. Adjektive zur Beschreibung von Umweltmanagement, wie z.B. „offensives Umweltmanagement", „öko-effizientes (Umwelt)Management" oder „integriertes (Umwelt)Management" sind mit Ausnahme von „nachhaltig" unnötig, wie nachfolgende Merkmale von Umweltmanagement zeigen.[1] Die Begriffe Umweltmanagement und Öko-Management sind synonym.[2]

Ohne eine detaillierte Abgrenzung der vorliegenden Begriffe vorzunehmen, kann „nachhaltige Unternehmensführung" als Oberbegriff verstanden werden, wobei hier keine eindeutige Aussage über das Maß der Verankerung von Umweltschutzmaßnahmen vorliegt. Wird eine nachhaltige Unternehmensführung ernst genommen, beinhaltet dies nachhaltiges Umweltmanagement.

Im allgemeinen Gebrauch sind derzeit folgende zwei **Definitionen** für „**Umweltmanagement**":

- **Umweltmanagement** berücksichtigt bei der Planung, Durchsetzung und Kontrolle der Unternehmensaktivitäten in allen Bereichen Umweltschutzziele zur Vermeidung und Verminderung von Umweltbelastungen und zur langfristigen Sicherung der Unternehmensziele (MEFFERT/KIRCHGEORG, 1998:23).
  Diese Definition stellt auf die unternehmenssteuernden Elemente Planung, Durchsetzung und Kontrolle ab und setzt das Ziel Umweltschutz in Bezug zu anderen unternehmerischen Zielen.
- **Umweltmanagement** ist jener Teil des gesamten Managementsystems, der die Organisationsstruktur, Planungstätigkeiten, Verhaltensweisen, Vorgehensweisen, Verfahren und Mittel für die Festlegung, Durchführung, Verwirklichung, Überprüfung und Fortführung der Umweltpolitik betrifft (EMAS II).
  In dieser Definition nach EMAS sind zwar ebenfalls die unternehmenssteuernden Elemente wesentlich, jedoch dienen diese der Erstellung und Umsetzung der Umweltpolitik als dem wesentlichen strategischen Element des Unternehmens hinsichtlich Umweltschutz.

---

[1] Das Adjektiv „nachhaltig" zum Begriff Umweltmanagement bedeutet aus jetziger Sicht eine Weiterentwicklung und Neuerung, da die Orientierung an den Zielen der Nachhaltigkeit bisher zwar postuliert wurde, in dieser Arbeit jedoch erstmals umfassend und systematisch in die Zielformulierung im Rahmen der Erstellung der Umweltziele des Unternehmens integriert wird. Wenn die Unternehmen Umweltmanagement und seine Ziele derart verstehen, kann auch dieses Adjektiv entfallen. Als Bestandteil der Definition der Charakteristika von Umweltmanagement ist es jedoch immer zu berücksichtigen.

[2] Begriffe aus MEFFERT/KIRCHGEORG (1998:16ff) und erweitert.

"Umweltmanagement" ist somit eindeutig ein Begriff der Betriebswirtschaft. Wird die Umsetzung von Umweltschutz auf volkswirtschaftlicher Ebene diskutiert, sollte der etablierte und sinnvolle Begriff "Umweltpolitik" (bzw. "umweltpolitische Maßnahme") verwendet werden.

Der umfassende betriebliche Ansatz von **nachhaltigem Umweltmanagement** ist charakterisiert durch folgende **Merkmale**:[3]

- **mehrdimensionale Zielausrichtung**, d.h. Umweltmanagement bedeutet keine ad hoc- und keine punktuellen Umweltschutz-Einzelmaßnahmen, sondern aufbauend auf einer Analyse des Unternehmens ein systematisch geplantes, systematisch umgesetztes und kontrolliertes Umweltschutzverhalten zur Vermeidung von Umweltbelastungen als ein Unternehmensziel im Kontext der gesellschaftlichen, umweltbezogenen und ökonomisch-wettbewerblichen Anforderungen an das Unternehmen,
    Die Analyse der gesamten Umweltauswirkungen des Unternehmens erfolgt dabei auf Basis einer interdisziplinären Erfassung und Bewertung der Stoff- und Energieströme in den Vorstadien der Produktion, der eigentlichen Produktionsphase, der Konsumphase und der Phase der Kreislaufschließung.
- **funktionsübergreifender Charakter**, d.h. alle betrieblichen Funktionen, z.B. Beschaffung, Produktion, Absatz etc., werden in die Umweltschutzaktivitäten des Unternehmens einbezogen,
    Somit erhält das Umweltmanagement einen prozessorientierten und vernetzten Charakter, möglichst orientiert an den betrieblichen Wertschöpfungsprozessen, auf der Basis lernfähiger bzw. evolutionärer organisatorischer Konzepte. Umweltmanagement wird zur Querschnittsfunktion im Unternehmen.[4]
- **unternehmensübergreifender Charakter**, d.h. es sollen vertikale Allianzen mit vor- und nachgelagerten Unternehmen und branchenbezogene, kooperative horizontale Allianzen angestrebt werden, um Umweltschutz zu ermöglichen,[5]
- **proaktives Verhalten**, d.h. Umweltmanagement reagiert nicht auf vorgegebene Randbedingungen (z.B. Gesetze, Wettbewerber, öffentliche Meinung), sondern entwickelt (innovative) Lösungen und setzt diese um, bevor das Umfeld das Unternehmen zum Reagieren zwingt.
    Dabei gilt in jedem Fall als Mindeststandard die Einhaltung aller Gesetze und Verordnungen. Umweltmanagement bedeutet somit eine langfristige, strategische Ausrichtung des Unternehmens unter gesellschaftlichen, umweltbezogenen und ökonomisch-wettbewerblichen Aspekten.

Im Sinne dieser Arbeit ist allerdings selbst bei Einhaltung dieser Merkmale eine nachhaltige Unternehmensentwicklung noch nicht zwingend gegeben. Deshalb ist ein weiteres Merkmal zu ergänzen:

---

[3] Erweitert nach MEFFERT/KIRCHGEORG, 1998:16-23;76.
[4] Umfassend und praxisorientiert zur Prozessorganisation siehe WILHELM, 2003.
[5] Das Unternehmen wird so zum **"strukturpolitischen Akteur"**, der **"ökostrategische Allianzen"** realisiert (STAHLMANN/CLAUSEN, 2000:140 u. 142).

- **Ausrichtung an den Zielen einer nachhaltigen Entwicklung**, d.h. alle Zielsetzungen im Rahmen des Umweltmanagements orientieren sich an den Erfordernissen einer nachhaltigen Entwicklung.

Somit ergibt sich ein umweltorientiertes Gesamtkonzept, das, ergänzt um die Aspekte „soziale Gerechtigkeit" und „Wirtschaftlichkeit", in eine **nachhaltige Unternehmensführung** mündet.

Für die praktische Umsetzung von Umweltmanagement kann eine zweckmäßige Einteilung in Unternehmensbereiche vorgenommen werden, die direkt und indirekt Umweltauswirkungen verursachen. Die direkten Umweltauswirkungen werden verursacht durch:

- Produktion und Produktionsprozesse, einschließlich des Rohstoffeinsatzes,
- Produkt,
- Logistik.

Der zweite Bereich beeinträchtigt (überwiegend) indirekt die Umwelt:

- Kommunikationspolitik und Kontrahierungspolitik,
- Investitions- und Finanzpolitik,
- Personalpolitik,
- Forschungs- und Entwicklungspolitik.

Die Erläuterungen hierzu finden sich in den einzelnen Kapiteln, ebenso Schnittstellen zwischen den Bereichen.[6]

3.2 Vor- und Nachteile von nachhaltigem Umweltmanagement für Unternehmen

Die wesentlichen **Vorteile** von nachhaltigem Umweltmanagement für die Unternehmen sind:

- **Erhöhung der Effizienz** durch die Erfassung betrieblicher Abläufe und Erkennen von organisatorischen Schwachstellen bzw. Optimierungsmöglichkeiten,
- Analyse der Energie- und Stoffströme und ihrer Umweltauswirkungen in allen Unternehmensbereichen und den dem Unternehmen vor- und nachgelagerten Bereichen als Voraussetzung zur **Reduzierung der Energie- und Stoffströme** sowie der Umweltauswirkungen,
- **Kostensenkungen** beim Einsatz von Energie, Materialien, Wasser und Fläche sowie bei den mit Abwasser und Abfällen verbundenen Behandlungskosten durch Reduzierung des Abwasseranfalls und des Abfallaufkommens,[7]

---

[6] Waren bei EMAS I zunächst nahezu ausschließlich die Prozess- und Standortorientierung Gegenstand des Umweltmanagements, so bezieht EMAS II auch die indirekten Aspekte ein, v.a. hinsichtlich der Produkte.
[7] Siehe hierzu umfassend GEGE, 1997.

- **Unabhängigkeit der Produktion** von begrenzten Ressourcen durch erfolgte Umstellung auf die Verwendung regenerativer Ressourcen und Umsetzung von Kreislaufschließung,
- Erkennen von **technischen Schwachstellen bzw. Optimierungsmöglichkeiten** für Produktion, Produkte und Kreislaufführung, einschließlich Logistik, durch Ermittlung des technischen Standes,
- **Sensibilisierung** der Beschäftigten und Erhöhung der **Motivation**,
- Erhöhung der **Rechtssicherheit** bzw. Reduzierung des **Haftungsrisikos** durch Ermittlung der Rechtslage und Einhaltung der Gesetze/Verordnungen etc.,
- Kostensenkung durch **Einsparung von Umweltsteuern bzw. –abgaben**,
- Kostensenkung durch **Reduzierung von Schadensersatzleistungen**, z.B. verursacht durch Altlasten,
- **Festlegung von Umweltzielen**, was insbesondere in kleinen und mittelständischen Unternehmen erst zu einer auch in diesen Unternehmen notwendigen Diskussion um allgemeine Entwicklungsziele und -strategien führt,
  > Bei diesen Unternehmen ist bislang häufig eine nur schemenhafte Übernahme der EMAS-Vorgaben festzustellen, was gerade die geistige Durchdringung der Ziele von Umweltmanagement verhindert.
- **Umsatzerhöhungen bzw. Verkaufserfolge** durch strategische Positionierung und durch Imagegewinn in der Öffentlichkeit,
- **Imagegewinn** gegenüber Behörden und Beschleunigung von Genehmigungsverfahren,
- **Bewusstsein** des ethisch und moralisch korrekten Verhaltens.

Aus diesen Vorteilen ergeben sich für die Unternehmen **Wettbewerbsvorteile**. In der Summe aller Maßnahmen resultieren **sinkende Kosten** durch die Optimierung von Prozessen und Logistik bei gleichzeitig **höheren Umsätzen** als Folge von umweltverträglichen Produkten, Kommunikations- und Kontrahierungsmaßnahmen. Diese Aspekte erhöhen den **Unternehmenswert**. Somit resultiert nachhaltiges Umweltmanagement aus dem **wirtschaftlichen Eigeninteresse** der Unternehmen.[8] Zudem stellt - aus Sicht des Verfassers ein weiterer Vorteil - nachhaltiges Umweltmanagement auch einen Wert für das Unternehmen an sich dar. Dieser Wert kann sich eventuell in Form der Übernahme einer Pionierrolle im Hinblick auf Nachhaltigkeit, in einem „sauberen" Image vor sich selbst oder in der Gewissheit des ethisch und moralisch korrekten Verhaltens äußern.

Über diese einzelbetrieblichen Vorteile hinaus ergeben sich auch Vorteile für die politisch wünschenswerte Umsetzung von Umweltschutz, z.B. bildet sich analog dem Qualitätsmanagement ein Zertifizierungsdruck[9] für Lieferanten und Dienstleistungsunternehmen und somit eine breite Umsetzung von Umweltmanagement. Es steigt der Anteil umweltorientierter Forschung und Entwicklung in den Unternehmen, Umweltaspekte werden verstärkt in Bildung und Ausbildung integriert.

---

[8] Ob Umweltmanagement an sich oder Kosteneinsparung bzw. Umsatzerhöhung als Motivation der Unternehmen für die Einführung von Umweltmanagement gilt, ist deshalb für das Erreichen des Ziels „nachhaltige Entwicklung" unerheblich.
[9] Analog entsteht auch ein Druck zur Erlangung anderer Label, z.B. Produktlabel.

Diesen Vorteilen stehen - scheinbare - Nachteile bzw. Hemmnisse des Umweltmanagements gegenüber. Es sind:[10]

- fehlende oder mangelnde **Kenntnisse über Umweltmanagementsysteme** (bzw. EMAS und DIN EN ISO 14001) und über „Umwelt" überhaupt, z.B. über Abfall, Abwasser, Abluft, Ressourceneinsatz und der damit verbundenen Auswirkungen,
  Dieses Hemmnis kann innerbetrieblich durch eine bessere Ausbildung, durch Weiterbildungsmaßnahmen sowie durch eine umweltorientierte Personalpolitik des Unternehmens behoben werden.
- zu geringe Anzahl von Beschäftigten bzw. vorhandene „**Personalunion**", die bei Einführung eines Umweltmanagement zu Überlastungen führen kann, insbesondere in kleinen und mittelständischen Unternehmen,
  Die Effizienzsteigerung in den Abläufen kann den personellen Aufwand kompensieren. Die Überlastung einzelner Beschäftigter in kleinen und mittelständischen Unternehmen kann durch Transparenz der innerbetrieblichen Prozesse und Abläufe und deren Optimierung sowie durch Trennung von Verantwortlichkeiten vermindert werden. Hinzu kommt, dass bei der Vereinheitlichung der Systeme zum Qualitätsmanagement und zum Arbeitsschutzmanagement Ressourcen eingespart werden können.
- **Chancen** werden kaum bzw. nicht gesehen und die Überzeugung des Nutzens, z.B. Kosteneinsparungen, Imagegewinn, Wettbewerbsvorteile, fehlt,
  Durch Aufzeigen von Chancen, z.B. am Beispiel erfolgreicher Unternehmen, oder durch Weiterbildungs- oder Informationsveranstaltungen für das Topmanagement, kann dieses Hemmnis reduziert werden. Zu beobachten ist zudem, dass die Bemühungen von Großunternehmen um ein „nachhaltiges" Umweltmanagement auf ihre Zulieferer und ihre Produktabnehmer bewusstseinsverändernd wirken.
- Kosten bzw. **bürokratischer und formaler Aufwand** erscheinen zu hoch, z.B. für Umweltprüfung, Umweltbetriebsprüfung, Erstellung eines Umweltmanagementhandbuchs,
  Diesem Hemmnis ist mit einer Schulung des Topmanagements zu begegnen, bei der die Kosten bzw. der Aufwand für das Unternehmen aus Vergleichsdaten dargestellt werden können. Die tatsächlich entstehenden Kosten durch die Einführung von Umweltmanagement werden in Kap. 4.3 besprochen.
- fehlende **Liquidität**,
  Fehlende Liquidität kann die Anfangsarbeiten und die Investition in Umweltmanagement verhindern. Das Hemmnis der fehlenden Liquidität bei der Einführung ist durch Umverteilung finanzieller Mittel im Unternehmen, durch Einsparungen an anderer Stelle oder durch Fremdkapitalbeschaffung abzubauen. In jedem Fall ist aber eine Gegenüberstellung der Kosten der Einführung mit möglichen Rückflüssen in Form von Einsparungen bzw. Umsatzerhöhungen im Rahmen einer Investitionsrechnung durchzuführen (siehe Kap. 5.3.2).
- **Umsetzbarkeit** ist schwer vorstellbar,
  Durch die steigende Zahl der Unternehmen, die Umweltmanagement umsetzen, wird die Umsetzbarkeit zunehmend sichtbar und dieses Hemmnis sukzessive abgebaut.

---

[10] Erweitert nach PISCHON, 1999:86/87.

- wenig **Kooperationsbereitschaft** bei Lieferanten und Kunden,
    Diese fehlende Kooperationsbereitschaft ist im ersten Schritt, der Einführung von Umweltmanagement, nicht relevant. Erst bei der Umsetzung der Maßnahmen, z.B. der Auswahl von umweltverträglichen Roh- und Hilfsstoffen etc. und der Produktgestaltung, treten diese Problem auf, die dann im Rahmen des Umweltmanagements zu lösen sind.
- **Vorbehalte** gegen gesetzliche Regelungen,
    Als eigentliches Hemmnis können diese Vorbehalte nicht betrachtet werden, da für die Einführung von Umweltmanagement keine rechtliche Verpflichtung vorliegt. Im Gegenteil, es werden häufig das Fehlen von gesetzlichen Anreizsystemen und Forderungen als Hemmnis zur Umsetzung von Umweltmanagement genannt (WAGNER/SCHALTEGGER, 2002:7).
- **(selbst)bindende Wirkung** im Sinne der kontinuierlichen Reduzierung von Umweltauswirkungen bzw. der ständigen Verbesserung des Umweltmanagementsystems wird als problematisch empfunden,
    Die bindende Wirkung ist formal nicht vorgegeben, sondern besteht nur so lange, wie das Umweltmanagement auch tatsächlich aufrechterhalten wird - aus Gründen des Anspruchs des Unternehmens an sich oder aus Gründen der Befriedigung der Anspruchsgruppen durch das Unternehmen.
- fehlender **Wille** zur Veröffentlichung von Daten,
    Dieses Hemmnis tritt bei der Umsetzung nach DIN EN ISO 14001 nicht auf, da Daten nicht veröffentlicht werden müssen. Bei der Datenveröffentlichung nach EMAS müssen keine betriebswirtschaftlich sensiblen Daten veröffentlicht werden, lediglich Daten zur Umwelt. Da dadurch nur in den wenigsten Fällen Rückschlüsse auf die ökonomische Situation des Unternehmens gezogen werden können, ist die Datenveröffentlichung an sich zwar neu, jedoch bei Aufklärung des Topmanagements kein gravierendes Hemmnis.
- **Angst** vor Neuerungen und Veränderungen sowie die damit verbundene Störung von Routine und Gewohnheiten und das Aufheben des Sicherheitsgefühls,
    Diese Hemmnisse sind durch positive Beispiele des Topmanagements, durch Verdeutlichung der Chancen und Aufklärung der Beschäftigten sowie durch Personalführungsmaßnahmen zu vermindern.
- fehlende **Initiative**, fehlendes **Verantwortungsgefühl** und fehlendes **Interesse**, **Bequemlichkeit** sowie fehlendes **Gemeinschaftsinteresse**,
    Durch Personalführungsmaßnahmen, die diese Eigenschaften der Beschäftigten positiv fördern, und durch Anreizsysteme, z.B. im Vorschlagswesen, können diese Hemmnisse abgebaut werden.
- **Verteidigung** von Macht und Einflusssphäre, vor allem im Topmanagement und im mittleren Management.
    Durch eindeutige Entscheidungen im Topmanagement und entsprechende Personalführungsmaßnahmen können diese Hemmnisse abgebaut werden.

Es zeigt sich, dass neben den Vorteilen auch eine Vielzahl von Argumenten gegen die Einführung von Umweltmanagement vorgebracht werden kann. Insbesondere durch Erlangung von Kenntnissen über „Umwelt" bzw. „Umweltmanagement" sowie durch eine Personalpolitik, die Umweltmanagement begünstigt, können diese Argumente weitestgehend abgeschwächt bzw. die Hemmnisse, die der Einführung von Umweltmanagement entgegenstehen, abgebaut werden. Für die Unternehmen werden allerdings neben der Entscheidung zur umweltbezogenen Positionierung und der Festlegung einer umweltbezogenen Unternehmensstrategie ökonomische Kosten/Nutzen-Betrachtungen ausschlaggebend für oder gegen die Einführung von Umweltmanagement sein; diese werden in Kap. 4.3 diskutiert.

4 Implementierung von Umweltmanagement im Unternehmen

Bezugsgrundlagen zur betrieblichen Umsetzung von „Umweltmanagement" liegen **in verschiedenen Ländern** vor, z.B. in Großbritannien (BS 7750 „Environmental Management Systems"), in Frankreich (SFNOR X 30-200 „Systeme de management environnemental"), in Südafrika (SABS 0251:1993 „South African Standard Code of Practice Environmental Management Systems") oder in Kanada (CAN/CSA Z 751-93 „Guidelines for Environmental Auditing: Statement of Principles and General Practices").[1]

Aufbauend insbesondere auf betrieblichen Audit-Ansätzen in den USA seit Ende der 70er Jahre und einer grundlegenden Veröffentlichung der Internationalen Handelskammer ICC (ICC, 1989) zum „Öko-Audit" begann in der Europäischen Gemeinschaft die Erarbeitung eines Konzeptes zum „Öko-Audit". Am 10.07.1993 wurde die erste Fassung der sog. „**Öko-Audit-Verordnung**" veröffentlicht, die EWG Verordnung 1836/93 (EMAS I). Die nationale Ausführung erfolgte in Deutschland 1995 durch das „Umweltauditgesetz" (UAG), sowie daraus abgeleitete Verordnungen. Nach der Überprüfung von EMAS I hinsichtlich Praktikabilität und Wirkung wurde 2001 ihre Nachfolgeregelung veröffentlicht, die „**Verordnung (EG) Nr. 761/2001 des Europäischen Parlaments und des Rates vom 19. März 2001 über die freiwillige Beteiligung von Organisationen an einem Gemeinschaftssystem für das Umweltmanagement und die Umweltbetriebsprüfung**" (EMAS II[2]). Diese ersetzte EMAS I.[3] Die international gültige Industrienorm **DIN EN ISO 14001** liegt seit 1996 vor.

Es zeichnet sich ab, dass EMAS II (nachfolgend: **EMAS**) und DIN EN ISO 14001 als **Bezugssysteme** zur Vereinheitlichung von Umweltmanagement bzw. Umweltmanagementsystemen im Zuge europaweiter und internationaler Standardisierungen die anderen noch vorliegenden nationalen Ansätze ersetzen. Deshalb beschränken sich die weiteren Ausführungen zur Implementierung von Umweltmanagement in „Unternehmen" auf diese beiden Standards.

Die Formulierung für „**Unternehmen**" wurde zur Verständlichung gewählt - es ist allerdings darauf hinzuweisen, dass es sich präziser allgemein um „**Organisationen**" handelt, was neben Produktions- und Dienstleistungsunternehmen auch alle anderen **Organisationen** wie landwirtschaftliche, gartenbauliche oder forstwirtschaftliche Unternehmen, Handwerksbetriebe, Schulen und Hochschulen, Kommunen, karitative Einrichtungen etc. umfasst.

Die **Schritte zur Umsetzung von Umweltmanagement** im Unternehmen sind:

---

[1] Aus VORBACH, 2000:52.
[2] „EMAS" steht für „**E**co-**M**anagement and **A**udit **S**cheme" (im englischen Titel der Verordnung), „II" für die Neufassung der Verordnung als Abgrenzung zur ersten Fassung „I".
[3] Auf die Unterschiede zwischen EMAS I und EMAS II wird nicht eingegangen, da EMAS I nicht mehr relevant ist.

- **Entschluss im Topmanagement** zur freiwilligen Teilnahme am Gemeinschaftssystem nach EMAS bzw. zur freiwilligen Umsetzung von DIN EN ISO 14001,

  Die strategischen Entscheidungen, die zum Entschluss zur Umsetzung führen (können), werden in Kapitel 5.1 und 5.2 diskutiert.

- **Formale und inhaltliche Umsetzung** der einzelnen inhaltlichen Anforderungen nach EMAS bzw. nach DIN EN ISO 14001 (= Implementierung) auf allen Unternehmensebenen,

  Die formale und praktische Umsetzung wird anschließend und in Kap. 4.1 beschrieben. Dieser Schritt beinhaltet die Arbeiten der **Einführung** und der **Aufrechterhaltung und Weiterentwicklung** des Umweltmanagementsystems, beginnend bei der Erstellung einer Umweltpolitik. Die formale und inhaltliche Umsetzung bedeutet die hauptsächlich vom Unternehmen zu leistenden Arbeiten.

- **Externe Überprüfung,**

  Die externe Überprüfung beginnt mit der Auswahl eines unternehmensexternen Umweltgutachters oder einer Umweltgutachterorganisation bei EMAS bzw. einer Zertifizierungsorganisation bei DIN EN ISO 14001. Die bei der Auswahl des Gutachters zu berücksichtigenden Aspekte sind in Kap. 4.1.7 aufgeführt.

  Es ist ausdrücklich darauf hinzuweisen, dass Unternehmen zwar Umweltmanagement durchführen können, ohne eine externe Überprüfung und die damit zusammenhängenden folgenden formalen Schritte umzusetzen, die im Rahmen von EMAS bzw. der DIN EN ISO 14001 gefordert sind. Dann nimmt das Unternehmen trotz Umweltmanagementsystem aber nicht am EU-Gemeinschaftssystem teil bzw. erhält kein ISO-Zertifikat. Das Unternehmen hat dann auch nicht die Möglichkeit, glaubwürdig am Markt Werbung zu betreiben, wettbewerbliche Abgrenzungen vorzunehmen oder Anforderungen innerhalb der Wertschöpfungskette analog z.B. der ISO 9000-Reihe zu erfüllen. Die Regel wird also sein, nach der Umsetzung der inhaltlichen Anforderungen auch die weiteren formalen Schritte durchzuführen.[4]

  War die externe Überprüfung erfolgreich, erfolgt eine Validierung durch Umweltgutachter oder Umweltgutachterorganisation nach EMAS bzw. Zertifizierung durch Zertifizierungsstelle nach DIN EN ISO 14001. Auf die Validierung bzw. Zertifizierung wird in Kap. 4.1.7 eingegangen.

- **Eintragung in das Standortregister** nach EMAS bzw. **Aushändigung des Zertifikats** nach DIN EN ISO 14001,

  Die Eintragung in das Standortregister bzw. die Aushändigung des Zertifikats schließen die Umsetzung von Umweltmanagement in Unternehmen ab.

- **Veröffentlichung der Umwelterklärung** nach EMAS bzw. **öffentliches Zugänglichmachen der Umweltpolitik** nach DIN EN ISO 14001.

Ein nachhaltiges betriebliches Umweltmanagement erreicht das Unternehmen erst dann, wenn sich seine Ziele an den in Kap. 4.1.3 erläuterten Vorgaben orientieren.

Die formale und praktische Umsetzung nach EMAS ist in Abbildung 3 aufgeführt.

---

[4] Diese Formulierung erlaubt die forcierte Einführung einzelner Elemente des Umweltmanagement auch in Unternehmen, die eine vollständige Umsetzung und eine externe Überprüfung erst zu einem späteren Zeitpunkt erwägen.

Abbildung 3: Formale und inhaltliche Umsetzung von EMAS

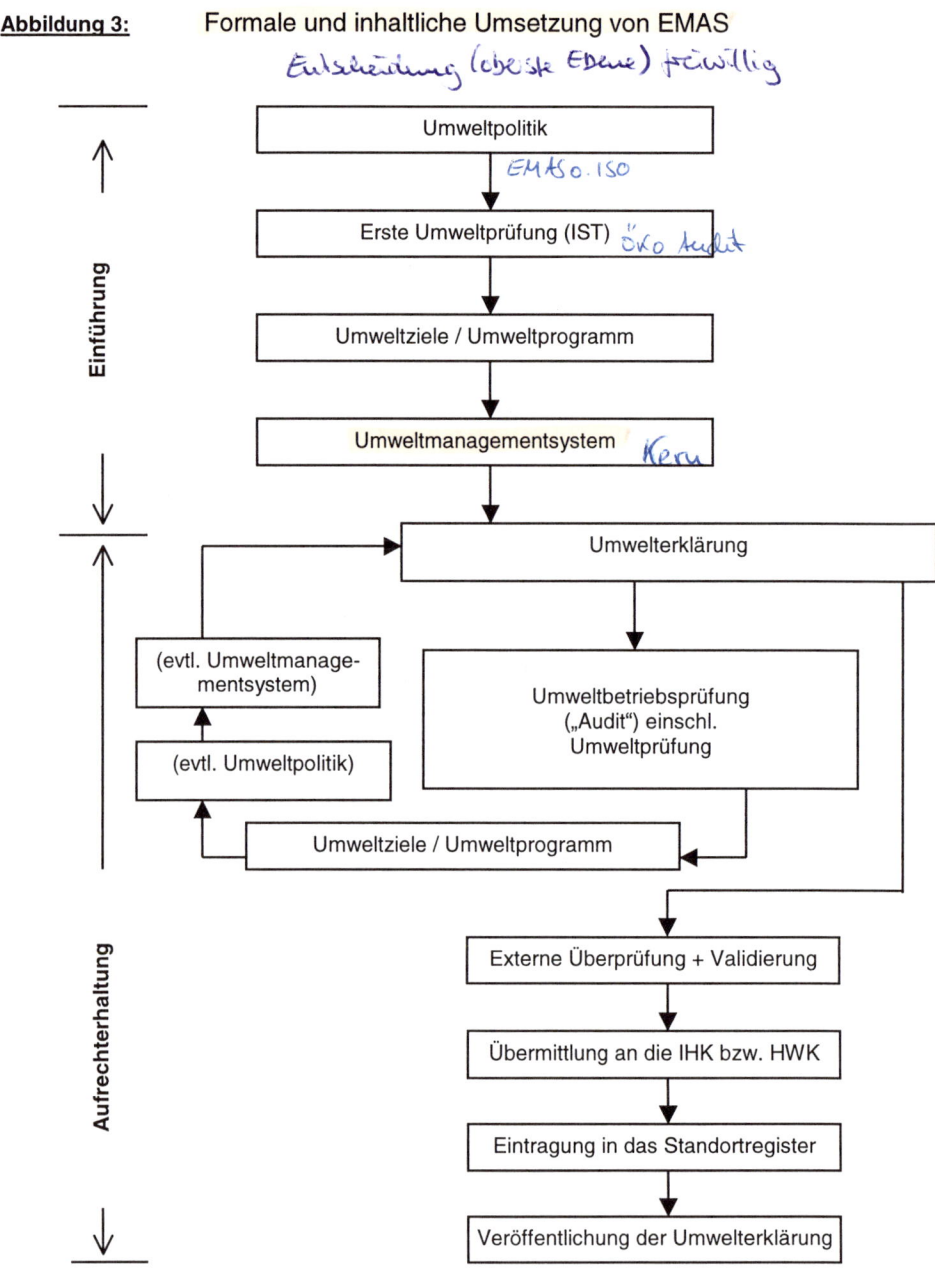

Nach **EMAS** wird im ersten formalen und inhaltlichen Schritt vom Unternehmen eine Umweltpolitik erstellt. Anschließend wird eine erste Umweltprüfung, in der die Umwelt-IST-Situation am Standort ermittelt wird, durchgeführt. Aus der ermittelten IST-Situation sind anschließend im Umweltprogramm konkrete Ziele zur Reduzierung der Umweltauswirkungen hinsichtlich einer anzustrebenden SOLL-Situation festzulegen.[5] Um diese Ziele zu erreichen, ist ein Umweltmanagementsystem zu entwickeln und zu implementieren. Die Erstellung einer Umwelterklärung, die Überprüfung durch einen Gutachter und bei Übereinstimmung mit den Anforderungen von EMAS die Validierung, die Übermittlung an die zuständige Stelle, die Eintragung in das Standortregister und die Veröffentlichung schließen die erstmalige Umsetzung von EMAS ab.[6]

Im Anhang, Kap. 10.4, ist ein Vorschlag einer Checkliste zur Dokumentation der Implementierungsschritte und des Implementierungsfortschritts bei der Einführung eines Umweltmanagements nach EMAS aufgeführt.[7]

Bei der **Aufrechterhaltung des nachhaltigen Umweltmanagements durch seine Weiterentwicklung nach EMAS** steht die **Umweltbetriebsprüfung** im Mittelpunkt. Jeder im folgenden zu durchlaufende Zyklus beginnt mit der Umweltbetriebsprüfung, dem eigentlichen „**Öko-Audit**". Die Überprüfung der Umweltleistung des Unternehmens beginnt mit der Ermittlung der neuen IST-Situation gegenüber der Einführung bzw. dem letztmaligen Audit im Rahmen einer erneuten Umweltprüfung. Danach werden neue Ziele gesteckt, eine neue SOLL-Situation im Rahmen eines neuen Umweltprogramms entwickelt. Gegebenenfalls ist auch die Umweltpolitik zu novellieren. Anschließend ist das Umweltmanagementsystem - sofern nötig - weiter zu entwickeln und eine neue Umwelterklärung abzufassen. Anschließend erfolgt wiederum die Überprüfung durch einen Gutachter und bei Übereinstimmung mit den Anforderungen von EMAS die Validierung, die Übermittlung der Umwelterklärung an die zuständige Stelle, die Eintragung in das Standortregister und die Veröffentlichung.

Die **formale und praktische Umsetzung nach DIN EN ISO 14001** ist in Abbildung 4 aufgeführt. Üblicherweise erfolgt eine Darstellung in Form einer nach oben geschwungenen Spirale (siehe DIN EN ISO 14001), die die ständige Weiterentwicklung des Umweltmanagementsystems verbildlichen soll.

Bei **DIN EN ISO 14001** erstellt das Unternehmen im ersten formalen und inhaltlichen Schritt eine Umweltpolitik. Daraus leitet es anschließend Umweltziele ab und entwickelt und implementiert das Umweltmanagementsystem einschließlich Kontroll- und Korrekturmaßnahmen. Dieses Umweltmanagementsystem wird durch

---

[5] Bei der Erstellung der Umweltpolitik wird auch von **strategischen Zielen**, beim Umweltprogramm von **taktischen Zielen** und bei den konkreten Aufgaben von **operativen Zielen** gesprochen (siehe MÜLLER-CHRIST, 2001:195). Allerdings ist die Unterscheidung nach taktischen Zielen im Rahmen des Umweltprogramms und operativen Zielen als konkrete Maßnahmen aufgrund des Übergangs von Zielen und Maßnahmen nicht eindeutig. Die Unterscheidung „taktische" und „operative" Ziele wird deshalb nicht weiter verwandt.
Im „**St. Gallener Umweltmanagementmodell**" (siehe Kap. 6) wird die Erstellung der Umweltpolitik der „**normativen**" Managementebene zugeordnet. Es ist nachvollziehbar, dass die Entscheidung zur Erstellung einer Umweltpolitik eine normative Entscheidung darstellt (vgl. die Ausführungen zur Festlegung der Unternehmenspositionierung, Kap. 5.1). Die konkrete Ausformulierung der Umweltpolitik - obwohl stark normativ geprägt - stellt aber in jedem Fall eine strategische Entscheidung dar, weshalb die Festlegung der Umweltpolitik im Rahmen der strategischen Unternehmensentscheidungen anzusiedeln ist.

[6] Bei der erstmaligen Einführung empfiehlt sich für das Unternehmen die Durchführung einer Umweltbetriebsprüfung als „Testlauf".

[7] Diese Checkliste ist auch im Rahmen der **Umweltbetriebsprüfung** und zur Vorbereitung auf ein **Validierungsaudit** verwendbar.

eine Zertifizierungsorganisation überprüft und bei Übereinstimmung mit den Anforderung der DIN EN ISO 14001 zertifiziert.

Abbildung 4: Formale und inhaltliche Umsetzung von DIN EN ISO 14001

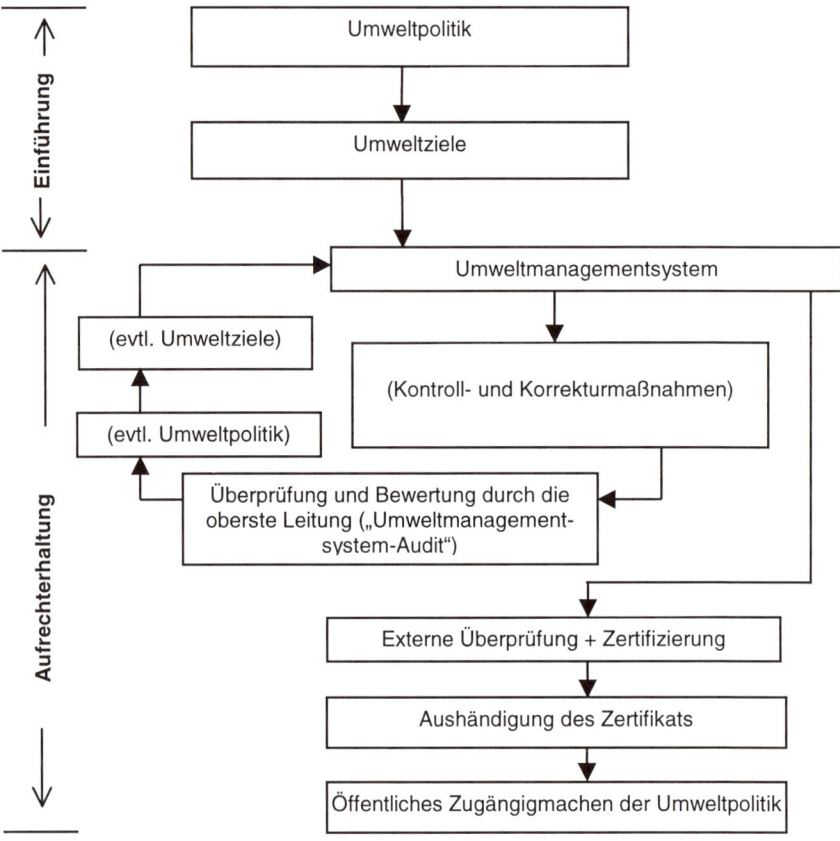

Im Anhang, Kap. 10.5, ist ein Vorschlag einer Checkliste zur Dokumentation der Implementierungsschritte und des Implementierungsfortschrittes bei der Einführung eines Umweltmanagements nach DIN EN ISO 14001 aufgeführt.[8]

Bei der **Aufrechterhaltung des Umweltmanagements und seiner Weiterentwicklung nach DIN EN ISO 14001** steht die Überprüfung des Umweltmanagementsystems durch die oberste Leitung, dem sog. **Umweltmanagementsystem-Audit**, im Mittelpunkt. Es erfolgt eine Weiterentwicklung des Umweltmanagementsystems, u.a. durch die Anwendung von Kontroll- und Korrekturmaßnahmen als Bestandteil des Umweltmanagementsystems. Gegebenenfalls erfolgt eine Neufor-

---

[8] Diese Checkliste ist auch im Rahmen des **Umweltmanagementsystem-Audits** und zur Vorbereitung auf ein **Zertifizierungsaudit** verwendbar.

mulierung der Umweltziele bzw. eine Neufassung der Umweltpolitik. Anschließend erfolgt eine Überprüfung des Umweltmanagementsystems durch eine Zertifizierungsorganisation und bei Übereinstimmung mit den Anforderungen der DIN EN ISO 14001 kann das Zertifikat weitergeführt werden.

Die für die **Implementierung von Umweltmanagement** benötigten Elemente sind in Kapitel 4.1.1 - 4.1.8 als kommentierte Checklisten angelegt. Sie sind aus EMAS II und ihren verschiedenen Anhängen zusammengestellt, ohne jeweils die einzelnen Stellen der Verordnung zu zitieren. Die aus der Verordnung abgeleiteten und formal ausgerichteten Checklisten werden um Aspekte der nachhaltigen Entwicklung erweitert, beziehen sich auf die prozess-, produkt- und logistikorientierten Aspekte des Umweltmanagements und werden derart systematisiert, dass eine schnelle Implementierung im Unternehmen vorgenommen werden kann. Dazu dient auch, dass bei den Checklisten der Bezug zur DIN EN ISO 14001 hergestellt wird, um die Gemeinsamkeiten und Unterschiede der beiden Bezugsgrundlagen für Umweltmanagement zu verdeutlichen.[9] Ein zusammenfassender Vergleich von EMAS und DIN EN ISO 14001 ist in Kap. 4.2 aufgeführt.

Für die praktische Implementierung im Unternehmen empfiehlt sich ein Vorgehen **analog eines Projektablaufs**. Mit der Implementierung sollte erst begonnen werden, wenn

- das Topmanagement die Entscheidung zur umweltbezogenen **Unternehmenspositionierung**, zur umweltbezogenen **Unternehmensstrategie** (siehe Kapitel 5.1 und 5.2) und zur **Implementierung** des Umweltmanagements traf,
- die Unternehmensführung die **Bezugsgrundlage für die Implementierung** eines validierungsfähigen nach EMAS bzw. eines zertifizierungsfähigen Umweltmanagementsystems nach DIN EN ISO 14001 festgelegt hat,
- die Geschäftsführung einen qualifizierten und engagierten **Implementierungsverantwortlichen** ausgewählt hat,[10]
  In der Regel wird dies der zukünftige Umweltmanagementvertreter sein. Die Auswahl und die tatsächliche Bestimmung dieses Beschäftigten ist in Absprache mit diesem vorzunehmen.
- die Unternehmensführung ihrem Implementierungsverantwortlichen **jegliche Hilfeleistung** für die Implementierung zugesagt und auch sichergestellt hat,
- die einzusetzenden Ressourcen vorgeplant und die Personen für die Zeit der Implementierung **vom Tagesgeschäft freigestellt** sind.[11]

Anschließend sollte der **Implementierungsprozess** in folgenden wesentlichen Schritten durchlaufen und innerhalb eines festgelegten Zeitraumes - z.B. eines Jahres - abgeschlossen werden:

- der Implementierungsverantwortliche nimmt eine detaillierte Ressourcenplanung vor hinsichtlich des Personaleinsatzes, des Geldeinsatzes, der Räume etc. und

---

[9] Eine ausführliche Gegenüberstellung der Textfassungen von EMAS II und DIN EN ISO 14001 siehe DORN (2001).
[10] Synonym: **Implementierungsbeauftragter**.
[11] Eine Freistellung vom Tagesgeschäft hat nur für die Zeiten zu erfolgen, in der die Implementierungsarbeiten durchzuführen sind.

sorgt dafür, dass die Geschäftsführung diese Ressourcen auch zur Verfügung stellt,
- der Implementierungsverantwortliche legt den Implementierungszeitraum fest und erarbeitet einen detaillierten Ablaufplan zur Implementierung,
- der Implementierungsbeauftragte legt der Geschäftsführung das detaillierte Konzept zur Einführung eines nachhaltigen Umweltmanagements zur Genehmigung vor,
- die Geschäftsführung genehmigt das Konzept bzw. nimmt Änderungen vor in Absprache mit dem Implementierungsverantwortlichen,
- der Implementierungsverantwortliche bildet danach ein **Implementierungsteam**,[12]

  Dabei wählt er die Teammitglieder nach der benötigten Qualifikation hinsichtlich umwelt(management)spezifischen, technischen und rechtlichen Kenntnissen, Erfahrung, Ausbildung und Teamfähigkeit aus. Die **Teamleitung** übernimmt er selbst.[13]
- er gewährleistet, dass alle Teammitglieder ihre Rolle und ihre Aufgaben verstehen und dass sie für die ihnen übertragenen Aufgaben qualifiziert sind und dass sie uneingeschränkten Zugang zum gesamten Unternehmen bzw. zu allen Unterlagen haben,
- der Implementierungsverantwortliche und die Geschäftsführung sorgen gemeinsam dafür, dass die beabsichtigte Implementierung eines Umweltmanagementsystems allen Beschäftigten zur Kenntnis gebracht wurde und diese zur Mitarbeit angehalten wurden,
- der Implementierungsverantwortliche betraut die Teammitglieder mit den Implementierungstätigkeiten,

  Diese sind:
  - Erstellung eines Entwurfs der Umweltpolitik,
  - Durchführung der ersten Umweltprüfung,
  - Erstellung eines Entwurfs des Umweltprogramms,
  - Erstellung von Interviewleitfäden zur Ermittlung der innerbetrieblichen Abläufe, der Qualifikation der Beschäftigten etc.,
  - Erstellung eines Entwurfs für das Umweltmanagementsystem,
  - Erstellung des Umweltbetriebsprüfungsverfahrens,
  - testweise Durchführung der Umweltbetriebsprüfung,
  - Erstellung eines Entwurfs der Umwelterklärung.
- der Implementierungsverantwortliche unterstützt und kontrolliert die Teammitglieder bei den Implementierungstätigkeiten bzw. führt selbst einzelne dieser Tätigkeiten durch,
- der Implementierungsverantwortliche dokumentiert die einzelnen Projektschritte bei der Implementierung,

---

[12] In kleinen und mittelständischen Unternehmen kann der Implementierungsverantwortliche die Implementierung bei entsprechender Qualifikation und entsprechender Freistellung von seinen anderen Aufgaben auch allein übernehmen.
Häufig wird statt „Implementierungsteam" auch der Begriff „**Projektgruppe**" verwandt, in dem der Ablauf der Implementierung in Anlehnung an ein Projekt zum Ausdruck kommt.
[13] Fehlt im Unternehmen Know-how hinsichtlich nachhaltigen Umweltmanagements, wird der Implementierungsverantwortliche in Rücksprache mit der Unternehmensleitung externes Know-how in den Prozess der Implementierung einbeziehen.

- er berichtet der Unternehmensleitung über den Fortschritt der Implementierung,
- der Implementierungsverantwortliche und sein Team diskutieren die erarbeiteten Entwürfe und Konzepte mit der Unternehmensleitung und nehmen gegebenenfalls Änderungen vor,
- der Implementierungsbeauftragte nimmt die Vorauswahl und Auswahl des Umweltgutachters bzw. der Zertifizierungsorganisation vor,
- er bestellt nach erfolgtem Abschluss der Implementierungsarbeiten den Umweltgutachter bzw. die Zertifizierungsorganisation,
- der Implementierungsverantwortliche leitet nach erfolgreicher Validierung die Umwelterklärung an die zuständige IHK bzw. HWK weiter bzw. die Unternehmensleitung nimmt das Zertifikat nach erfolgreicher Zertifizierung entgegen.

Nach Durchlaufen dieses Implementierungsprozesses erfolgt die **Aufrechterhaltung des nachhaltigen Umweltmanagementsystems** und die **kontinuierliche Verbesserung der Umweltleistung** des Unternehmens nach EMAS bzw. eine **kontinuierliche Weiterentwicklung des Umweltmanagementsystems** nach DIN EN ISO 14001.

In der Praxis treten **beim Implementierungsprozess** häufig verschiedene Probleme auf, die zu Zeitverzögerungen bis hin zum Scheitern der Implementierung führen können. Gerade deswegen ist auch die Information der Geschäftsführung über den Stand der Arbeiten in angemessenen Zeitabständen unerlässlich. Diese Probleme werden im folgenden aufgeführt, einschließlich Handlungsmöglichkeiten zu deren Behebung. Es sind:

- **falsche Auswahl** des Implementierungsverantwortlichen hinsichtlich dessen Qualifikation und dessen Engagement durch die Geschäftsführung,
  Die Geschäftsführung bzw. ein Verantwortlicher in der Geschäftsführung sollte eine sorgfältige Auswahl des Implementierungsverantwortlichen treffen und die falsche Personalentscheidung gegebenenfalls korrigieren.
- **Arbeitsüberlastung** des Implementierungsverantwortlichen und/oder der Teammitglieder aufgrund fehlender Freistellung vom Tagesgeschäft,
  Die Geschäftsführung hat vor Beginn der Arbeiten die Freistellung zu organisieren, so dass keine Arbeitsüberlastung eintreten kann. Gleiches gilt für die Mitglieder des Implementierungsteams.
- **mangelhafte Unterstützung** des Implementierungsverantwortlichen durch die Geschäftsführung,
  Dies führt in der Regel zu verspäteter oder unzureichender Bereitstellung der personellen und/oder finanziellen Ressourcen, zur Zeitverzögerung aufgrund von fehlenden Gesprächs- und Diskussionsmöglichkeiten etc. und kann nur durch entsprechendes **Engagement der Geschäftsführung** behoben werden. Bei Liquiditätsproblemen hat die Geschäftsführung entsprechende Maßnahmen zur Bereitstellung der finanziellen Ressourcen zu treffen. Ist die mangelhafte Unterstützung des Implementierungsverantwortlichen durch Verteidigung von Macht und Einflusssphäre in der Geschäftsführung bzw. im Topmanagement begründet, sind diese Probleme innerhalb der Geschäftsführung vor Weiterführung der Arbeiten zu lösen.

- **fehlerhafte Ressourcenplanung** vor allem hinsichtlich Personaleinsatz und/oder Geldeinsatz,

    Die Angaben in Kapitel 4.3 können helfen, grobe Fehlplanungen sowohl durch die Geschäftsführung als auch durch den Implementierungsbeauftragten zu vermeiden.

- Probleme bei der **Bildung eines Implementierungsteams**, z.B. fehlende Qualifikation (u.a. umwelt(management)spezifisch, technisch, rechtlich, praktische Erfahrungen) und Motivation,

    Stehen im Unternehmen keine geeigneten Teammitglieder zur Verfügung, ist externes Know-how nachzufragen. Der Implementierungsverantwortliche hat dafür eine Kosteneinschätzung vorzunehmen und die Geschäftsführung dann entsprechende finanzielle Ressourcen zur Verfügung zu stellen.

- Probleme einzelner Teammitglieder hinsichtlich der zu **erfüllenden Aufgaben**: Erstellung eines Entwurfs der Umweltpolitik, Durchführung der ersten Umweltprüfung, Erstellung eines Entwurfs des Umweltprogramms, Erstellung von Interviewleitfäden (zur Ermittlung der Abläufe, der Qualifikation der Beschäftigten etc.), Erstellung eines Entwurfs für das Umweltmanagementsystem, Erstellung des Umweltbetriebsprüfungsverfahrens, testweise Durchführung der Umweltbetriebsprüfung, Erstellung eines Entwurfs der Umwelterklärung und Auswahl des Umweltgutachters bzw. der Zertifizierungsorganisation,

    Die im vorliegenden Lehrbuch aufgeführten Checklisten bieten eine Hilfestellung, diesbezügliche Qualifikationsprobleme zu lösen.

- Probleme einzelner Teammitglieder im **Verständnis** ihrer Funktion und Aufgaben sowie Probleme in der Zusammenarbeit der Teammitglieder,

    Derartige Schwierigkeiten sind vom Implementierungsverantwortlichen auszuräumen.

- **negative Einstellungen**, **fehlende Motivation** und **Initiative**, **fehlendes Verantwortungsgefühl** sowie **Bequemlichkeit** der Beschäftigten gegenüber Umweltmanagement bzw. gegenüber der Zuarbeit zum Projektteam sowie **eingeschränkter Zugang** zu Unterlagen und Unternehmensteilen,[14]

    Die Geschäftsführung in Zusammenarbeit mit dem Implementierungsverantwortlichen hat allen Beschäftigten das Vorhaben der Implementierung vor Beginn der Arbeiten mitzuteilen und zu vermitteln, die Beschäftigten zur Mitarbeit zu motivieren und dies mit entsprechenden Personalführungsmaßnahmen zu unterstreichen. Somit ist auch der Zugang zu allen Unternehmensteilen und den benötigten Unterlagen gewährleistet.

- **Angst vor Neuerungen** und Veränderungen sowie die damit verbundene Störung von Routine und Gewohnheiten und das Aufheben des Sicherheitsgefühls bei den Beschäftigten,

    Dies kann durch positive Beispiele des Topmanagements und durch geeignete Personalführungsmaßnahmen vermindert werden.

- die vom Implementierungsverantwortlichen und seinem Team erarbeiteten Entwürfe weichen zu stark von den Vorstellungen der Unternehmensleitung ab, z.B.

---

[14] Häufig aufgeführt werden bezogen auf den Implementierungsprozess auch Verständnisprobleme bei den Beschäftigten, Ressourcenmangel und unangepasste Anforderungen an die Beschäftigten. Diese Probleme sind nach der Implementierung im Rahmen der Aufrechterhaltung des Umweltmanagementsystems zu erfassen und anhand der vorgesehenen Korrekturmaßnahmen zu lösen.

die Regelungen der Verantwortlichkeiten in einzelnen Bereichen, so dass anstatt Änderungen eine erneute Bearbeitung einzelner Sachverhalte vorzunehmen ist.

Dies kann durch regelmäßige Treffen des Implementierungsteams mit der Geschäftsleitung und ständiger Diskussion vermieden werden.

Auftretende Probleme bei der **Aufrechterhaltung des Umweltmanagementsystems** nach der erfolgreichen Implementierung liegen insbesondere in der Schaffung der personellen Strukturen zur weiteren Umsetzung der zu erfüllenden Aufgaben im Rahmen des nachhaltigen Umweltmanagements sowie in der Koordination und Durchführung der verschiedenen Projekte zur Erreichung der Umweltschutzziele. Sie werden im Rahmen der Umweltbetriebsprüfung bzw. des Umweltmanagementsystem-Audits identifiziert und sind anhand der dafür vorgesehenen Korrekturmaßnahmen zu lösen.

Nach der Implementierung können allerdings auch **extern verursachte Probleme** auftreten, z.B.:

- nach erfolgter Festlegung der Kontrahierungsmaßnahmen findet keine oder nur eine geringe Kaufbereitschaft der Konsumenten statt,
- die Kommunikationspolitik wirkt nicht entsprechend auf die Konsumenten und führt in Verbindung mit den anderen Maßnahmen des Umweltmanagements nicht zu Umsatzerhöhungen,
- Veränderungen im Makroumfeld des Unternehmens, die die Durchführung der kommunikations- und kontrahierungspolitischen Maßnahmen beeinflussen, werden nicht früh genug antizipiert,
- branchenspezifische Probleme, z.B. im Handel die Unsicherheit bezüglich Umsatz-, Kosten- und Ertragswirkungen einer umweltorientierten Sortimentspolitik und Glaubwürdigkeitsdefizite aus Konsumentensicht, die Unsicherheit hinsichtlich einer umweltorientierten Produktpolitik.[15]

Zur Lösung dieser Probleme sind bei Aufrechterhaltung des Umweltmanagementsystems unternehmensstrategische Maßnahmen zu erarbeiten und umzusetzen.

Diese Vorgehensweise zur Implementierung gilt für ein nachhaltiges Umweltmanagement. Sollen allerdings für eine nachhaltige Unternehmensführung die Aspekte „Soziales" und „Wirtschaftliches" eingeführt werden, ist dieser Implementierungsprozess zu modifizieren und um diese beiden Aspekte der Nachhaltigkeit zu erweitern. Auf sie wird bei der folgenden Vorgehensweise zur Implementierung eines nachhaltigen Umweltmanagements an den notwendigen Stellen hingewiesen, ohne dass – mit Ausnahme der Umweltpolitik – detaillierte und weitergehende Ausführungen in diesem Rahmen möglich sind.

---

[15] Erweitert nach MEFFERT/KIRCHGEORG, 1998:354ff.

4.1 Einzelne Elemente der Implementierung

4.1.1 Umweltpolitik

Unter einer betrieblichen Umweltpolitik werden die **umweltbezogenen Gesamtziele**, **Leitlinien** und **Handlungsgrundsätze** des Unternehmens verstanden. Die Umweltpolitik muss von der obersten Leitung des Unternehmens festgelegt, unterzeichnet und dokumentiert werden.

Die erstellten Gesamtziele müssen in Art und Umfang **angemessen** sein für das Unternehmen, d.h. für ihre Tätigkeiten, Produkte oder Dienstleistungen.

Die Umweltpolitik muss **schriftlich** vorliegen. Sie muss **allen Beschäftigen** und **der Öffentlichkeit mitgeteilt** werden und sie muss **für die Öffentlichkeit zugänglich** sein.

Die Erstellung der Umweltpolitik ist in das Umweltmanagementsystem, d.h. in die übergeordneten Managementtätigkeiten, einzubeziehen (siehe Kap. 4.1.4). Die Berücksichtigung in der Verantwortungsmatrix „übergeordnete Managementaufgaben" und deren Umsetzung gewährleistet die Erstellung der Umweltpolitik und die Erfüllung der damit zusammenhängenden Anforderungen.

Eine Umweltpolitik ist sowohl bei EMAS als auch bei DIN EN ISO 14001 zu erstellen. Zu folgenden Inhalten muss die betriebliche Umweltpolitik verbindliche Aussagen treffen:

- Erläuterung des Zusammenhangs zwischen der Umweltpolitik, dem Umweltprogramm[16] und dem Umweltmanagementsystem,
   - Diese Erläuterung sollte beinhalten, dass die umweltorientierten Gesamtziele des Unternehmens im Umweltprogramm präzisiert werden und das Umweltmanagementsystem das betriebliche Instrument ist, das die Umsetzung und Erreichung dieser Ziele regelt.
- eine Einordnung des Ziels „Umweltschutz" im Verhältnis zu den anderen Unternehmenszielen,
   - Es finden sich Formulierungen wie „Umweltschutz ist ein wichtiges Unternehmensziel", „Umweltschutz ist ein zentrales Anliegen des Unternehmens", oder „Umweltschutz ist ein gleichrangiges Unternehmensziel", was bedeutet, dass Umweltschutz im gleichen Maße wie ökonomische Ziele verfolgt wird.
- Verpflichtung zur Einhaltung der relevanten Umweltgesetze und rechtlichen Vorschriften und anderer Forderungen,
   - Diese Aussage umfasst auch die genehmigungsrechtlichen Voraussetzungen der Produktion.
- Verpflichtung zur kontinuierlichen Verbesserung des betrieblichen Umweltschutzes und zur Verhütung von Umweltbelastungen, auch über die Einhaltung der einschlägigen Umweltvorschriften hinaus,

---

[16] Bei DIN EN ISO 14001 statt Umweltprogramm „Umweltziele".

Beides bedeutet eine Orientierung an den Notwendigkeiten einer nachhaltigen Entwicklung, da die geltenden Umweltvorschriften zur Zeit noch weit hinter diesen Notwendigkeiten zurückstehen (vgl. Kap. 10.3).

- Förderung des Verantwortungsbewusstseins und des Umweltbewusstseins der Beschäftigten,

    Diese Aussage sollte auch die Unterstützung des öffentlichen Engagements der Beschäftigten[17] beinhalten.

- Einbeziehung der Beschäftigten in den betrieblichen Umweltschutz,
- Beurteilung der Umweltauswirkungen für neue Tätigkeiten, Produkte und Verfahren,
- Verhalten bezüglich Tierversuchen in der Produktentwicklung,
- Überprüfung, Bewertung und Überwachung der derzeitigen Umweltauswirkungen auf lokaler Ebene,

    Die Überprüfung der derzeitigen Umweltauswirkungen auf lokaler Ebene, d.h. das Erfassen und Bewerten entspricht der Durchführung einer Umweltprüfung. In der Umweltpolitik sollen hierzu allgemeine Aussagen zu Rohstoff-, Energie- und Wassereinsatz, Emissionen, Abfall, „Lärm" etc. gemacht werden, auch zur Überwachung in Form eines Kontrollsystems.

- Einsatz von Maßnahmen zur Reduzierung der Umweltauswirkungen,

    Dies bedeutet eine Aussage zur Umsetzung von prozess-, produkt- und logistikorientierten Maßnahmen zur Reduzierung der Umweltauswirkungen, einschließlich der Ressourcenschonung.

- Altlastenbeseitigung,

    Dies bedeutet eine Aussage zur Durchführung oder Beteiligung des Unternehmens an der Sanierung von Altlasten, d.h. von Altstandorten und von Altablagerungen, die vom Unternehmen (mit)verursacht wurden.

- Maßnahmen zur Störfallreduzierung bzw. bei Prozessstörung,

    Dies stellt eine Aussage zur Störfallproblematik dar und beinhaltet auch die Aspekte des Arbeitsschutzes (Arbeitsschutzmanagement). Zudem ist insbesondere an dieser Stelle eine Wechselwirkung zum Qualitätsmanagement erkennbar, weshalb auch eine Aussage dazu getroffen werden sollte.

- Verhalten hinsichtlich Gentechnik,
- Durchführung der Überprüfung bzw. der Kontrolle der Managementtätigkeit in Bezug auf Umweltschutz,

    Die Überprüfung bzw. die Kontrolle der Managementtätigkeit in Bezug auf Umweltschutz bedeutet die Durchführung einer Umweltbetriebsprüfung.

- Festlegung von Verfahren bzw. Maßnahmen, wenn das Unternehmen die Umweltpolitik bzw. die Umweltziele im Umweltprogramm nicht einhält,
- Umgang mit Behörden und anderen Gremien,

    Formulierungen wie die Umsetzung einer loyalen Zusammenarbeit mit staatlichen, kommunalen und kulturellen Institutionen, einer aktiven Beteiligung an der Normenfixierung sowie eine aktive Beteiligung in der Umweltdiskussion und -aufklärung sind hier vorzufinden.

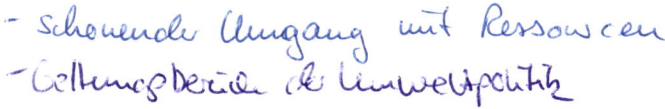

---

[17] Synonym: **Mitarbeiter/Mitarbeiterinnen**.

- Umgang mit Informationen gegenüber der Öffentlichkeit,[18]
    Eine seriöse Offenlegung von umweltrelevanten Informationen bedeutet die Veröffentlichung einer Umwelterklärung gemäß EMAS sowie die Auskunftsbereitschaft gegenüber lokalen Anspruchsgruppen. Als Ziel kann hier das Gewinnen von Vertrauen und das Erlangen eines positiven Bildes in der Öffentlichkeit gelten.
- Beratung von Kunden bezüglich Handhabung, Verwendung, Behandlung, eventuelle Rücknahme und Beseitigung der vom Unternehmen hergestellten Produkte,
- Umgang mit Vertragspartnern zur Umsetzung des gleichen Umweltstandards,
    Als Vertragspartner gelten Lieferanten, Kunden, Fremdfirmen auf dem Standort, Handel etc., die durch das Unternehmen zur Umsetzung von Umweltmanagement animiert werden sollen.
- Geltungsbereich der Umweltpolitik.
    Als Geltungsbereich der Umweltpolitik sind der räumliche und der zeitliche Geltungsbereich aufzuführen. Bei Großunternehmen bezieht sich dies auf alle Standorte.

In der Praxis sind diese einzelnen Aussagen bzw. die Inhalte der Umweltpolitik häufig verkürzt, vermengt oder zusammenfassend dargestellt und in der Regel auf wenige griffige Formulierungen reduziert, z.B. als sieben oder zehn Leitlinien des Unternehmens. Hilfreich für die praktische Erstellung der Umweltpolitik kann es sein, sich für die jeweiligen Leitlinien an Maximen der Nachhaltigkeit zu orientieren.

Für die Umweltpolitik von international agierenden Unternehmen („Global Player") sind die oben aufgeführten und zu treffenden Leitlinien im Rahmen der Umweltpolitik verbindlich um folgende Inhalte zu erweitern:

- **weltweit einheitliche Umweltstandards** auf dem besten Level,
    Die Schaffung weltweit einheitlicher Umweltstandards in den verschiedenen Produktionsstätten soll gelten für Emissionen, Sicherheitstechnik, Arbeitsschutz sowie die Qualität der Prozesse und der Produkte. So entgeht das Unternehmen dem begründeten Vorwurf von Produktionsverlagerungen in Länder mit niedrigerem Standard in der Umweltgesetzgebung.
- **weltweit einheitliches Verhalten bezüglich der Nutzung von Ressourcen**.
    Eine Leitlinie soll formuliert werden hinsichtlich des Ersatzes von nichtregenerativen durch regenerative Ressourcen, hinsichtlich nachhaltiger Nutzung von regenerativen Ressourcen, hinsichtlich des Erhaltes der Biodiversität und hinsichtlich der biologischen und technischen Kreislaufschließung bei Abfällen und Produkten.

Um von einem nachhaltigen Umweltmanagement zu einer nachhaltigen Unternehmensentwicklung zu gelangen, sind diese Leitlinien zudem um Leitlinien zur sozialen Gerechtigkeit, also um eine „Sozialpolitik", und um eine Wirtschaftspolitik zu erweitern.

---

[18] Generell sind alle Stakeholder anzusprechen.

Sozial bezogene Leitlinien sind für global agierende Unternehmen explizit **unumgänglich**.[19] Dies sind folgende:

- Einhaltung von Menschenrechten und Schaffung weltweit einheitlicher sozialer Standards auf dem besten Level,
    Dies umfasst u.a.:
    - Zulassung von Arbeitnehmerorganisationen (Gewerkschaften etc.) und deren betrieblicher Mitbestimmung,
    - adäquate Lohngestaltung,
    - Arbeitszeitregelungen,
    - Einhaltung von Religions- und Meinungsfreiheit,
    - Ausschluss von Zwangs- und Kinderarbeit,
    - Ermöglichung von Ausbildung,
    - Gleichbehandlung von Frauen (bzw. Frauenförderung).
- Eintreten für demokratische öffentliche und wirtschaftliche Ordnung,
- Verhalten im Handel mit Entwicklungsländern hinsichtlich der Ermöglichung von „fairem" Handel sowie dem Transfer von Technologie in diese Länder,
- Verhalten bezüglich Beteiligung an Rüstungsproduktion und Rüstungsgeschäften, einschließlich Handel,
- Verhalten hinsichtlich Produktion und Handel von Drogen und Pornographie,
- Verhalten gegenüber undemokratischen oder totalitären Regimen,
- Verhalten gegenüber indigenen Völkern,
- Verhalten hinsichtlich Anerkennung landesspezifischer Traditionen,
- Unterstützung von Programmen für Minderheiten,
- Unterstützung von Wohltätigkeitsprogrammen („charity").

Um neben der Umweltpolitik und der Sozialpolitik den dritten Aspekt der Nachhaltigkeit zu berücksichtigen, hat ein Unternehmen auch eine „Wirtschaftspolitik" zu erstellen. Folgende Aspekte sind u.a. darin zu berücksichtigen:

- Erhalt der Wettbewerbsfähigkeit,
- Mitwirkung in Gremien und Organisationen,
    Hierbei ist die Einflussnahme auf eine nachhaltige Entwicklung z.B. im Rahmen der Verbandsarbeit oder der Politikberatung zu nennen.
- wesentliche ökonomische Ziele,
    Dies sind Aussagen u.a. zum Umsatzwachstum, zur Gewinnsteigerung, zur Eigenkapitalrendite, zum Nettoumlaufvermögen, zur Investitionsquote etc.
- Verhältnis der ökonomischen Ziele im Rahmen des Shareholder Value zum Erhalt bzw. der Schaffung von Arbeitsplätzen und zu den sozialen Leitlinien.

Werden für alle drei Bereiche vom Unternehmen Handlungsgrundsätze formuliert, kann von einer nachhaltigen Unternehmenspolitik gesprochen werden.

Die in der Umweltpolitik aufgestellten Leitlinien gelten in der Regel längerfristig. Die häufig geäußerte Kritik an diesen Leitlinien, sie seien zu allgemein und zu unver-

---

[19] In Deutschland sind einige der aufgeführten Aspekte als Standards zu betrachten.

bindlich formuliert, kann geteilt werden. Die Umweltpolitik wird nur dann von einem Lippenbekenntnis zu einem Instrument nachhaltiger Unternehmensführung, wenn die Unternehmensführung deren Umsetzung implementiert und aufrechterhält bzw. sicherstellt. Dazu sind diese Leitlinien und Handlungsgrundsätze zu präzisieren in Form konkreter, an den Aspekten der Nachhaltigkeit ausgerichteter Ziele (siehe Kap. 4.1.3).[20] Gleiches gilt für die Leitlinien der Sozialpolitik und die Leitlinien der Wirtschaftspolitik.

4.1.2 Umweltprüfungsverfahren und Umweltprüfung

Eine umfassende erste und in der Folgezeit turnusgemäße Untersuchung der Umweltfragen und Umweltauswirkungen des Unternehmens muss nach EMAS durchgeführt werden, nicht nach DIN EN ISO 14001. Diese erste und turnusgemäße **umfassende Untersuchung** der Umweltfragen und der Umweltauswirkungen des Unternehmens, eine Art umfassende Bestandsaufnahme, wird als **Umweltprüfung** bezeichnet.[21]

Das **Umweltprüfungsverfahren** ist ein Managementinstrument zur umfassenden Untersuchung der Umweltfragen und der Umweltwirkungen des Unternehmens. Es beschreibt, wie die Umweltprüfung durchgeführt werden soll.

Bei einer Umweltprüfung sind zwei Aspekte zu betrachten:

- Was ist zu untersuchen?
    Hierbei handelt es sich um die Auflistung der zu untersuchenden Prüfungsinhalte.
- Wie muss vorgegangen werden?
    Hierbei handelt es sich um die Beschreibung der Vorgehensweise zur Durchführung der Umweltprüfung, d.h. des Prüfungsverfahrens.

Bei der Umweltprüfung, also der Anwendung des Umweltprüfungsverfahrens, müssen folgende zwei Anforderungen gewährleistet sein:

- Integration des Umweltprüfungsverfahrens (und somit der Umweltprüfung) in das Umweltmanagementsystem, d.h. in die übergeordneten Managementaufgaben (siehe Kap. 4.1.4),
    Die Berücksichtigung in der Verantwortungsmatrix „übergeordnete Managementaufgaben" und deren Umsetzung gewährleistet die Anwendung des

---

[20] In kleinen und mittelständischen Unternehmen, die bisher vielfach noch keine strategische Unternehmensausrichtung verfolgen, ist die Erstellung solcher Umweltleitlinien als wesentlicher Schritt der (Neu)Ausrichtung des Unternehmens zu bewerten.
[21] In der Definition nach EMAS ist zudem die Untersuchung der „Umweltleistung" der Organisation in der Umweltprüfung durchzuführen. Die Bewertung der Umweltleistung ist aber ebenfalls in der Definition von „Umweltbetriebsprüfung" aufgeführt. Werden in der Umweltprüfung die Umweltfragen und Umweltwirkungen der Organisation untersucht, so liegen im Ergebnis Erkenntnisse bzw. Werte zu Umweltwirkungen vor. Diese Erkenntnisse ergeben erst im Vergleich mit früheren Werten oder mit Zielen Auskunft über die Umweltleistung der Organisation. Die Umweltleistung wird somit in der Umweltbetriebsprüfung zu untersuchen sein, weshalb aus systematischen Gründen die Definition von Umweltprüfung nach EMAS hier verkürzt wird.

Umweltprüfungsverfahrens und die Erfüllung der damit zusammenhängenden Anforderungen.
- Leistung von Hilfestellung bei der Durchführung der Umweltprüfung durch die Unternehmensführung.

Im Rahmen einer nachhaltigen Unternehmensführung sind analog der Umweltprüfung eine Sozialprüfung bzw. ein Sozialprüfungsverfahren und eine Wirtschaftsprüfung bzw. ein Wirtschaftsprüfungsverfahren durchzuführen.[22]

4.1.2.1 Umweltprüfungsverfahren

Das **Umweltprüfungsverfahren** ist ein Managementinstrument zur umfassenden Untersuchung der Umweltfragen und der Umweltauswirkungen des Unternehmens. Es beschreibt, wie die Umweltprüfung durchgeführt werden soll.

Das Umweltprüfungsverfahren - und somit nach der erstmaligen Durchführung der ersten Umweltprüfung auch die turnusmässige Umweltprüfung - wird häufig als Bestandteil des Umweltbetriebsprüfungsverfahrens betrachtet und deshalb in EMAS nicht als separater Bestandteil aufgeführt. Aus Analogiebetrachtungen zur Umweltbetriebsprüfung wird es hier separat aufgeführt.

Die Anwendung des Umweltprüfungsverfahrens (d.h. Durchführung einer Umweltprüfung) entspricht einem Projektablauf; der Ablauf ist vereinfacht in Abbildung 5 dargestellt.

Folgende Anforderungen sind an das Umweltprüfungsverfahren zu stellen:

- schriftliche Festlegung der Ziele des Umweltprüfungsverfahrens,
- Festlegung der Ressourcen für das Umweltprüfungsverfahren und Überprüfung ihrer Angemessenheit,
    Als „Ressourcen" sind Personaleinsatz, Geldeinsatz, Räume etc. festzulegen. Liegen keine Anhaltswerte aus vergangenen Umweltprüfungen oder aus anderen vergleichbaren Unternehmen vor, so sind diese vor der erstmaligen Durchführung zu schätzen.
- Festlegung und Gewährleistung der Qualifikation derjenigen, die die Umweltprüfung durchführen,
    Qualifikation gilt hinsichtlich:
    - Kenntnisse, z.B. umweltspezifisch, technisch und rechtlich,
    - Erfahrung,
    - Ausbildung,

---

[22] Unter „**Wirtschaftsprüfung**" wird eine **externe Überprüfung** der wirtschaftlichen Situation des Unternehmens verstanden, die von mittelständischen und großen Unternehmen durchgeführt werden muss. „**Wirtschaftsprüfung**" entspricht somit der **Validierung** bzw. **Zertifizierung** im Umweltmanagement.
In dieser Arbeit wird „**Wirtschaftsprüfung**" als Untersuchung der wirtschaftlichen IST-Situation hinsichtlich der ökonomischen Fragen verstanden. Die „**Wirtschaftsbetriebsprüfung**" ist die Ermittlung der Leistungsfähigkeit des Managements hinsichtlich der festgelegten ökonomischen Ziele, das interne Audit.

- Teamfähigkeit.
- Zusammenstellung eines Prüfungsteams einschließlich der Festlegung seiner Leitung und der Aufgabenverteilung für die Prüftätigkeiten,
- Garantie der Unabhängigkeit derjenigen, die die Umweltprüfung durchführen, so dass eine objektive und neutrale Tätigkeit gewährleistet ist,
- Festlegung des Prüfungszeitraums und der Prüfungsdauer,

Abbildung 5: Ablauf der Durchführung einer Umweltprüfung*

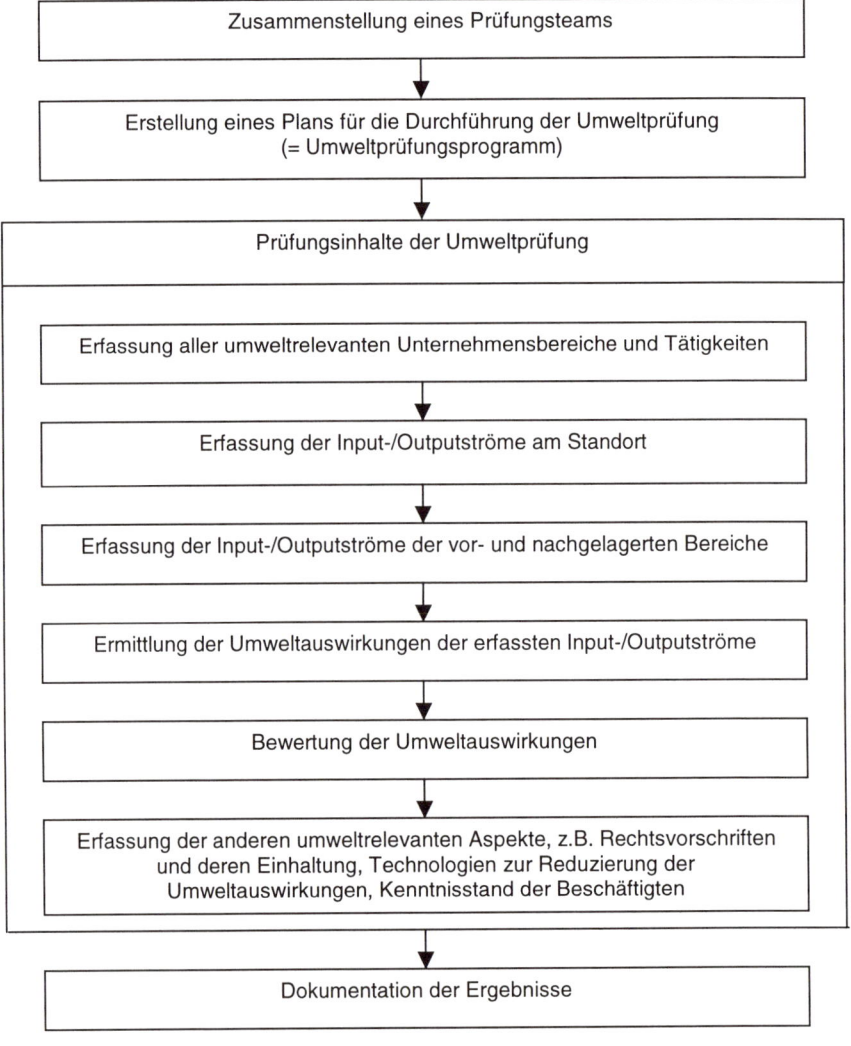

* aufgeführt sind die wesentlichen Schritte; Erläuterungen zu allen Schritten sind im Text zu finden

- Erstellung eines Plans für die Durchführung der Umweltprüfung (= **Umweltprüfungsprogramm**),

  Dieser Plan zur Durchführung der Umweltprüfung wird auch als **Umweltprüfungsprogramm** bezeichnet. Er enthält alle Prüftätigkeiten, meist aufgeführt in Prüf- bzw. Analysechecklisten, einschließlich der Erstellung des Prüfberichts und eines Ablaufplans für die Durchführung als Ablaufschema mit Prioritäten.

- Gewährleistung, dass alle Prüfer ihre Rolle und Funktion und ihre Aufgaben/Prüfungstätigkeiten verstehen,
- Gewährleistung, dass alle Prüfer mit dem Standort vertraut sind, d.h. sie die betrieblichen und technische Abläufe und Zusammenhänge kennen,
- Gewährleistung, dass alle Prüfer die Ergebnisse vorangegangener Umweltprüfungen kennen,
- Gewährleistung, dass alle Prüfer uneingeschränkten Zugang zum gesamten Unternehmen bzw. zu allen Unterlagen haben,
- Festlegung von Prioritäten bei der Durchführung der Umweltprüfung (diese sind eigentlich im Ablaufschema des Umweltprüfungsprogramms impliziert) und Planung der einzelnen Schritte,
- Erfassung aller Inhalte der „Umweltprüfung",

  Aus Sicht der Managementbetrachtung könnte an dieser Stelle auch die Checkliste „Umweltprüfung" eingefügt werden, in der die zu untersuchenden Inhalte aufgelistet sind. Aus Gründen der Übersichtlichkeit erfolgt dies nicht; die Inhalte sind in einer gesonderten Checkliste aufgeführt (siehe Kap. 4.1.2.2).

- Gewährleistung, dass die beabsichtigte Prüfung allen Beschäftigten zur Kenntnis gebracht wurde und diese zur Mitarbeit angehalten wurden,
- Sicherstellung der Funktionsweise der Prüfmittel,

  Werden zur Untersuchung der Inhalte der Umweltprüfung spezielle Prüfmittel benötigt (z.B. Messgeräte, Chemikalien, Programme zur statistischen Auswertung), ist sicherzustellen, dass
  - eine rechtzeitige Beschaffung erfolgt,
  - eine Eingangsprüfung, Kennzeichnung, Inventarisierung und Registrierung durchgeführt wird,
  - eine Kalibrierung unter Bezugnahme auf die Kalibrieranweisungen mit Aussagen über die zulässigen Messabweichungen oder auf internationale Standards vorgenommen wird,
  - ein sorgfältiger Umgang mit den Prüfmitteln gewährleistet ist.

- Dokumentation der erfassten Daten und Ergebnisse des Umweltprüfungsverfahrens in Form eines im Rahmen des Umweltmanagements zu verwendenden Berichts über die Umweltprüfung,

  Die Inhalte des Berichts über die Umweltprüfung sind:
  - Dokumentation des Umfangs der Umweltprüfung, d.h. die Prüfaktivitäten und die Prüfmethoden,
  - Ergebnisse der Umweltprüfung und Folgerungen,
  - Folge- und Korrekturmaßnahmen hinsichtlich der Optimierung der Umweltprüfung.

- Festlegung von Maßnahmen für den Fall, dass die Umweltprüfung nicht korrekt durchgeführt wurde,

Eine nicht korrekte Durchführung liegt z.B. dann vor, wenn die Umweltprüfung nicht termingerecht durchgeführt wurde oder inhaltlich unvollständig war.
- Festlegung von Kontrollen, dass die Prüfaktivitäten der Umweltprüfung tatsächlich durchgeführt worden sind (siehe Verantwortungsmatrices),
- Festlegung des Zeitraums für die nächste Durchführung der Umweltprüfung.

Das Sozialprüfungsverfahren bzw. das Wirtschaftsprüfungsverfahren sind analog als Projekte zu beschreiben. Der Projektablauf muss ebenfalls analog erfolgen.

4.1.2.2 Inhalte der Umweltprüfung

Die **Prüfungsinhalte**, die im Rahmen der Umweltprüfung hinsichtlich der Umweltfragen und der Umweltwirkungen erstmalig und turnusgemäß untersucht werden müssen, sind im folgenden aufgeführt. Es sind:

- Definition und Abgrenzung des Unternehmens bzw. des Standorts,
  Die EMAS ist von ihrer Intention her standortbezogen, d.h. die Umweltauswirkungen am Unternehmensstandort sind für ihre Anwendung relevant. Ein Standort gilt dann als Standort, wenn an ihm ein Managementsystem installiert ist. Z.B. wäre ein Außenlager, das zwar zum Unternehmen gehört, aber einige Kilometer vom Standort entfernt liegt, zum Standort zu zählen, da kein eigenes Management am Lagerstandort aufgebaut ist. Selbstverständlich sind unternehmenseigene Deponien am Standort ebenso zum Standort zu zählen wie bewegliches Inventar, das am Standort vorhanden ist, z.B. Fuhrpark, mobile Anlagen. Die Abgrenzung des Standorts ist zu begründen. Erst wenn alle Standorte eines Unternehmens nach EMAS validiert sind, kann das Unternehmen als validiert gelten.
- Erfassung aller umweltrelevanten Unternehmensbereiche sowie Tätigkeiten,
  Die umweltrelevanten Unternehmensbereiche und Tätigkeiten bzw. Prozesse in Unternehmen können vereinfacht in betrieblich-technische und betrieblich-organisatorische unterteilt werden.
  Umweltrelevante **betrieblich-technische** Bereiche sind:
    - Grundstücke,
    - Gebäude,
    - Beschaffungswesen (einschließlich Wasser- und Energieversorgung),
    - Beschaffungslogistik,
    - Fertigung bzw. Produktion (Anlagen, einschl. Arbeitsschutz, Sicherheitstechnik, Qualität),
    - Demontage/Recycling/Kreislaufführung (einschließlich Abwasser),
    - Produkte und Nutzung der Produkte (einschließlich Verpackungen und Umgang mit Produkten/Verpackungen nach der Nutzungsphase),
    - Distributionslogistik und Redistributionslogistik, einschließlich Fuhrpark,
    - F&E,
    - weitere, z.B. Kundendienst/Service, Transport der Beschäftigten (z.B. tägliche Anfahrten, Dienstreisen), soziale Einrichtungen (z.B. Kantine, Sportanlagen, Betriebskindergarten),
    - Fremdfirmen, die auf dem Standort arbeiten.

Umweltrelevante **betrieblich-organisatorische** Bereiche sind:
- Marketing,
- Personalwesen,
- Rechnungswesen/Finanzen,
- Rechtsabteilung,
- Organisation.

- Ermittlung aller Umweltauswirkungen am Standort,

  Folgende Umweltauswirkungen sind am Standort zu ermitteln:
  - Energieeinsatz und Art der Energieträger,
  - Materialeinsatz und Art der Materialien,[23]
  - Wassereinsatz und Herkunft des Wassers,
  - Flächenverbrauch bzw. -einsatz, einschließlich Kontamination von Böden,[24]
  - Wirkungen auf die Biodiversität (Biotopzerstörung/Artenschutz),
  - Emissionen und deren Zusammensetzung (einschließlich Gerüchen),
  - Transport-/Verkehrsaufkommen für Güter und Beschäftigte und die Art der Verkehrsmittel,
  - Abfallaufkommen und dessen Zusammensetzung,[25]
  - Abwasseranfall und dessen Inhaltsstoffe,
  - „Lärm"-Emissionen und deren Profil,
  - weitere Aspekte: Abwärme, Strahlung, Licht, Mikroklima (z.B. Schattenwurf, Wind, Licht), Erschütterungen, optische Einwirkungen.

Im **ersten Schritt** wird unter Ermittlung der „Umweltauswirkungen" eine **vollständige Erfassung der Input- und Outputströme** (d.h. der Energie- und Stoffströme, einschließlich Fläche) am Standort verstanden; dies bedeutet die Erstellung einer **Energiebilanz**[26] und einer **Massenbilanz**[27] für den Standort. Es ist darauf hinzuweisen, dass die Erfassung der Input- und Outputströme nach der erstmaligen Erfassung möglichst automatisiert und kontinuierlich erfolgen sollte, was den Aufwand für die Erfassung im Rahmen der folgenden Umweltprüfungen deutlich reduziert. Eine übersichtliche Darstellung der Energie- und Stoffströme sollte wie in Abbildung 6 erfolgen.

---

[23] Enthält auch Gefahrstoffe.
[24] Dieses bedeutet die Analyse von „**Altlasten**" und „**altlastenverdächtigen Flächen**".
[25] Enthält auch Gefahrstoffe.
[26] „**Energiebilanz**" ist eine Gegenüberstellung eingebrachter und ausgebrachter Energiemengen, wobei ein formaler Ausgleich nach dem Bilanzprinzip erzielt werden muss.
[27] „**Massenbilanz**" ist eine Gegenüberstellung eingebrachter und ausgebrachter Stoffmengen, wobei ein formaler Ausgleich nach dem Bilanzprinzip erzielt werden muss.

Abbildung 6: Energie- und Stoffströme (Input-/Outputströme einschließlich Fläche) am Standort

Energie- und Stoffströme[1]			
Input		**Output**	
Inputstrom	Einheit[2]	Outputstrom	Einheit[2]
Energie (gesamt)	MJ	Abwärme	MJ
Energie (nicht regenerativ)	MJ (%)	Lärm	db(A)
Gas	MJ	Lärmprofil	
Kohle	MJ		
Öl	MJ	weitere (Licht, Strahlung,	
Strom	kWh	Vibrationen/Erschütterungen)	
Energie (regenerativ)	MJ (%)		
Holz (etc.)	MJ		
Strom	kWh (J)		
Materialien (gesamt)	kg	Produkte	Stück (kg)
		Verpackungen	Stück (kg)
Materialien (nicht regenerativ)	kg (%)		
Rohstoffe	kg	Abfälle (gesamt)[3]	kg
Vorprodukte	kg	Abfälle zur Verwertung	kg (%)
Verpackungen	kg	Glas	kg
Schmierstoffe	kg	Papier	kg
		Eisen-Metalle	kg
Materialien (regenerativ)	kg (%)	Nichteisen-Metalle	kg
Rohstoffe	kg	Kunststoffe	kg
Vorprodukte	kg	biologisch abbaubare Abfälle	kg
Verpackungen	kg	produktionsspezifische Abfälle	kg
Schmierstoffe	kg	...	
		Abfälle zur Entsorgung	kg (%)
		Restmüll	kg
		produktionsspezifische Abfälle	kg
Wasser (gesamt)	m^3	Abwasser[3]	m^3
Trinkwasser	m^3	BSB	kg
Grundwasser	m^3	CSB	kg
Oberflächenwasser	m^3	absetzbare Stoffe	kg
Regenwasser	m^3	Salze	kg
		Schwermetalle	kg
		Lösemittel	kg
		...	
Luft	m^3	Abluft[3]	m^3
		CO_2	kg
		CO	kg
		SO_2	kg
		NO_X	kg
		HCl	kg
		VOC	kg
		Staub	kg
		PAK	kg
		Schwermetalle	kg
		Cd	kg
		Hg	kg
		Pb	kg
		...	

		Dioxine ...	g
Fläche nicht regenerativ regenerativ	m² m² (%) m² (%)	Flächenrekultivierung	m²/m³ ⁴⁾
Gebäude	kg	Gebäuderückbau	kg
Anlagen (gesamt) Produktionsanlagen Büro-/Kommunikationstechnik Haustechnik Fuhrpark ...	Stück (kg) Stück (kg) Stück (kg) Stück (kg) Stück (kg)	Anlagenabgänge (gesamt) Produktionsanlagen Büro-/Kommunikationstechnik Haustechnik Fuhrpark ...	Stück (kg) Stück (kg) Stück (kg) Stück (kg) Stück (kg)

[1] sie beinhalten die Energie- und Stoffströme für normale Betriebsbedingungen und (sofern bekannt) abnormale
[2] die Wahl der Einheit richtet sich nach der Höhe des jeweiligen Stoffstroms; Angaben in Klammern sind ebenfalls anzugeben
[3] die Angaben sind in den jeweiligen Branchen um spezifische Stoffe zu ergänzen
[4] die Flächenrekultivierung bezieht sich auf „Boden"; bei Altlastensanierung ist zusätzlich zur Fläche auch die sanierte Menge in m³ anzugeben

Eine solche Darstellung ist auch vorzunehmen für die Energie- und Stoffströme (Input-/Outputströme, einschließlich Fläche) der dem Standort **vor- und nachgelagerten Bereiche** (siehe Abb. 7). Diese Bereiche sind:
- die Prozesse vor der Nutzung am Standort,
- die Prozesse beim externen Umgang mit Abfällen und Abwasser,
- die Nutzung der Produkte,
- die Prozesse im Umgang mit den Produkten, nachdem diese nicht mehr genutzt werden, sowie den Verpackungen,
- die Transportprozesse.

Beide Abbildungen können auch als eine Abbildung ausgeführt werden, wobei dann der jeweilige Energie- und Stoffstrom aufgeschlüsselt werden muss in „am Standort" entstanden und „in den vor- und nachgelagerten Bereichen" entstanden.

Abbildung 7: Energie- und Stoffströme (Input-/Outputströme, einschließlich Fläche) der dem Standort vor- und nachgelagerten Bereiche

Energie- und Stoffströme[1]			
Input		Output	
Inputstrom	Einheit[2), 4)]	Outputstrom	Einheit[2), 4)]
Energie (gesamt)	MJ	Abwärme	MJ
Energie (nicht regenerativ)	MJ (%)	Lärm	db(A)
Gas	MJ	Lärmprofil	
Kohle	MJ		
Öl	MJ	weitere (Licht, Strahlung,	
Strom	kWh	Vibrationen/Erschütterungen)	
Energie (regenerativ)	MJ (%)		
Holz (etc.)	MJ		
Strom	kWh (J)		
Gütertransport	tkm (MJ)		
LKW	tkm (MJ)		
Schiff	tkm (MJ)		
Bahn	tkm (MJ)		
Flugzeug	tkm (MJ)		
andere	tkm (MJ)		
Personentransport	pkm (MJ)		
ÖPNV	pkm (MJ)		
PKW	pkm (MJ)		
Flugzeug	pkm (MJ)		
andere	pkm (MJ)		
Materialien (gesamt)	kg	Produkte (gesamt)	kg
Materialien (nicht regenerativ)	kg (%)	Abfälle zur Verwertung (aus dem	kg (%)
Rohstoffe	kg	Produkt)	
Vorprodukte	kg	Abfälle zur Entsorgung (aus dem	kg (%)
Verpackungen	kg	Produkt)	
Schmierstoffe	kg		
		Abfälle aus der Produktion	kg
Materialien (regenerativ)	kg (%)	(gesamt)[3)]	
Rohstoffe	kg		
Vorprodukte	kg	Abfälle zur Verwertung (aus der	kg (%)
Verpackungen	kg	Produktion)	
Schmierstoffe	kg	Glas	kg
		Papier	kg
		Eisen-Metalle	kg
		Nichteisen-Metalle	kg
		Kunststoffe	kg
		biologisch abbaubare Abfälle	kg
		produktionsspezifische Abfälle	kg
		...	
		Abfälle zur Entsorgung (aus der	kg (%)
		Produktion)	
		Restmüll	kg
		produktionsspezifische Abfälle	kg

Wasser (gesamt)	m³	Abwasser³⁾	m³
Trinkwasser	m³	BSB	kg
Grundwasser	m³	CSB	kg
Oberflächenwasser	m³	absetzbare Stoffe	kg
Regenwasser	m³	Salze	kg
		Schwermetalle	kg
		Lösemittel	kg
		...	
Luft	m³	Abluft³⁾	m³
		CO_2	kg
		CO	kg
		SO_2	kg
		NO_X	kg
		HCl	kg
		VOC	kg
		Staub	kg
		PAK	kg
		Schwermetalle	kg
		Cd	kg
		Hg	kg
		Pb	kg
		...	
		Dioxine	g
		...	
Fläche	m²	Flächenrekultivierung	m²/m³ ⁵⁾
nicht regenerativ	m² (%)		
regenerativ	m² (%)		
Gebäude	kg	Gebäuderückbau	kg
Anlagen (gesamt)	Stück (kg)	Anlagenabgänge (gesamt)	Stück (kg)
Produktionsanlagen	Stück (kg)	Produktionsanlagen	Stück (kg)
Büro-/Kommunikationstechnik	Stück (kg)	Büro-/Kommunikationstechnik	Stück (kg)
Haustechnik	Stück (kg)	Haustechnik	Stück (kg)
Fuhrpark	Stück (kg)	Fuhrpark	Stück (kg)
...		...	

[1] sie beinhalten die Energie- und Stoffströme für normale Betriebsbedingungen und (sofern bekannt) für abnormale
[2] die Wahl der Einheit richtet sich nach der Höhe des jeweiligen Stoffstroms; Angaben in Klammern sind ebenfalls anzugeben
[3] die Angaben sind in den jeweiligen Branchen um spezifische Stoffe zu ergänzen
[4] aus den so aufgeführten Angaben können die Kennzahlen, die z.B. von BMU/UBA (1997) vorgeschlagen werden (z.B. spezifisches Abfallaufkommen, Verwertungsquote, Schadstoffkonzentrationen im Abwasser, Schadstoffkonzentrationen in der Abluft etc.) errechnet werden, so dass eine separate Aufführung nicht zwingend ist
[5] die Flächenrekultivierung bezieht sich auf „Boden"; bei Altlastensanierung ist zusätzlich zur Fläche auch die sanierte Menge in m³ anzugeben

- Ermittlung der Umweltauswirkungen für normale und abnormale Betriebsbedingungen am Standort,

    Die Erfassung der Umweltauswirkungen soll nicht nur für normale, sondern auch für abnormale Betriebsbedingungen gelten. Dies sind z.B. Anfahren, Abfahren und Wartung der Anlagen. Im ersten Schritt wird unter Ermittlung der „Umweltauswirkungen" eine vollständige Erfassung der durch die normalen und abnormalen Betriebsbedingungen verursachten Input- und Output-

ströme (d.h. der Energie- und Stoffströme, einschließlich Fläche) am Standort verstanden.
- Abschätzung der Umweltauswirkungen für Vorfälle, Betriebsstörungen, Unfälle und Störfälle am Standort,

  Im ersten Schritt wird unter Abschätzung der „Umweltauswirkungen" (eine exakte Erfassung kann ex ante nicht durchgeführt werden) eine vollständige Abschätzung der durch Vorfälle, Betriebsstörungen, Unfälle und Störfälle verursachten Input- und Outputströme (d.h. der Energie- und Stoffströme, einschließlich Fläche) am Standort verstanden.
- Ermittlung der Umweltauswirkungen früherer Tätigkeiten am Standort,

  Unter früheren Tätigkeiten gelten hier frühere Prozesse und Produkte. Hierzu sind eventuell Altlastenuntersuchungen vorzunehmen, auch unter Anwendung historischer Arbeitstechniken und -prozesse wie Luftbildauswertung und Auswertung von Archivalien. Insbesondere hinsichtlich einer umweltorientierten Kommunikationspolitik ist auch die Erfassung und Bewertung der Reaktionen auf frühere Vorfälle, z.B. Störfälle, vorzunehmen. Im ersten Schritt wird unter Ermittlung der „Umweltauswirkungen" eine vollständige Erfassung der durch frühere Tätigkeiten verursachten Input- und Outputströme (d.h. der Energie- und Stoffströme, einschließlich Fläche) am Standort verstanden.
- Abschätzung der Umweltauswirkungen für geplante Tätigkeiten,

  Umweltauswirkungen sollen auch für geplante Prozesse, Produkte, logistische Maßnahmen etc. abgeschätzt werden. Hierzu zählen auch Verwaltungs- und Planungsentscheidungen selbst, Wirkungen in und von neuen Märkten, Änderungen in der Zusammensetzung des Produktangebotes, Änderung der Produktionsprozesse etc. Im ersten Schritt wird unter Abschätzung der „Umweltauswirkungen" (eine exakte Ermittlung kann ex ante nicht durchgeführt werden) eine möglichst vollständige Abschätzung der durch geplante Tätigkeiten verursachten Input- und Outputströme (d.h. der Energie- und Stoffströme, einschließlich Fläche) am Standort und darüber hinaus verstanden.
- Ermittlung der Umweltauswirkungen beim Umgang mit den Einsatzstoffen vor der Nutzung am Standort,

  Hier sind die Umweltauswirkungen der dem Unternehmen vorgelagerten Bereiche gemeint, d.h. der Gewinnung und Produktion der Roh-/Hilfsstoffe etc., und die Umweltauswirkungen des Transports bis zum Unternehmen. Im ersten Schritt wird unter Ermittlung der „Umweltauswirkungen" eine vollständige Erfassung der durch den Umgang mit Roh-/Hilfsstoffen vor der Nutzung am Standort verursachten Input- und Outputströme (d.h. der Energie- und Stoffströme, einschließlich Fläche) verstanden.[28]
- Ermittlung der Umweltauswirkungen des externen Umgangs mit Abfällen und Abwasser sowie mit den Produkten, nachdem diese nicht mehr genutzt werden,

  Hier sind die Umweltauswirkungen der dem Unternehmen nachgelagerten Bereiche gemeint, sofern sie nicht am Standort erfolgen, und die Umweltauswirkungen des Transports weg vom Unternehmen. Es sind die Behandlung der Produktionsabfälle, die Verwertung und „Entsorgung", die Behandlung des Abwassers sowie die Behandlung der Produkte, nachdem sie nicht mehr

---

[28] Dies bedeutet die Offenlegung der Daten der beauftragten Geschäftspartner.

genutzt werden.[29] Im ersten Schritt wird unter Ermittlung der „Umweltauswirkungen" eine vollständige Erfassung der durch den externen Umgang mit Abfällen und Abwasser verursachten Input- und Outputströme (d.h. der Energie- und Stoffströme, einschließlich Fläche) verstanden.

- Erfassung der Produktmenge einschließlich ihrer Zusammensetzung sowie deren Verpackung,
- Ermittlung der Umweltauswirkungen der Produkte (einschließlich Verpackungen) bzw. Dienstleistungen in und nach der Nutzungsphase,

  Hier sind die Umweltauswirkungen der vom Unternehmen produzierten Produkte in der Nutzungsphase gemeint. Zudem sind die Umweltauswirkungen bei der Behandlung der Produkte (einschließlich der Verpackungen) nach deren Nutzung zu ermitteln. Zudem sind die Umweltauswirkungen des Transports der Produkte vom Unternehmen zu den Kunden, d.h. die Distribution, und des Transports nicht mehr genutzter Produkte vom Kunden zum Unternehmen im Falle einer Rücknahme sowie des Transports vom Kunden zur Abfallbehandlung bzw. -entsorgung zu ermitteln. Die Ermittlung der Umweltauswirkungen gilt auch für „immaterielle" Produkte wie Kapitalinvestitionen, Kredite und Versicherungsdienstleistungen. Im ersten Schritt wird unter Ermittlung der „Umweltauswirkungen" eine vollständige Erfassung der von den Produkten in und nach der Nutzungsphase verursachten Input- und Outputströme (d.h. der Energie- und Stoffströme, einschließlich Fläche) verstanden.[30]

- Bewertung der ermittelten Umweltauswirkungen,

  Nachdem im ersten Schritt eine vollständige **„Ermittlung"** der Energie- und Stoffströme (der Input-/Outputströme, einschließlich Fläche) erfolgte, sind im **zweiten Schritt** diese Energie- und Stoffströme - zum einen die Energie- und Stoffströme am Standort, zum anderen die Energie- und Stoffströme der dem Standort vor- und nachgelagerten Bereiche - **als Umweltauswirkungen** zu charakterisieren und anschließend im **dritten Schritt** zu bewerten.[31]

  Um zu einer seriösen Bewertung der Umweltauswirkungen eines Unternehmens zu gelangen, ist eine Vorgehensweise in Anlehnung an die Methode der **„Ökobilanz"**, wie sie vom Umweltbundesamt vorgeschlagen wurde und in der DIN EN ISO 14040 ihren Niederschlag fand, zu wählen.

  Folgende Untersuchungsschritte[32] sind durchzuführen, wobei die ersten beiden Schritte durch die vorher beschriebene „Ermittlung" bereits durchgeführt sind:[33]

  erster Schritt: Definition des Untersuchungsumfanges[34]

  Der Untersuchungsgegenstand ist hier im ersten Schritt der Standort, im zweiten Schritt die vor- und nachgelagerten Bereiche, die Produkte, die Pro-

---

[29] Dies bedeutet die Offenlegung der Daten der beauftragten Geschäftspartner.
[30] Dies bedeutet die Offenlegung der Daten der beauftragten Geschäftspartner.
[31] Nach EMAS sind sie qualitativ einzustufen und zu quantifizieren.
[32] „Untersuchungsschritte" sind einzelne, methodisch getrennte Teile der Untersuchung.
[33] Zudem DIN EN ISO 14041, 14042 und 14043.
[34] Auch als „scoping" bezeichnet.

duktnutzungsphase und die Phase nach der Produktnutzung, die Transportstadien, und die früheren und die geplanten Tätigkeiten.[35]

zweiter Schritt: Input/Output-Analyse (Zusammenstellung einer Sachbilanz)

Für die einzelnen zu erfassenden Sachverhalte wurde in den vorigen Schritten der Umweltprüfung eine vollständige Erfassung aller Input- und Outputströme (Energie- und Stoffströme, einschließlich Fläche) durchgeführt.

dritter Schritt: Wirkungsanalyse (Beurteilung der mit den ermittelten Input- und Outputströmen, einschließlich Fläche, verbundenen Umweltauswirkungen)

Die erfassten Input-/Outputströme (Energie- und Stoffströme, einschließlich Fläche) sind zu Umweltauswirkungen zu aggregieren (zusammenzufassen), wobei ausschließlich wirkungsgleiche Stoffströme aggregiert werden dürfen. Als Umweltauswirkungen, die zu untersuchen sind, gelten: Ressourcenverbrauch, Treibhauseffekt, Stratosphärischer Ozonabbau (Ozonloch), Gesundheitsgefährdung für den Menschen (allgemein und am Arbeitsplatz), direkte Schädigung von Organismen und Ökosystemen, Bildung von Photooxidantien (Ozonsmog), Versauerung von Böden und Gewässern, Eintrag von Nährstoffen in Böden und Gewässer (Eutrophierung), Flächenverbrauch, Lärm- und Geruchsbelästigung.

vierter Schritt: Bewertungsanalyse (Bewertung der Umweltauswirkungen)[36]

In diesem Schritt ist eine Bewertung der untersuchten Umweltauswirkungen vorzunehmen. Die Bewertung erfolgt auf der Basis der Festlegung von Kriterien zur Wesentlichkeit der Umweltauswirkungen. Diese Kriterien für die Wesentlichkeit der Umweltauswirkungen sollten umfassend, unabhängig nachprüfbar, reproduzierbar und der Öffentlichkeit zugänglich sein. Die Bewertung der Umweltauswirkungen sollte nach dem Stand der „Technik", d.h. in diesem Fall dem Stand der Kenntnisse hinsichtlich Bewertung, erfolgen.

Zur Festlegung von Kriterien zur **Bewertung der Wesentlichkeit** der untersuchten Umweltauswirkungen und der Wesentlichkeit der sie verursachenden Aktivitäten des Unternehmens kann z.B. berücksichtigt werden:

- Einfluss der einzelnen Aktivitäten des Unternehmens auf die Höhe der insgesamt verursachten Umweltauswirkungen, z.B. Beschaffungstätigkeiten, F&E, Design, Produktionsprozesse, Distribution/Redistribution, Produkte, Kundendienst, Wiederverwendung, Wiederverwertung, Entsorgung,
- Informationen über den Umweltzustand, der durch das Unternehmen beeinflusst wird,
- rechtlich geregelte Umweltaktivitäten des Unternehmens,
- Standpunkte der interessierten Kreise,

---

[35] Werden nur die Energie- und Stoffströme (einschließlich Fläche) am Standort untersucht, d.h. ohne die dem Standort vor- und nachgelagerten Bereiche und die Transportstadien, wird auch von einer standortbezogenen Ökobilanz oder Standort-Ökobilanz gesprochen werden. Bei einer Produkt-Ökobilanz oder Produktlinienuntersuchung sind alle Bereiche und Produktstadien einzubeziehen.

[36] In Ergänzung zu diesen 4 Schritten sind nach ENGELFRIED (1994:97-104) zwei weitere Schritte durchzuführen: der **fünfte Schritt**, die **Optimierungsanalyse**, in der Optimierungsmöglichkeiten erfasst werden; der **sechste Schritt**, die **Sensitivitätsanalyse**, in der der Einfluss von Datenunsicherheiten auf das Bewertungsergebnis abgeschätzt wird. Sie werden hier nicht weiter erörtert.

- Tätigkeiten des Unternehmens mit den wesentlichsten Umweltkosten, z.B. hohe Wassergebühren, Abwasserbehandlung, Entsorgungskosten.[37]

Eine übersichtliche Darstellung der Umweltauswirkungen am Standort, einschließlich der Umweltauswirkungen der dem Standort vor- und nachgelagerten Bereiche, einschließlich der Kennzeichnung ihrer wesentlichen Bedeutung, sollte wie in Abbildung 8 erfolgen.

---

[37] Neben der Ökobilanz sind noch andere Instrumente zur Unterstützung anwendbar. An Qualitätstechniken **angelehnte Techniken**, z.B. Fehlermöglichkeits- und Einflussanalyse oder andere Qualitätswerkzeuge, werden z.B. bei KAMINSKE/BUTTERBRODT/JURE/TAMMLER (1999:145-205) ausführlich aufgeführt. Weitere siehe BUTTERBRODT/TAMMLER (1996) und KOSTKA/HASSAN (1997:136ff), z.B. für Techniken zur Informations- und Problemdarstellung (Histogramme, Flussdiagramme, Balkendiagramme etc.), Techniken zur Informationsanalyse (Ursachen-Wirkungs-Diagramme, ABC-Analyse, Szenario-Techniken, Risiko-Analyse, Portfolio-Techniken, Kennzahlensysteme etc.), Techniken zur Bewertung (Kosten-Nutzen-Rechnung, Nutzwertanalyse, verbal-argumentative Methoden, Grenzwert-Betrachtung, Expertensysteme).

Abbildung 8: Umweltauswirkungen am Standort einschließlich der dem Standort vor- und nachgelagerten Bereiche und einschließlich der Kennzeichnung der Umweltauswirkungen mit wesentlicher Bedeutung

Umweltauswirkungen[1),2)]		
Umweltauswirkung	Einheit	Umweltauswirkung mit wesentlicher Bedeutung[9)]
Ressourcenabnahme		
Energieeinsatz (gesamt)	MJ	
Energieeinsatz (nicht regenerativ) (Standort)	MJ (%)	
Energieeinsatz (regenerativ) (Standort)	MJ (%)	
Energieeinsatz (nicht regenerativ) (v&nB)[3)]	MJ (%)	
Energieeinsatz (regenerativ) (v&nB)	MJ (%)	
Materialeinsatz (gesamt)	kg	
Materialien (nicht regenerativ) (Standort)	kg (%)	
Materialien (regenerativ) (Standort)	kg (%)	
Materialien (nicht regenerativ) (v&nB)	kg (%)	
Materialien (regenerativ) (v&nB)	kg (%)	
Wassereinsatz (gesamt)	m^3	
Standort	m^3	
v&nB	m^3	
Flächeneinsatz	m^2	
nicht regenerativ (Standort)	m^2 (%)	
regenerativ (Standort)	m^2 (%)	
nicht regenerativ (v&nB)	m^2 (%)	
regenerativ (v&nB)	m^2 (%)	
Biodiversität (Speziesabnahme)	Nutzung von Individuen im Verhältnis zur vorhandenen Gesamtpopulation[8)]	
Standort		
v&nB		
Klimawirkung (Treibhauseffekt)	GWP (kg) („Global Warming Potential", Treibhauspotential; insb. CO_2, CH_4, N_2O, FCKW)[4), 8)]	
Standort		
v&nB		
Stratosphärischer Ozonabbau (Ozonloch)	ODP (kg) („Ozone Depletion Potential", Ozonschichtzerstörungspotential; FCKW)[4), 8)]	
Standort		
v&nB		
Gesundheitsgefährdung für den Menschen	[5)]	
allgemein (Standort)		
am Arbeitsplatz (Standort)		
allgemein (v&nB)		
am Arbeitsplatz (v&nB)		
direkte Schädigung	[6)]	
von Organismen (Standort)		
von Ökosystemen (Standort)		
von Organismen (v&nB)		
von Ökosystemen (v&nB)		

Bildung von Photooxidantien (Ozonsmog) Standort v&nB	POCP (kg) („Photochemical Ozone Creation Potential", Photochemisches Ozonbildungspotential; insb. NO_x, $VOC)^{4), 8)}$	
Versauerung von Böden und Gewässern Standort v&nB	AP (kg) („Acidification Potential", Versauerungspotential; insb. SO_2, NO_x, HF, $HCl)^{4), 8)}$	
Eintrag von Nährstoffen in Böden und Gewässer (Eutrophierung) Standort v&nB	NP (kg) („Nutrification Potential", Eutrophierungspotential; insb. PO_4^{3-}, NO_3^-, NH_4^+, BSB-Fracht, $Abwärme)^{4), 8)}$	
Lärmbelästigung Standort v&nB	dB(A) und Lärmprofil dB(A) und Lärmprofil	
Geruchsbelästigung Standort v&nB	GE (Geruchseinheiten) GE (%) GE (%)	
Optische Wirkungen Standort v&nB	7)	

[1] sie beinhalten die Umweltauswirkungen für normale und abnormale Betriebsbedingungen
[2] die Wahl der Einheit richtet sich nach der Höhe der jeweiligen Umweltauswirkung; Angaben in Klammern sind ebenfalls anzugeben
[3] dem Standort vor- und nachgelagerte Bereiche
[4] es erfolgt jeweils eine Aggregation wirkungsgleicher Substanzen der Stoff- und Energieströme unter Berücksichtigung von Äquivalenzfaktoren (z.B. Global Warming Potential einzelner Substanzen bezogen auf die Referenzsubstanz CO_2, Acidification Potential einzelner Substanzen bezogen auf die Referenzsubstanz SO_2) hinsichtlich dieser Umweltwirkung (einige sind jeweils angegeben; siehe umfassend hierzu eine der ersten ausführlichen Arbeiten von HEIJUNGS, 1992a und 1992b). Die Wirkung wird dann z.B. als Klimawirkung (in kg) oder als Klimawirkungspotential (in kg), als Versauerung (in kg) oder als Versauerungspotential (in kg) angegeben. Die jeweils neuesten Faktoren sind im Rahmen der Umweltprüfung zu ermitteln.
[5] es soll eine Orientierung an Immissionswerten erfolgen, an ADI-Werten und an MAK-, BAT- Werten; Substanzen ohne Wirkungsschwellen (z.B. mutagene, teratogene und kanzerogene Substanzen) sind jeweils besonders auszuweisen (im weiteren siehe DFG, 2002)
[6] persistente und bioakkumulierbare Substanzen sind besonders auszuweisen (im weiteren siehe PARLAR/ANGERHÖFER (1995), KORTE (2001))
[7] zur Messbarkeit liegen keine Vorschriften vor
[8] die Angaben sollten als absolute Werte und „in Prozent" gemacht werden
[9] in dieser Spalte sollten diejenigen Umweltauswirkungen mit wesentlicher Bedeutung gekennzeichnet werden

- Erstellung eines Verzeichnisses über Umweltauswirkungen mit wesentlicher Bedeutung,

    Die als <u>wesentlich</u> festgestellten Umweltauswirkungen bzw. die sie verursachenden Aktivitäten des Unternehmens sollten in einem Verzeichnis extra aufgeführt werden. Es empfiehlt sich, dieses Verzeichnis im Zusammenhang mit den Umweltauswirkungen gemeinsam darzustellen, z.B. als Spalte, in der diese als wesentlich bewerteten Umweltauswirkungen markiert werden können (siehe Abb. 8).

- Ermittlung der Einflussmöglichkeiten des Unternehmens zur Reduzierung der Umweltauswirkungen in den vor- und nachgelagerten Bereichen,
- Erfassung der vorhandenen Maßnahmen bzw. Technologien zur Reduzierung der Umweltauswirkungen,

Alle im Unternehmen vorhandenen Maßnahmen bzw. Technologien zur Reduzierung der Umweltauswirkungen sind zu erfassen. Diese können vor dem Hintergrund der Nachhaltigkeit wie folgt eingeteilt werden:[38]

1. **End-of-pipe-Technologien**,

Hinsichtlich der End-of-pipe-Technologien gilt, dass sie den Prozessen nachgeschaltet sind. Die Ursache der Umweltauswirkung wird durch den Einsatz dieser Technologien nicht beseitigt, sondern die Umweltauswirkungen werden reduziert bzw. die Stoffströme in andere Umweltmedien verlagert (siehe Abb. 11). Die wesentlichsten sind:

1.1. Abwasserbehandlung: mechanische (Rechen, Sieb, Filtration, Sedimentation), biologische (aerob, anaerob), physikalische (Adsorption, Flotation, Ionenaustausch), chemische (Neutralisation, Fällung, Oxidation) Verfahren,

1.2. Abluftreinigung: DeNOx-Verfahren, Entschwefelung, HCl-Wäsche, Entstaubung, Adsorption, Dioxinminderung,

1.3. Abfallbeseitigung: Abfallverbrennung (Rostofen, Drehrohrofen), Deponierung (Über-/Untertage),

1.4. Altlastensanierung: mikrobiologische, chemische, extrahierende, thermische Verfahren,

1.5. Lärmschutzmaßnahmen (Lärmschutzwände, Schallschutzfenster etc.),

1.6. Strahlenschutz,

1.7 Abwärmenutzung.

2. **Prozessintegrierte Technologien**,

Prozessintegrierte Technologien, d.h. Lösungen zur Beseitigung der Ursachen von Umweltauswirkungen durch Änderung bzw. Neugestaltung der Prozesse, können Umweltauswirkungen bereits vor der Entstehung vermindern und den Einsatz von Ressourcen reduzieren. Sie können nicht allgemeingültig aufgeführt werden, sondern sind für einzelne Branchen zu beschreiben, u.a. hinsichtlich:

2.1. Energieeinsparungstechnologien und Auswahl der Energieträger,

2.2. Technologien zur Reduzierung des Wasserverbrauchs, der Auswahl der Wasserherkunft und der Abwasservermeidung,

2.3. Materialeinsparungsmaßnahmen und Auswahl der Materialien,

2.4. Abfallvermeidungstechnologien und interne Abfallwiederverwendungs- bzw. Abfallwiederverwertungsmaßnahmen,

2.5. Maßnahmen zur Verminderung des Flächenverbrauchs bzw. -einsatzes,

2.6. Maßnahmen zum Erhalt der Biodiversität,

2.7. Abluftvermeidung,

2.8. Maßnahmen zur Vermeidung von Betriebsstörungen/Störfällen,

---

[38] Weitere Ausführungen zu den genannten Technologien, z.B. RÖTZEL/RÖTZEL-SCHWUNK (1998), HOLZBAUR/KOLB/ROßWAG (1996), SCHWISTER (2003).

2.9. Maßnahmen zur Verminderung von Auswirkungen von Betriebsstörungen/Störfällen,
2.10. Maßnahmen zur Reduzierung von Verkehr sowie der Reduzierung der Umweltauswirkungen des Verkehrs (Güter und Beschäftigte),
2.11. Lärmvermeidungsmaßnahmen,
2.12. weitere Technologien: Strahlenschutzmaßnahmen, Maßnahmen zum Schutz des Mikroklimas, Maßnahmen zur Vermeidung von Erschütterungen.

Eine besondere Maßnahme, die üblicherweise bei der Flächennutzung aufgeführt wird, ist die **Standortentscheidung** bei Unternehmensansiedlungen, beim Bau neuer Lager etc. Diese Entscheidung beeinflusst nahezu alle Umweltauswirkungen des Unternehmens und ist deshalb sorgfältig zu treffen.

3. Produktintegrierte Technologien und Technologien zur Kreislaufschließung von Produkten bzw. Materialien,

Produktintegrierte Technologien sind Technologien, die die Umweltauswirkungen der Produkte reduzieren. Dies sind Technologien, die den Ressourceneinsatz und die Emissionen der Produkte und der Produktnutzung senken. Spezialfälle sind dabei die Technologien zur Kreislaufschließung von Materialien bzw. Produkten. Die Technologien zur Schließung von Kreisläufen nehmen im Rahmen der nachhaltigen Entwicklung eine entscheidende Bedeutung ein. Diese Technologien sind effektive Lösungen zur Reduzierung des Ressourcenverbrauchs und sind deutlich von den **End-of-pipe-Technologien der Abfallbehandlung** abzugrenzen. Diese Technologien sind abhängig von den betrachteten Produkten und der einzelnen Branche und gelten u.a. hinsichtlich:

3.1. Produktintegrierte Technologien zur Reduzierung des Ressourceneinsatzes und der Emissionen der Produkte und der Produktnutzung,
3.2. Schließung technischer Kreisläufe für Materialien: Wiederverwendungs- und Wiederverwertungstechnologien (für Altpapier, Glas, Eisen- und Nichteisen-Metalle, Kunststoffe, Bauschutt etc.), Redistributionsmaßnahmen, Maßnahmen zum Produktdesign (einschließlich F&E),
3.3. Schließung technischer Kreisläufe für Produkte: Demontagetechnologien, Wiederverwendungstechnologien, Redistributionsmaßnahmen, Maßnahmen zum Produktdesign (einschließlich F&E),
3.4. Schließung biologischer Kreisläufe für Produkte und Materialien: Kompostierung, Biogasproduktion, Redistributionsmaßnahmen, Maßnahmen zum Produktdesign (einschließlich F&E).

- Überprüfung der Maßnahmen bzw. der Technologien zur Reduzierung der Umweltauswirkungen hinsichtlich ihres Standes der Technik,
  Die zuvor erfassten Anlagen sind hinsichtlich ihres Standes der Technik zu bewerten. Zudem ist die Abschreibungszeit einzubeziehen.
- Ermittlung des Umweltbewusstseins und des Kenntnis- und Ausbildungsstandes, d.h. der Qualifikation, der Beschäftigten, deren Tätigkeiten Umweltauswirkungen bedingen bzw. bedingen können,
  Kenntnisstand und Ausbildungsstand sollen ermittelt werden u.a. hinsichtlich der Umweltfragen in Zusammenhang mit den Prozessen und Produkten (technische Informationen, Funktionsweise, Wartung, Gefahrstoffe, Qualität,

Umwelt- und Gesundheitsauswirkungen etc.) und der Gesetze und Vorschriften. Zudem soll das Umweltbewusstsein (Einstellungen, Verhaltensweisen, umweltbezogenes Allgemeinwissen etc.) und die Einschätzung zur persönlichen Weiterqualifikation ermittelt werden.

- Überprüfung der Angemessenheit der Qualifikation der Beschäftigten hinsichtlich deren Tätigkeiten,

  Die Überprüfung der Angemessenheit der Qualifikation hängt von der Tätigkeit des Beschäftigten und der Höhe der mit der Tätigkeit verbundenen tatsächlichen oder potentiellen Umweltauswirkungen ab. Sie ist insbesondere bei Beschäftigten vorzunehmen, bei deren Tätigkeiten oder in deren Verantwortungsbereich große Umweltauswirkungen auftreten oder verursacht werden können, und bei Beschäftigen, die eine rechtlich vorgeschriebene Position einnehmen, wie z.B. Umweltmanagementvertreter (nach EMAS), Betriebsbeauftragte für Immissionsschutz, für Störfall, für Abfall oder für Gewässerschutz.

- Ermittlung des Angebotes von Weiterbildungs- bzw. Qualifizierungsmaßnahmen oder anderer Maßnahmen, die Kenntnisse, Erfahrungen sowie Sensibilisierung und Verantwortungsbewusstsein für den Umweltschutz erhöhen,

- Ermittlung, ob für alle Anlagen und Tätigkeiten (Produktionsanlagen, Energieerzeugungsanlagen, etc.) die genehmigungsrechtlichen Voraussetzungen erfüllt sind,

  Die Überprüfung der genehmigungsrechtlichen Voraussetzungen erfolgt anhand der im Unternehmen vorhandenen Genehmigungsbescheide und eines Abgleichs der Bescheide für die vom Unternehmen durchgeführten Prozesse und Technologien und die im Unternehmen eingesetzten und produzierten Materialen, Produkte etc. mit den vorliegenden umweltrelevanten Gesetzen, Verordnungen etc.

- Ermittlung aller für den Standort relevanten Rechtsvorschriften sowie sonstigen umweltpolitischen Anforderungen,

  Relevante Rechtsvorschriften sind z.B. Gesetze, Verordnungen, Verwaltungsvorschriften, Genehmigungsbescheide etc., sonstige umweltpolitische Anforderungen, z.B. freiwillige Selbstverpflichtungen der Branche. Die wesentlichen umweltrelevanten Gesetze, Verordnungen etc. sind im Anhang, Kap. 10.3, aufgeführt.

- Überprüfung der Einhaltung aller für den Standort relevanten Rechts- und Verwaltungsvorschriften sowie sonstiger umweltpolitischer Anforderungen und Vorschriften,

  Zur Überprüfung der Einhaltung ist ein Abgleich der IST-Situation der Umweltauswirkungen, die die Umweltprüfung ergeben hat, mit den relevanten Rechtsvorschriften und sonstigen umweltpolitischen Anforderungen vorzunehmen. Auch sind die Werte der Genehmigungsbescheide mit den IST-Werten zu vergleichen.

- Ermittlung der für den Standort geltenden anderen umweltrelevanten Bedingungen,

  Andere umweltrelevante Bedingungen sind z.B. Kunden- und Lieferantenbedingungen, Normen.

- Überprüfung der Einhaltung der für den Standort geltenden anderen umweltrelevanten Bedingungen,

- Erfassung aller Änderungen der umweltrelevanten Tätigkeiten am Standort,

- Erfassung aller Änderungen der technischen Verhältnisse am Standort,
- Erfassung aller Änderungen, die die Bewertung der Umweltauswirkungen beeinflussen,

    Dies sind z.B. neue wissenschaftliche und methodische Erkenntnisse bezüglich Erfassung und Bewertung von Umweltwirkungen.

- (kontinuierliche) Erfassung des neuesten Standes aller Änderungen der für den Standort relevanten Rechtsvorschriften sowie sonstigen umweltpolitischen Anforderungen.

    Selbstverständlich gilt neben der kontinuierlichen Erfassung des neuesten Standes der relevanten Rechtsvorschriften und sonstiger umweltpolitischer Anforderungen auch deren Einhaltung.

Da häufig in Unternehmen zur Beurteilung dieser Aspekte geringe Kenntnisse vorliegen, sind im Anhang, Kap. 10.1 und Kap. 10.2, wesentliche Informationsquellen und Hinweise zum Vorgehen bei der Informationsbeschaffung aufgeführt.

Im Rahmen einer nachhaltigen Unternehmensführung ist ergänzend zur Umweltprüfung eine Sozialprüfung bzw. eine Wirtschaftsprüfung durchzuführen. Die zu untersuchenden Inhalte sind entsprechend der hier bezüglich Umweltschutz aufgeführten zu präzisieren.

4.1.3 Umweltprogramm

Das Umweltprogramm beschreibt die Umweltzielsetzungen und Umwelteinzelziele und die zu derer Erreichung getroffenen oder geplanten Maßnahmen, Verantwortlichkeiten und Mittel, einschließlich der zur Erreichung der Ziele festgelegten Zeitvorgaben und Prioritätenfestsetzung.

Dabei sind **Umweltzielsetzungen** sich aus den Leitlinien der Umweltpolitik ergebende und nach Möglichkeit zu quantifizierende Gesamtziele. **Umwelteinzelziele** sind detaillierte Leistungsanforderungen, die sich aus den Umweltzielsetzungen ergeben und festgelegt und eingehalten werden müssen, um die Umweltzielsetzungen zu erreichen.[39] Die Ableitung der Einzelziele aus der Umweltpolitik ist in Abbildung 9 aufgezeigt.

Ein Umweltprogramm muss nach EMAS erstellt werden, nicht nach DIN EN ISO 14001. Dabei ist selbstverständlich, dass zum einen die gesetzten Ziele auch für neue Gegebenheiten (neue oder modifizierte Tätigkeiten, Prozesse, Produkte oder Dienstleistungen etc.) gelten müssen, zum anderen das Umweltprogramm fortgeschrieben werden muss. Das Umweltprogramm muss in jedem Fall im Rahmen jedes Validierungsaudits fortgeschrieben werden.

Die Erstellung des Umweltprogramms ist in das Umweltmanagementsystem, d.h. in die übergeordneten Managementtätigkeiten, einzubeziehen. Die Berücksichtigung in der Verantwortungsmatrix „übergeordnete Managementtätigkeiten" und deren

---

[39] Bei einem Bündel von Maßnahmen zur Erreichung von Umweltzielsetzungen wird auch von „Umweltmanagementprogrammen" gesprochen (z.B. WOHLFARTH, 1999:46).

Umsetzung gewährleistet die Erstellung des Umweltprogramms und die Erfüllung der damit zusammenhängenden Anforderungen.

Abbildung 9: Konzeption zur Ableitung von Zielen im Umweltprogramm aus der betrieblichen Umweltpolitik*

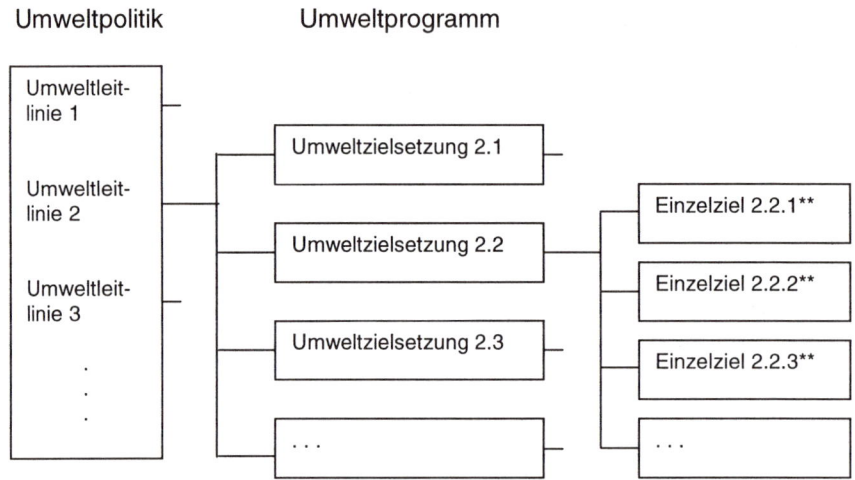

* verändert nach KAMINSKE/BUTTERBRODT/JURE/TAMMLER (1999:79)
** einschließlich Maßnahmen, Verantwortlichkeiten, Mittel und Fristen zur Erreichung und Prioritätenfestlegung

Das Umweltprogramm muss **schriftlich** abgefasst werden. Folgende Inhalte sind im Umweltprogramm zu berücksichtigen:

- Festlegung von **quantitativen Zielen** für die Reduktion der festgestellten Umweltauswirkungen,

  Diese Ziele sind aus den Erkenntnissen der Umweltprüfung, d.h. nach Vorliegen einer vollständigen Energie- und Stoffstromanalyse (einschließlich Fläche), zu erstellen. Die Ziele sind in Übereinstimmung mit den Zielen der Umweltpolitik und zu deren Präzisierung zu formulieren.

  Eine **quantitative Formulierung** der Ziele kann wie folgt erfolgen:
    - als **absolutes Ziel bezogen auf den Input,** z.B. die Reduzierung von 500 MJ Primärenergiebedarf,
    - als **absolutes Ziel bezogen auf den Output,** z.B. die Reduzierung von 200 Tonnen hausmüllähnlichem Gewerbeabfall,
    - als **relatives Ziel bezogen auf den Input**, z.B. die Reduzierung des Energieeinsatzes um 5%,
    - als **relatives Ziel bezogen auf den Output**, z.B. die Reduzierung von SO_2-Emissionen um 20%.

Wird eine Formulierung getroffen wie z.B. „die Schwermetall-Emissionen werden vermieden" kann diese als quantitatives absolutes Ziel gelten: eine Reduzierung auf „Null" wird angestrebt. Diese absoluten und relativen Ziele sind Ausdruck der Erhöhung der **betrieblichen Effektivität**.

Neben diesen Zielen ist immer auch eine **kennzahlenspezifische Formulierung** der quantitativen Ziele anzustreben, z.B. Reduzierung der CO_2-Emission pro produziertes Stück um 5%, um auch komplexen Prozessen am Standort Rechnung zu tragen, z.B. bei mehreren Prozessen und Produkten oder der Ausweitung der Produktion. Diese relativen und kennzahlenspezifischen Ziele sind Ausdruck einer **betrieblichen Effizienz** (Output bezogen auf Input), so dass **Effizienzfortschritte** messbar werden. Kennzahlenspezifische Formulierungen reichen hinsichtlich einer nachhaltigen Entwicklung allerdings nicht aus, da auch bei ihrer Erreichung, z.B. durch eine höhere Produktion (trotz dieser Effizienzsteigerung), eine Verschlechterung der Umweltsituation durch das Unternehmen eintreten kann.[40] Deshalb sind kennzahlenspezifische Zielformulierungen immer nur in Verbindung mit absoluten oder relativen Zielformulierungen nachhaltig.

Die Festlegung der quantitativen Ziele sollte **für alle Unternehmensbereiche (bzw. für alle Prozesse)**, z.B. für F&E, Produktion, Vertrieb, Verwaltung, Werkskantine etc., und **für alle Ebenen**, z.B. für die Werksleitung, für die Abteilungsleitung bis hin für einzelne Beschäftigte etc., erfolgen. Diese quantifizierten Ziele sind für alle in Kapitel 4.1.3.1 - 4.1.3.9 aufgeführten Sachverhalte zu formulieren.

- Festlegung von **qualitativen** und **prozessualen Zielen**,

    Diese Ziele sind ebenfalls aus den Erkenntnissen der Umweltprüfung, d.h. nach Vorliegen einer vollständigen Energie- und Stoffstromanalyse (einschließlich Fläche) zu erstellen. Die Ziele sind ebenfalls in Übereinstimmung mit den Zielen der Umweltpolitik und zu deren Präzisierung zu formulieren.

    Eine Festlegung von qualitativ formulierten Zielen kann nur für diejenigen Bereiche und Aspekte akzeptiert werden, in denen eine Quantifizierung nicht möglich ist bzw. vorerst das Unternehmen eine solche nicht vornehmen kann. Eine qualitative oder prozessuale Formulierung liegt z.B. vor bei folgenden Zielen:
    - Einbeziehung von umweltrelevanten Aspekten in die Kommunikationspolitik des Unternehmens,
    - Verbesserung des Kenntnisstandes der Beschäftigten hinsichtlich umweltrelevanter Fragestellungen,
    - Einbeziehung umweltrelevanter Aspekte bei Investitionsentscheidungen und bei Forschungs- und Entwicklungstätigkeiten,
    - Anstreben von Firmenkooperationen mit umweltfreundlichen Lieferanten,
    - Verbesserung des Umweltbetriebsprüfungsverfahrens.

    Hierbei sind Übergänge zu den quantitativ formulierten Zielen möglich. In jedem Fall sollte aber eine Präzisierung der qualitativ oder prozessual formulierten Ziele dergestalt erfolgen, dass sie auch überprüfbar werden. Dies kann durch eine Ergänzung des Ziels mit einer **zielerreichenden Maßnahme**

---

[40] Dieses kann z.B. beim Verkehr beobachtet werden. Obwohl der Flottenverbrauch an Kraftstoff für den Individualverkehr gesenkt werden konnte (also die Effizienz erhöht wurde), stieg der Gesamtkraftstoffverbrauch an (sog. „**Rebound-Effekt**").

erfolgen, z.B. „der Kenntnisstand der Beschäftigten hinsichtlich umweltrelevanter Zielstellungen sollte verbessert werden durch die erfolgreiche Teilnahme jedes Beschäftigten an einer zweitägigen Weiterbildungsveranstaltung", „Einbeziehung umweltrelevanter Aspekte bei Investitionsentscheidungen durch eine umweltorientierte Bewertung der Investitionsalternativen und Anwendung nutzwertanalytischer Auswahlmethoden".

Die Festlegung der qualitativen bzw. prozessualen Ziele sollte ebenfalls für alle betrieblichen Bereiche und für alle Ebenen erfolgen.

- Festlegung von Maßnahmen, exakten Zeitvorgaben, und Verantwortlichkeiten zum Erreichen dieser Ziele und Prioritätenfestsetzung für die Umsetzung der festgelegten Ziele.

  Wenn die Einzelziele formuliert sind, sind für diese Ziele **Maßnahmen** zu deren Erreichung festzulegen. Danach sind die Ziele mit **exakten Zeitvorgaben** zu versehen, wobei hier eventuell Übergangsfristen anzugeben sind. Eine exakte Zeitangabe ist das Datum, bei dem die Maßnahme umgesetzt ist. Abschließend sind **Verantwortlichkeiten** im Unternehmen zum Erreichen dieser Ziele anzugeben. Da die vorgegebenen Zeitvorgaben nicht unbedingt gleichbedeutend sein müssen mit den Zielprioritäten, sind zudem **Prioritäten** für die Umsetzung der festgelegten Ziele zu erstellen. Optional können auch noch die mit der Umsetzung des Zieles verbundenen Kosten angegeben werden.[41]

Zur Verdeutlichung wird in Abbildung 10 ein Umweltprogramm beispielhaft aufgeführt.

Die qualitative und quantitative Zielformulierung, d.h. die Höhe der Reduzierung der Umweltauswirkungen des Unternehmens, und vor allem die Umsetzung bzw. die Umsetzungsgeschwindigkeit der konkreten Maßnahmen zur Zielerreichung sind von vielen Faktoren abhängig. Sie richten sich insbesondere nach:

- der Höhe der vorhandenen Umweltauswirkungen,
- den vorhandenen technischen, organisatorischen und finanziellen Möglichkeiten,
- der angestrebten strategischen Marketingpositionierung hinsichtlich Umweltschutz.[42]

In jedem Fall ist die Zielformulierung aus den Anforderungen einer nachhaltigen Entwicklung abzuleiten und qualitativ und quantitativ an den Zielen einer nachhaltigen Entwicklung anzulehnen. Die zeitlichen und regionalen Horizonte sind hinsichtlich der Umsetzungsgeschwindigkeit ebenfalls zu berücksichtigen.

---

41 Die Angaben von Kosten für die umzusetzenden Maßnahmen sind aus Marketinggründen zwar sinnvoll, halten aber einer kritischen Prüfung in der Regel nicht stand. Seriöserweise müssten auch die mit der Investition verbundenen Rückflüsse angegeben werden (siehe Kap. 5.3.2).

[42] Die Beachtung der **Standpunkte interessierter Kreise** ist bei der Abfassung eines Umweltprogramms sekundär, wenn die Abfassung umfassend an den Zielen einer nachhaltigen Entwicklung orientiert ist.

Abbildung 10: Beispiel eines betrieblichen Umweltprogramms

Gesamtziel oder Einzelziel	Maßnahme*	Zeitpunkt der Zielerreichung	Verantwortlichkeit*	Priorität
Reduzierung des Energieeinsatzes um 5%	Wärmedämmung am Verwaltungsgebäude	31.12.2005	Immissionsschutzbeauftragter	1
Reduzierung des spezifischen Energieeinsatzes um 2% pro Tonne produziertem Produkt	Optimierung des technischen Prozesses durch Erneuerung einer Produktionsmaschine	31.03.2005	Produktionsleiter	1
Reduzierung des „Abfalls zur Entsorgung" um 5 t	Verbesserung der Mülltrennung an den Arbeitsplätzen	31.12.2005	Produktionsleiter	1
Reduzierung der SO_2-Emissionen um 20%	Erhöhung des Abscheidegrades beim SO_2-Filter	31.12.2005	Immissionsschutzbeauftragter	2
Reduzierung des Verschnitts um 5%	Einsatz eines computergestützten Verschnittoptimierungsprogramms	30.06.2005	F&E-Leiter	2
Ermittlung von Anbietern von umweltfreundlichen Vorprodukten	Festlegung von Kriterien und Angebotseinholung	31.03.2006	F&E-Beschäftigter	3
Verwendung von ökologisch angebauten Nahrungsmitteln in der Werkskantine	sukzessiver Ersatz konventionell angebauter Nahrungsmittel durch Einkauf von Nahrungsmitteln aus „ökologischer Landwirtschaft"	30.06.2006	Kantinenleiter	4
...				
...				

* die Maßnahmen sowie die Verantwortlichkeiten stellen ebenfalls Beispiele dar

internes Audit (Öko Audit = interne Betriebsprüfung)

Im folgenden werden bezogen auf die Stoff- und Energieströme und die Umweltauswirkungen der Unternehmen Zielsetzungen und Einzelziele formuliert. Die einzelnen Zielsetzungen und Einzelziele sind zum Teil gleichbedeutend mit Maßnahmen, d.h. Maßnahmen können auch als Zielsetzungen und Einzelziele gewertet werden, die vom Unternehmen umzusetzen sind. Diese Ziele sind direkt aus den Anforderungen einer nachhaltigen Entwicklung abgeleitet (siehe Kap. 2.2).

Ziele können sich allerdings auch gegenseitig beeinflussen und stehen z.B. konkurrierend, antagonistisch, komplementär, indifferent oder hierarchisch miteinander in Beziehung. Es ist bei der Zielformulierung darauf zu achten, dass keine antagonistischen Zielformulierungen erfolgen bzw. bei antagonistischen Zielen (z.B. wenn die Senkung des Abfallaufkommens durch einen erhöhten Energieeinsatz erreicht wird) eine Gesamtabwägung im Rahmen des zu erstellenden Umweltprogramms erfolgt. Für das auf dieses Umweltprogramm nachfolgende Umweltprogramm ist dann die im vorangegangenen Umweltprogramm in Kauf genommene negative Wirkung zu beheben.

Alle diese Ziele und Maßnahmen sind in der Umweltverfahrensanweisung „umweltorientierte Forschungs- und Entwicklungspolitik" aufzuführen. Diese enthält dann neben den Aspekten der Forschung und Entwicklung auch alle Ziele und Maßnahmen einer umweltverträglichen Produktion, umweltverträglicher Produkte bzw. Dienstleistungen und einer umweltverträglichen Distributions- und Redistributionslogistik (siehe hierzu Kap. 5.3.4 und Kap. 4.1.4.2).[43]

Die aus der Sozialpolitik abzuleitenden sozialen Zielsetzungen und Einzelziele sowie die aus der Wirtschaftspolitik abzuleitenden ökonomischen Zielsetzungen und Einzelziele sind analog der Umweltzielsetzungen und Umwelteinzelziele zu erarbeiten und in einem „Sozialprogramm" bzw. einem „Wirtschaftsprogramm" zusammenzustellen. Für diese beiden Bereiche können an dieser Stelle keine Ziele und Maßnahmen erarbeitet werden.[44]

4.1.3.1 Energieeinsatz

Hinsichtlich des Energieeinsatzes in den Produktions-, Demontage- und Reproduktionsprozessen sollen folgende Ziele formuliert werden:

- Energieverbrauch der Prozesse im Unternehmen minimieren, d.h. den Einsatz von Wärme, Strom, Dampf minimieren, und die Energieeffizienz erhöhen,
  Energieeffizienz erhöhen bedeutet, das Verhältnis von Energieoutput (= Nutzen) zu Energie(träger)input zu erhöhen.
  Die Minimierung des Energieverbrauchs und die Erhöhung der Energieeffizienz kann erfolgen durch technische Lösungen (z.B. Umsetzungsprozesse und Reinigungsprozesse bei niederen Temperaturen, Wärmerückgewinnung, Gebäudedämmung, energiesparende Motoren, Passivbauweise, Ersatz von energieineffizienten Geräten und Maschinen) und organisatorische Lösungen (z.B. Raumwärmereduzierung, Bürolüftungszyklen, Mitfahrgemeinschaften, Geräte ausschalten statt „Stand-by-Modus").
- Verhinderung von Belastungsspitzen, z.B. Nachtstrom nutzen, kontinuierliche Auslastung der Anlagen und Laufzeiten ermöglichen,
- Energiebereitstellung technisch optimieren und Wirkungsgrade erhöhen,
  Dies geschieht u.a. durch Kraft-Wärme-Kopplung (Blockheizkraftwerke), v.a. um Abwärme zu reduzieren.
- Energie-Mix verändern,
  Energie-Mix verändern bedeutet, die Zusammensetzung der Energieträger, die bei der Energiebereitstellung für die Prozesse eingesetzt werden, zu verändern. Es gilt hierbei als Ziel, nichtregenerative Energien (Kohle, Öl, Erdgas)

---

[43] Abweichend davon können statt einer Umweltverfahrensanweisung „umweltorientierte Forschungs- und Entwicklungspolitik" separate Umweltverfahrensanweisungen erstellt werden für eine „umweltorientierte Forschungs- und Entwicklungspolitik", eine „umweltverträgliche Produktpolitik", eine „umweltverträgliche Distributions- und Redistributionspolitik" und eine „umweltverträgliche Produktionspolitik" (siehe Kap. 4.1.4.2).

[44] Ebenso können eventuelle Zielantagonismen hier nicht diskutiert werden.

durch regenerative Energien zu ersetzen, d.h. Wind, Sonne, Wasser, Biogas, Biodiesel, Erdwärme, Biomasse etc. einzusetzen. Eine Änderung des Energie-Mix ist auch bei der Nachfrage nach Strom oder Fernwärme umzusetzen. Zudem sollten Risiken der Energieerzeugung reduziert werden, also ein Ersatz von Atomenergie durch andere Energieträger vorgenommen werden.
- Eigenenergieerzeugung umsetzen durch Umsetzung von Photovoltaik und Sonnenkollektoren,
- Materialeinsatz reduzieren, da jeder Materialeinsatz auch Energieeinsatz bedeutet (siehe Kap. 4.1.3.2),
- Transportaufkommen reduzieren, da jeder Transportprozess auch Energieeinsatz bedeutet (siehe Kap. 4.1.3.8).

Die Ziele und Maßnahmen zur Reduzierung des Energieeinsatzes bei den Produkten sind in Kap. 4.1.3.9 aufgeführt.

4.1.3.2 Materialeinsatz und Abfallanfall

Unter Materialien[45] werden hier alle physisch-stofflich vorliegenden und materiell, nicht energetisch, genutzten Stoffe verstanden, z.B. Rohstoffe, Hilfsstoffe, Betriebsstoffe, Schmierstoffe, Verpackungen etc.

Bei Produktionsprozessen entstehen folgende Stoffströme:[46]

- Hauptprodukt bzw. Hauptprodukte,
- Kuppelprodukte,
- Neben- und Folgeprodukte, einschließlich Fertigungsabfälle,
- umgesetzte Nebenbestandteile,
- verunreinigte bzw. verbrauchte Reaktionsmedien, Katalysatoren, Schmierstoffe und sonstige Hilfsstoffe,
- Fehlchargen und Ausschuss.

Außer dem Hauptprodukt sind alle Stoffströme als Abfälle zu betrachten, die entweder als feste Abfälle oder in der Abluft (als Emissionen) oder im Abwasser anfallen. Änderungen des Produktionsprozesses können bewirken, dass sich die Stoffströme von einem Umweltmedium in ein anderes verlagern. Ebenso können rechtliche oder technische Änderungen eine Verlagerung von einem in das andere Medium induzieren. Auch Kuppelprodukte sind streng betrachtet bei der Erstellung eines marktfähigen Produktes ebenfalls als Abfälle zu bewerten, wie auch Abbildung 11 zeigt. Im weiteren Sinne ist auch das Hauptprodukt, das nach der Nutzung nicht in technischen Kreisläufen verbleibt oder in biologische Kreisläufe eingeht, als Emission zu bewerten.

---

[45] „Material" und „Stoff" werden synonym verwendet.
[46] Ergänzt nach KOSTKA/HASSAN, 1997:40.

Abbildung 11: Arten von Stoffströmen (als Emissionen)

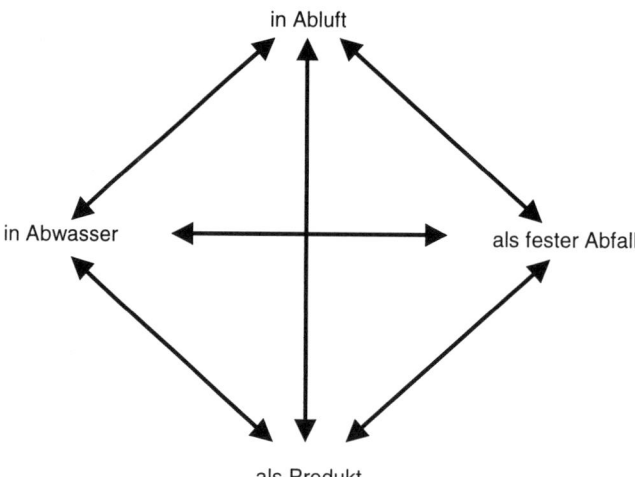

Als Ziel hinsichtlich Materialeinsatz und Abfallaufkommen bei den Produktions-, Demontage- und Reproduktionsprozessen ist zu formulieren:

- Materialverbrauch bei regenerativen und nichtregenerativen Ressourcen senken und Materialeffizienz erhöhen bzw. Materialeffektivität gewährleisten.
  Materialeffizienz erhöhen bedeutet, das Verhältnis von erwünschtem Materialoutput (= Nutzen) zum Materialinput zu erhöhen.
  Dabei gilt allgemein eine Reduzierung des Materialeinsatzes und die Vermeidung von Abfallanfall bzw. die Behandlung von Abfällen in der Weise, dass die Materialien in technischen Kreisläufen verbleiben können oder in den biologischen Kreislauf eingehen können, ohne dort zu Schädigungen zu führen. Die Minimierung des Materialverbrauchs kann durch technische Lösungen (z.B. Erhöhung der Umsetzungsgrade bei Reaktionsprozessen, interne Materialkreislaufführung) und organisatorische Lösungen erfolgen (z.B. Abfalltrennung).
  Materialeffektivität erreichen bedeutet, die Schließung von biologischen und technischen Kreisläufen ohne Schädigungen zu verursachen (siehe auch Kap. 4.1.3.9).

Einzelziele und Maßnahmen sind:

- höhere Materialeffizienz und Senkung des Abfallaufkommens durch effizientere Techniken und Erhöhung der Wirkungsgrade, d.h. eine Senkung von Kuppel-, Neben- und Folgeprodukten, Ausschuss und Fehlchargen sowie verunreinigter und verbrauchter Reaktionsmedien,

Der Einsatz effizienterer Techniken bezieht sich dabei nicht nur auf Produktionstechniken, sondern auch auf Demontage- und Reproduktionstechniken, d.h. auf Techniken zur Kreislaufschließung.
- gezielte Auswahl von Rohstoffen, Vorprodukten und Hilfsstoffen hinsichtlich Wiederverwendbarkeit und Wiederverwertbarkeit, um die prozessbedingten Abfallströme derart zu gestalten, dass eine Schließung von technischen und biologischen Kreisläufen möglich wird,
  Dies erfolgt in der Regel durch Erstellung von Einkaufsrichtlinien.
- gezielte Auswahl von Rohstoffen, Vorprodukten und Hilfsstoffen hinsichtlich Regenerationsfähigkeit, Giftigkeit etc., um die prozessbedingten Abfallströme derart zu gestalten, dass durch eine verminderte Toxizität eine Schließung von technischen und biologischen Kreisläufen möglich wird,
  Dies erfolgt in der Regel durch Erstellung von Einkaufsrichtlinien.
- unterschiedliche Abfallfraktionen getrennt halten,
  Die Getrennthaltung von Abfallfraktionen ermöglicht eine nachfolgende sortenreine Behandlung und somit ein Recycling zum gleichen Einsatzzweck. In diesem Zusammenhang sind vom Unternehmen umweltverträglich arbeitende Unternehmen auszuwählen, die den Abfall im Sinne einer Kreislaufschließung behandeln.
- Senkung des Energieeinsatzes bei den Prozessen,
- Senkung des Wassereinsatzes bei den Prozessen,
- unterschiedliche Abwasserströme mit verschiedenen Abwasserinhaltsstoffen getrennt halten, es sei denn, die Inhaltstoffe sind gleicher Art und können auch in den entstehenden größeren Abwasservolumina effizient eliminiert werden,
- Senkung des Transportaufkommens bei der Beschaffung, der Distribution und Redistribution.

Die Ziele zur Reduzierung des Materialeinsatzes und der Verringerung des Abfallanfalls durch das Produkt, einschließlich Verpackung, werden in Kap. 4.1.3.9 beschrieben.

4.1.3.3 Wassereinsatz und Abwasseranfall

Für die Verwendung der Ressource Wasser bei Produktions-, Demontage- und Reproduktionsprozessen und dem mit ihr verbundenen Abwasseranfall sind folgende Ziele zu verfolgen:

- Wasserverbrauch minimieren durch Optimierung der Produktionsprozesse,
  Zur Minimierung sind technische Lösungen, z.B. Kaskadennutzung, geschlossene Wasserkreisläufe, Wasserspartaste, und organisatorische Lösungen, z.B. Duschen statt Baden, weniger Autowaschen etc. umzusetzen. Zur Minimierung des Wasserverbrauchs ist auch eine Erhöhung der Energieeffizienz notwendig, um insbesondere den Kühlwasserverbrauch zu reduzieren (z.B. durch Blockheizkraftwerke). Ebenso sind Bergbautätigkeiten (Kohle- und Erzabbau) zu reduzieren, da diese v.a. Grundwassernutzung bedeuten.

- Auswahl der „Quelle" der Wasserversorgung nach der für die Nutzung benötigten Anforderungen an Reinheit, d.h. Herkunft des Wassers unter Berücksichtigung des Anwendungszwecks,

    Nicht für alle betrieblichen Prozesse, in denen derzeit Trinkwasser eingesetzt wird, ist auch Trinkwasserqualität nötig. Die Auswahl der „Quelle", d.h. letztlich die Anforderungen an die Qualität (Grundwasser, Trinkwasser, Regenwasser, Oberflächenwasser etc.) ist auf den Bedarf in den Prozessen abzustimmen (z.B. bei Reinigungsprozessen, durch die Anlage von Löschteichen, bei WC-Spülung).

- „regenerative" Wassernutzung und -gewinnung,

    Dieses Ziel bedeutet, die Ausweitung der Nutzung von Oberflächen- und Regenwasser. Den Grundsatz der „Regenerativität" zu übertragen auf die Grundwassernutzung bedeutet, dass die im jeweiligen Grundwassereinzugsgebiet erfolgte Grundwassernutzungsrate kleiner oder gleich der Grundwasserneubildungsrate ist. Dies gilt auch für die Nutzung von Oberflächenwasser, die z.B. nicht zu einem Austrocknen des Gewässers führen darf, aus dem das Wasser entnommen wird.

    Wenn Unternehmen nicht über Grundwasserbrunnen verfügen und sie die Entnahmeraten somit nicht selbst anhand dieses Kriteriums festlegen können, sind kommunale Planungen als Vorgaben für die Höhe der einzelbetrieblichen Wassernutzung an diesem Kriterium zu orientieren. Dabei gilt auch für die Unternehmen als Ziel, darauf hinzuwirken, dass derartige Planungen erstellt werden, nach denen sich dann das eigene und die anderen Unternehmen richten müssen.

- Flächenentsiegelung und Vermeidung von Flächenversiegelung,

    Diese beiden Maßnahmen tragen vor allem zu einer Neubildung von Grundwasser und einer Vermeidung der Belastung von Kläranlagen bei.

- alternative Wasserreserven nutzen, z.B. Meerwasserentsalzung, „Auskämmen" von Nebel,

- unterschiedliche Abwasserströme mit unterschiedlichen Inhaltsstoffen getrennt halten,

    Werden Abwasserströme mit unterschiedlichen Inhaltsstoffen (z.B. organische Substanzen, Salze, Schwermetalle) vermischt, entstehen Abwasserströme mit Substanzgemischen, die verfahrenstechnisch nicht spezifisch behandelt werden können. Als Ziel gilt, Abwasserströme mit **„verschiedenen"** Inhaltsstoffen getrennt zu halten, um spezifische Technologien zur Wasserreinhaltung anzuwenden, z.B. eine biologische Behandlung zur Behandlung biologisch abbaubarer Abwasserinhaltsstoffe, bei der der anfallende Klärschlamm schwermetallfrei ist und in biologischen Kreisläufen verwendet werden kann, oder eine gezielte chemische Fällung für Abwässer mit Schwermetallen, die eine Recyclingmöglichkeit eröffnet.

    Werden verschiedene Abwasserströme mit **„gleichen"** Inhaltsstoffen zusammengeführt, können ebenfalls verfahrenstechnische Probleme auftreten, da die Effizienz von Reinigungstechnologien sinken kann, wenn größere Wasservolumina zu behandeln sind, in denen die Schadstoffkonzentration gering ist. Als Ziel sollte in diesem Fall formuliert werden, dass eine Konzentrationsreduzierung bei der Zusammenführung von Abwasserströmen mit gleichen Inhaltsstoffen vermieden wird.

- ausschließlich biologisch abbaubare Stoffe in den Vorfluter bzw. die Kanalisation einleiten,

    Um die Vorfluter und die kommunalen Kläranlagen nicht mit Stoffen zu belasten, die in ihnen nicht abgebaut werden bzw. die sie nicht behandeln können, sind zur Erreichung des Ziels der Schließung biologischer Kreisläufe ausschließlich biologisch abbaubare Substanzen mit dem Abwasser zu emittieren.

- unbeabsichtigter Eintrag von Stoffen in Oberflächengewässer minimieren,

    Dieser unbeabsichtigte Eintrag ist durch die Reduzierung des Unfall- und Störfallrisikos (siehe Kap. 4.1.3.7) durch branchenspezifische Lösungen und die Reduzierung der Folgen bei Eintritt eines Unfalls/Störfalls (z.B. durch Löschwasserauffangbecken) bei der Produktion und bei Transporten zu erreichen, sowie durch spezifische Maßnahmen in einzelnen Branchen, z.B. der Fischproduktion.

- Eintrag von Stoffen in das Grundwasser ausschließen,

    Dies kann z.B. erfolgen durch Änderung der Produktionsprozesse, durch Sanierung betrieblicher oder kommunaler Altlasten. Zudem ist nach Störfällen mit wassergefährdenden Substanzen eine umgehende Sanierung der Böden durchzuführen. Ebenso gilt es zu vermeiden, dass im Unternehmen Schadstoffe in die Böden eingetragen werden und es somit zur Entstehung der Altlasten von morgen kommt (z.B. durch Bodenabdeckung, Auswahl der verwendeten Chemikalien).

- Wasserreinigung technisch optimieren.

    Hierbei sind spezifische Maßnahmen umzusetzen, z.B. Phosphat-Fällung. Ebenso ist jeweils zu überprüfen, ob v.a. bei Standorten in tropischen Regionen für ausschließlich biologisch abbaubare Abwässer Pflanzenkläranlagen (mit gleichzeitiger Nutzung der Pflanzen in Kombination mit Fischzucht etc.) Anwendung finden können.

Die Ziele und Maßnahmen zur Reduzierung des Wassereinsatzes und des Abwasseranfalls bei den Produkten sind in Kap. 4.1.3.9 aufgeführt.

4.1.3.4 Flächeneinsatz und Biodiversität

Um **Biodiversität**[47] zu erhalten, sind Ziele zum einen hinsichtlich der Flächennutzung zu formulieren, zum anderen hinsichtlich der Nutzung von „Arten".

Für die **nicht regenerativ genutzte Fläche**, d.h. die Flächennutzung unter Zerstörung der Funktionen des Bodens bzw. des Bodens selbst (z.B. durch Tagebau, Versiegelung, Deponiebau) gilt:

- effiziente Flächennutzung der nicht regenerativ genutzten Fläche,

    Maßnahmen zur effizienten Nutzung nicht regenerativ genutzter Flächen sind z.B. Mehrgeschossbauweise für Wohnen, Industrie und Dienstleistung, die effiziente Nutzung der vorhandenen Verkehrsinfrastruktur, Parkraumbewirt-

---

[47] Synonym: **Artenvielfalt**.

schaftung, Gestaltung und Änderung der Flächennutzungspläne hinsichtlich Mischnutzung, Gestaltung und Änderung der Bebauungspläne.
- Ausschluss von Flächenneuverbrauch,
    Maßnahmen, um einen Flächenneuverbrauch auszuschließen, sind z.B. die Nutzung von Altstandorten, die effiziente Nutzung nicht regenerativ genutzter Flächen, die Gestaltung und Änderung der Flächennutzungspläne[48] sowie die effiziente Nutzung der regenerativ genutzten Fläche. Großflächige Geländegestaltungen sind mit diesen Zielen nicht vereinbar.
- Ausschluss von Grundwasserabsenkung, die zur Austrocknung der Böden und somit Zerstörung der Bodenfunktionen führen kann,
- effiziente Flächennutzung der regenerativ genutzten Fläche,
    Wird Fläche regenerativ genutzt, z.B. durch Landwirtschaft, Forstwirtschaft etc., sind Ziele zur effizienteren Nutzung zu formulieren, bei deren Erreichen die Funktionen des Bodens nicht zerstört werden. Sie sind unten aufgeführt.
- Flächenrekultivierung, d.h. Maßnahmen zur Wiederherstellung der Bodenfunktionen, z.B. Flächenentsiegelung, Aufforstung,
    Es ist anzumerken, dass sich die vollständige Wiederherstellung der Bodenfunktionen in mittel- bis langfristigen Zeithorizonten einstellt.
- Reduzierung der stofflichen Belastung und Vermeidung der Kontamination der Böden,
    Kontamination der Böden bedeutet den Eintrag bioakkumulierbarer und persistenter Stoffe sowie den Eintrag von Substanzen in Art und Menge, die die Bodenfunktionen zerstören. Maßnahmen, die einer Kontamination entgegenwirken, sind z.B. die Vermeidung von Ablagerungen und Leckagen, das Abdecken der Böden mit undurchlässigen Materialen, die Reduzierung von Unfall- und Störfallrisiko bei Produktion und Transport sowie generell die Reduktion von Emissionen.
- Berücksichtigung der Ziele des Artenschutzes.
    Der sehr enge Zusammenhang zwischen den Zielen der Flächennutzung und denen des Artenschutzes wird unten aufgeführt.

Für die **regenerativ genutzte Fläche**, d.h. die Flächennutzung unter (weitestgehendem) Erhalt der Funktionen des Bodens bzw. des Bodens selbst (z.B. durch Landwirtschaft, Forstwirtschaft, Gartenbau, Obstbau etc.), gilt:

- Erosion soll minimiert werden,
    Findet in großem Maße Erosion statt, tritt ein Übergang von regenerativer zu nicht regenerativer Flächennutzung ein. Erosionsmindernde Maßnahmen sind u.a. Maßnahmen zur Bodenbedeckung durch Auswahl geeigneter Pflanzen, Fruchtfolgegestaltung sowie Aufforstung.
- Bodenverdichtung soll minimal sein,[49]
- Erhaltung einer ausgeglichenen Nährstoffbilanz,
- Erhaltung einer ausgeglichenen Humusbilanz,

---

[48] Eine Ausnahme bildet auf kommunaler Ebene und auch bei Unternehmensstandorten die Nachverdichtung.
[49] Auf die Maßnahmen hierzu, ebenso wie zum Erhalt der Nährstoff- und Humusbilanz im Rahmen landwirtschaftlicher Produktion, wird nicht näher eingegangen.

- Reduzierung der Verwendung unterschiedlicher Pflanzenarten in der Fruchtfolge soll minimiert werden,
- Auswahl standortangepasster Pflanzen,
- Begrenzung der Schlagflächen,
- Vermeidung des Eintrages bioakkumulierbarer und persistenter Stoffe,
- Vermeidung des Eintrages von Substanzen in Art und Menge, die die Bodenfunktionen zerstören.

Unter Einhaltung dieser Ziele wird eine nachhaltige Nutzung der Ressource „Fläche", einschließlich der Erhalt der Lebensräume, möglich. Derzeitige Nutzungspraktiken, wie die großflächige Abholzung der Regenwälder, sind mit diesen Zielen nicht vereinbar.

Als Ziele zum **Erhalt der „Arten"** gelten:

- Vermeidung der Zerstörung seltener Biotope,
- Erhaltung von Biotopen mit Mindestgrößen,
    Neben dem direkten Erhalt von Biotopen bzw. Mindestgrößen durch das Unternehmen am Standort bzw. bei seinen Tätigkeiten (Landwirtschaft, Forstwirtschaft etc.) ist als indirekte Maßnahme der Schutz von Biotopen an anderer Stelle zu ergänzen, u.a. durch Übernahme von Patenschaften für Biotope, Aufkauf und Beibehaltung von Naturwäldern.
- Vernetzung von Biotopen und Grünflächen,
    Maßnahmen hierfür sind z.B. die Durchgrünung von Industriestandorten und Städten, die Dach- und Fassadenbegrünung, sowie die Gestaltung und Änderung der Flächennutzungspläne.
- Erhalt eines Mindestanteils der Biotope an der Gesamtfläche, z.B. durch die Gestaltung und Änderung der Flächennutzungspläne sowie Biotopanlegung,
- Erhalt einer Mindestzahl einzelner Individuen und Exemplare einer genutzten Art,[50]
- Vermeidung von Stoffeinträgen in Biotope.

Die Durchführung von rechtlich geforderten Ausgleichsmaßnahmen bei der Zerstörung eines seltenen Biotops bzw. einer Unterschreitung der Mindestgröße, die zum Arterhalt notwendig ist, kann nicht als Maßnahme einer nachhaltigen Entwicklung gewertet werden.

Die Ziele und Maßnahmen zum Flächeneinsatz und zum Erhalt der Biodiversität bei den Produkten sind in Kap. 4.1.3.9 aufgeführt.

4.1.3.5 Emissionen

Die Ziele hinsichtlich der Reduzierung der Abluftemissionen werden entsprechend neuer Erkenntnisse aus der Ökobilanzforschung anhand der von **den Emissionen verursachten Umweltauswirkungen** dargestellt.

---

[50] Dies wird auch als „**Wildlife-Management**" bezeichnet.

Ziele zur **Reduzierung der Emissionen mit klimarelevanter Wirkung** sind:

- Maßnahmen zur Reduzierung des Energieeinsatzes (siehe Energieeinsatz),
- Verbrennung von fossilen Energieträgern (z.B. Kohle, Erdöl, Erdgas) minimieren,
- Gewinnung von fossilen Brennstoffen optimieren, z.B. Vermeidung von Methanemissionen bei Erdölförderung,
- Ersatz von fossilen Energieträgern durch regenerative Energieträger (z.B. Wind, Wasser, Sonne),
- langfristiger Entzug von CO_2 aus der Atmosphäre, z.B. durch Aufforstung, Begrünung, Wüstenkultivierung etc. und anschließende nicht-energetische Nutzung der gewonnenen Biomasse,
- keine Brandrodung,
- Ausschluss von FCKW aus Produktion und Produkten,
- Effizienzerhöhung in der Landwirtschaft zur Reduzierung der CH_4-Emission, v.a. bei der Wiederkäuerhaltung und im Nassreisanbau.

Ziele zur **Reduzierung der Emissionen mit ozonschichtzerstörender Wirkung** sind:

- alle FCKW aus Produktion und Produkten ausschließen.

Ziele zur **Reduzierung der Emissionen mit versauernder Wirkung** sind:

- Emission von Substanzen minimieren, insbesondere SO_2, NO_x, HCl, v.a. bei Kraftwerken und Verkehr,
- Verwendung anderer Brennstoffe, wobei gilt, dass Erdgas prioritär sein sollte, Erdöl der Kohle und Steinkohle der Braunkohle vorgezogen werden sollte.

Ziele zur **Reduzierung der Emissionen mit eutrophierender Wirkung** sind:

- Reduzierung der Einleitung organischer Stoffe in Gewässer, d.h. Reduzierung der BSB- und CSB-Fracht,
- Reduzierung der Einleitung der Nährstoffe PO_4^{3-}, NO_3^- und NH_4^+ in Gewässer, z.B. durch Phosphatfällung in Kläranlagen,
- Abwärmeanfall und deren Abgabe an Gewässer reduzieren,
- Reduzierung von NO_x-Emissionen,
- Reduzierung der Erosion,
- Reduzierung des Störfallrisikos.

Ziele zur **Reduzierung der Emissionen, die zur Photooxidantienbildung in Bodennähe beitragen**, sind:

- Emissionen, vor allem NO_x und VOC, minimieren, insbesondere von Verkehr/Transport und Produktion,
- Energieverbrauch senken.

Ziele zur **Reduzierung der Emissionen mit ökotoxischer Wirkung** sind:

- Störfälle bei Produktions- und Transportprozessen vermeiden, so dass akut ökotoxische Wirkungen dadurch vermieden werden, dass Giftstoffe nicht in großen Mengen und in hoher Konzentration entweichen,
- Emissionen von persistenten und bioakkumulierbaren Stoffen vermeiden und durch biologisch abbaubare Stoffe ersetzen,
- Ersatz von Stoffen mit hohem ökotoxischem Gefährdungspotential durch Substanzen mit geringerem ökotoxischem Gefährdungspotential bzw. biologisch abbaubaren Substanzen,
- bei Energieerzeugung Verwendung schwermetallfreier Energieträger,
- „abwasserfreie" Produktion, d.h. Umsetzung von geschlossenen Wasserkreisläufen, bzw. keine persistenten und bioakkumulierbaren Substanzen mit dem Abwasser emittieren,
- Schadstoffe nur in der Höhe in die Umwelt emittieren, in der keine akut ökotoxischen Wirkungen eintreten, d.h. eine Kontrolle der kritischen Stoffeinträge ist durchführen,
- Substanzen, die in die Umwelt gelangen, dürfen nur inert oder biologisch abbaubar sein,
- „Inertisierung" von Abfällen.[51]

Einen Spezialfall ökotoxischer Wirkungen stellen die **humantoxischen Wirkungen** dar, d.h. gesundheitsschädigende Wirkungen. Ziele zur Reduzierung der Emissionen mit humantoxischen Wirkungen sind differenziert hinsichtlich der Schadstoffe zu betrachten. Es sind **zwei Substanzklassen** zu unterscheiden: Substanzen **mit Wirkungsschwellen** und Substanzen **ohne Wirkungsschwellen**.

Substanzen mit Wirkungsschwellen führen nicht zu Gesundheitsschädigungen, solange die Konzentrationen bzw. die Aufnahmedosen unter der Wirkungsschwelle liegen. Die Wirkungsschwellen werden für verschiedene Aufnahmepfade und Medien formuliert, z.B. **inhalativ** (über die Luft), **ingestiv** (über die Nahrungsmittel, Böden, Trinkwasser), **transcutan** (über die Haut). Üblicherweise werden aus den Wirkungsschwellen „Grenzwerte" abgeleitet.[52]

Ziele und Maßnahmen zur **Vermeidung von Gesundheitsbeeinträchtigungen** (einschließlich am Arbeitsplatz) bei Substanzen **mit Wirkungsschwelle**:

- Ersatz von Stoffen mit hohem akuttoxischen Gefährdungspotential,
- Unterschreitung des Wirkungsschwellenwertes, um akute humantoxische und subakute Wirkungen zu vermeiden,
- Vermeidung von subakut toxischen, fruchtbarkeitsschädigenden, subchronischen oder chronischen, verhaltensstörenden, entwicklungshemmenden, nervenschä-

---

[51] „**Inertisierung**" bedeutet Substanzen herzustellen, die in der Umwelt nahezu nicht reagieren und somit keine ökotoxischen und ökologischen Wirkungen verursachen. Die „Inertisierung" von Abfällen stellt eine End-of-pipe-Technologie dar, und kann somit vor dem Hintergrund einer nachhaltigen Entwicklung ausschließlich eine Übergangstechnologie sein. Die derzeitigen Formen der Abfallverbrennung sind hierzu nicht geeignet, da aus Schlacken v.a. Schwermetalle unter Umweltbedingungen ausgewaschen und somit Umweltschädigungen verursacht werden.
[52] Die Problematik der Grenzwertfestlegung wird an dieser Stelle nicht thematisiert.

digenden, immunsystemschädigenden und allergischen Wirkungen am Arbeitsplatz,[53]
- Störfälle bei Produktions- und Transportprozessen vermeiden, die dadurch zu akut humantoxischen Wirkungen führen, dass Giftstoffe in großen Mengen und in hoher Konzentration entweichen, so dass die Wirkungsschwelle überschritten wird,
- Schadstoffe nur in der Höhe in die Umwelt emittieren, in der neben der Vermeidung von akut humantoxischen Wirkungen auch keine subakut toxischen, fruchtbarkeitsschädigenden, subchronischen oder chronischen, verhaltensstörenden, entwicklungshemmenden, nervenschädigenden, immunsystemschädigenden oder allergischen Wirkungen eintreten (Kontrolle der kritischen Stoffeinträge durchführen),
- Emissionen insgesamt minimieren,
- Arbeitsplatzbelastungen generell minimieren.
  Im Rahmen der Maßnahmen zur generellen Reduzierung der Arbeitsplatzbelastungen sind u.a. zu nennen nachvollziehbares Führen der Sicherheits- bzw. Stoffdatenblätter und leichte Zugangsmöglichkeit zu diesen, Verminderung von Bausubstanzkontamination, Schulungen zum Umgang mit Gefahrstoffen, Überprüfungen durch die Gewerbeaufsicht. Zudem ist eine diesbezügliche Schulung und Weiterbildung der Beschäftigten zu gewährleisten.

Für **Substanzen ohne Wirkungsschwellen** kann „keine noch als unbedenklich anzusehende Konzentration angegeben werden" (DFG, 2002:126).[54] Sie können bereits in kleinsten Konzentrationen in Abhängigkeit des Aufnahmepfads gesundheitsschädigend wirken. Das Vorhandensein dieser Stoffe und die Verringerung von Emissionen oder Arbeitsplatzbelastungen reduziert deshalb nur das Risiko, schließt aber eine Wirkung nicht aus.[55]

Ziele und Maßnahmen zur **Vermeidung von Gesundheitsbeeinträchtigungen** (einschließlich am Arbeitsplatz) bei Substanzen **ohne Wirkungsschwelle**:

- Vermeidung der Emission von Stoffen mit mutagener (erbgutverändernder), kanzerogener (krebserzeugender) oder teratogener (fruchtschädigender) Wirkung,
  Diese Stoffe treten in vielfältigen Produkten auf und werden bei vielfältigen Prozessen emittiert, u.a. in Lacken und Anstrichen, bei der Energieerzeugung, bei Entfettungsprozessen. Es sind jeweils branchenspezifische Maßnahmen umzusetzen.

---

[53] Hierbei kann eine Vielzahl von Grenz- bzw. Richtwerten als Orientierung dienen, z.B. die Immissionswerte, ADI-Werte, MAK- und BAT-Werte (im weiteren siehe DFG, 2002).
[54] Die häufig zitierte Paracelsus-Aussage **„Alle Dinge sind Gift, allein die Dosis macht, dass ein Ding kein Gift"** gilt **nur** für Substanzen mit Wirkungsschwellen.
[55] Deshalb sind auch **„Bagatellmassenströme"**, wie sie in der TA-Luft angegeben werden (z.B. für Blei-, Cadmium-, Nickel- und deren Verbindungen) nicht nachhaltig.

- Ausschluss von mutagenen, kanzerogenen und teratogenen Stoffen aus Produktion und Produkten.

    Dies bedeutet eine Vermeidung von Emissionen und eine Vermeidung von Arbeitsplatzbelastung.[56] Derartige Substanzen sind durch Stoffe mit Wirkungsschwellen zu ersetzen.

Ziele zur **Reduzierung der Emissionen von „Gerüchen"** sind:

- Geruchsentstehung vermeiden,
- Geruchsschwelle am Emissionsort nicht überschreiten,

    Dies kann erfolgen durch Optimierung der Verfahrenstechnik oder durch Änderung der Einsatzstoffe.

- Geruchsstoffemissionen minimieren, d.h. die Ausbreitung der Geruchsstoffe vermindern.

Ziele zur **Reduzierung der Emissionen von „Strahlung"** sind:

- zerfallende Stoffe, also „strahlende" Stoffe, nicht emittieren oder aus der Produktion ausschließen,[57]
- Energie-Mix optimieren.

    Dies bedeutet insbesondere auch aus Gründen der Risikominimierung bei Störfällen, bei denen Strahlung emittiert werden kann, sowie der Frage der „Entsorgung" strahlender Stoffe, dass ein Energie-Mix ohne Kernkraft umgesetzt werden sollte.

Weitere „Emissionen" und deren Wirkungen, wie **Licht**, **Erschütterungen**, **Beeinträchtigungen des Mikroklimas**, werden an dieser Stelle nicht vertieft.[58] Bei speziellen Vorhaben von Unternehmen sind diese Aspekte aber im Detail zu beleuchten, z.B. beim Bau von Hochhäusern, bei landwirtschaftlicher Glashausproduktion. Der Aspekt der **„optischen Wirkungen"** wird hier ebenfalls nur erwähnt, da eine Ausführung zu diesem Thema über das Umweltmanagement hinausgeht.[59]

Die Umweltauswirkungen am Standort vorhandener Altlasten lassen sich mit der Emission aus der Altlast in Gewässer und in Abluft beschreiben - die Wirkungen der Emission sind dann bei der jeweiligen Wirkung beschrieben.

Die Ziele und Maßnahmen zur Reduzierung dieser Wirkungen bei den Produkten sind in Kap. 4.1.3.9 aufgeführt.

---

[56] Eine Führung derartiger Substanzen in geschlossenen Kreisläufen wäre zwar prinzipiell als nachrangiges Ziel möglich - die Störfallproblematik und der hohe Überwachungsaufwand sprechen allerdings dagegen.

[57] Bei einzelnen Prozessen, z.B. der **medizinischen Diagnostik**, kann hier eine Übergangsfrist eingeräumt werden, bis andere Methoden entwickelt sind.

[58] Die Reduzierung von Abwärme und deren Wirkungen als „Emission" ist bereits beim Energieeinsatz sowie bei Eutrophierung berücksichtigt.

[59] Häufig werden „optische Auswirkungen" als Argument gegen die Errichtung von Windparks herangezogen; bei der Zersiedelung von Landschaft durch Logistikzentren an Autobahnen, durch Großkraftwerke oder bei Neubausiedlungen hingegen nicht.

4.1.3.6 Lärm

Lärm kann Gesundheitsschäden verursachen und psychische Belastungen hervorrufen, die ebenfalls zu Gesundheitsschädigungen führen können. Ziele und Maßnahmen zur Reduzierung von „Lärm" sind:

- Lärmquellen ausschalten,
    Dies kann durch den Einsatz lärmarmer Technik (z.B. leiser Motoren oder Pumpen) oder Verhaltensänderungen erfolgen, z.B. Lautstärkeregelung bei Veranstaltungen.
- Lärmschutzmaßnahmen umsetzen,
    Hierbei lassen sich zwei Arten der Lärmschutzmaßnahmen unterscheiden:
    - die Verhinderung bzw. Verminderung der **Ausbreitung von Lärm** an der Lärmquelle, z.B. durch Kapselung, Schließen der Werkstore,
    - die Vermeidung bzw. Verminderung von **Lärmeinwirkungen**, z.B. durch Gehörschutz, Schallschutzwände, Lärmschutzfenster.
- Lärm entzerren durch zeitliche Aufteilung.
    Hierbei sind vor allem organisatorische Maßnahmen umzusetzen, z.B. Verkehrsentzerrung, Vermeidung von Belastungsspitzen.

Die Ziele und Maßnahmen zur Reduzierung von „Lärm" bei den Produkten sind in Kap. 4.1.3.9 aufgeführt.

4.1.3.7 Störfälle

Zur Reduzierung von Störfällen bzw. Auswirkungen von Störfällen ist primär die **Störfalleintrittswahrscheinlichkeit zu minimieren.** Folgende Maßnahmen gelten:

- problematische Substanzen in den Prozessen durch weniger problematische ersetzen, z.B. leicht entzündliche durch schwer entzündliche zur Brandvorsorge,
- Sicherheitsprinzipien in den Prozessen umsetzen, z.B. Barrierenkonzepte, Redundanz von Sicherheits- und Notsystemen, räumliche Trennung von Sicherheits- und Notsystemen durch voneinander unabhängige Systeme, Fail-Safe-Technologien, Automatisierung der Sicherheitssysteme zur Verringerung der Auswirkungen menschlichen Versagens,
- für Transporte eine entsprechend sichere Transporttechnik auswählen,
- Schulung und Weiterbildung der Beschäftigten.[60]

---

[60] Durch diese Maßnahmen lässt sich das Störfallrisiko nur minimieren, nicht ausschliessen. Deshalb sollte auf Technologien, bei denen immense Risiken bei einem Störfall eintreten können, verzichtet werden, u.a. auf Kernkraftnutzung. Zu problematisieren ist auch die Gentechnik.

Zur Reduzierung von Störfällen bzw. Auswirkungen von Störfällen sind primär die **Störfallfolgen zu minimieren.** Folgende Maßnahmen gelten:

- Maßnahmen zum Schutz der Mitarbeiter, der Bevölkerung und der Umwelt beim Eintritt eines Störfalles umsetzen, um akut toxische und ökotoxische Wirkungen sowie Langzeitfolgen zu vermeiden,
    Dies sind u.a. Notfalltelefon für Vergiftungen am Arbeitsplatz, Notfallpläne, Feuerwehrpläne, Löschwasserauffangbecken, Katastrophenhilfe.
- Schulung und Weiterbildung der Beschäftigten.

4.1.3.8 Transport/Verkehr

Hinsichtlich Transport/Verkehr sind Ziele sowohl für die Beschaffungslogistik, für die Distributionslogistik als auch für die Redistributionslogistik[61] festzulegen. Dies sind folgende Ziele bzw. Maßnahmen, wobei die Transport-/Verkehrsvermeidung Priorität vor der Reduzierung der Auswirkungen von Transport/Verkehr hat.

Transport/Verkehr vermeiden, d.h. Verkehrsaufkommen und Verkehrsleistung minimieren. Die Reduktion des **Verkehrsaufkommens** bedeutet eine Reduzierung der Zahl der Personen bzw. der Güter (in Tonnen), die transportiert werden. **Verkehrsleistung** bedeutet Zahl der Personen bzw. Güter (in Tonnen), die transportiert werden, multipliziert mit der Transportstrecke. Es sind somit auch die Transportstrecken zu reduzieren. Folgende Ziele und Maßnahmen gelten zur Vermeidung von Transport/Verkehr:

- Auslastung der Verkehrsträger steigern,
    Dies kann z.B. erfolgen durch Bündelung von Transporten im Versand (Abfertigungsspedition), Bündelung von Transporten in der Beschaffung (Empfangsspedition), Nutzung von Güterverkehrszentren, optimale Losgrößen, Bildung von regionalen Verladergemeinschaften und Umsetzung von Kombi-Verkehr, Routenplanung, Verlagerung von Funktionen des Wareneingangs/Warenausgangs auf spezialisierte Dienstleister, Abbau von Werksverkehren, JiT-Anpassung, Mitfahrgelegenheiten bzw. Car-Sharing.
- neue Kommunikationsformen einsetzen, z.B. E-mail, Videoconferencing etc.,
- „regionale" und „saisonale" Rohstoff- und Produktebeschaffung,
- regionale Vermarktung,
- dezentrale und marktnahe Produktions- und Reproduktionsstandorte,
- dezentrale und regionale Kreislaufführung der Produkte,
- gemeinsame Nutzung einzelner Produktionsstandorte (d.h. auch Produktionsanlagen) z.B. durch ganze Lieferketten (**„Produktions-Sharing"**),
- Produkte optimieren und Verpackungen reduzieren (siehe Kap. 4.3.1.9),
- geändertes Verhalten (z.B. gebündelte Einkäufe).[62]

---

[61] Synonym: **Retrodistributionslogistik**.
[62] Zudem kann auch die Verlagerung von Verkehr vom LKW auf Schiff und Bahn Verkehr durch höhere Transportkapazitäten vermeiden. Diese Verlagerung wird nachfolgend dargestellt.

Wirkungen des Transports/Verkehrs reduzieren, d.h. eine umweltverträgliche Transport-/Verkehrsgestaltung umsetzen. Die Wirkungen von Transport/Verkehr sind sehr vielfältig, u.a. Energie- und Materialeinsatz, Flächenverbrauch, Emissionen, Lärm, Verkehrsopfer. Die folgenden Maßnahmen und Ziele gelten zur Reduzierung dieser Wirkungen:

- Modal-Split verändern,
    Modal-Split bedeutet die Zusammensetzung von Verkehrsträgern für den jeweiligen Transport. Für den **Gütertransport** gilt dabei vereinfachend[63] folgendes Ziel: Schifftransport ist dem Schienentransport, dieser dem LKW-Transport und dieser dem Flugzeugtransport vorzuziehen.[64] Für den **Personentransport** gilt vereinfachend als Ziel: Fuß ist dem Rad, dieses dem öffentlichen Personennahverkehr („ÖPNV", einschließlich „park & ride" und Bahn) vorzuziehen, der öffentliche Personennahverkehr und die Bahn dem motorisierten Individualverkehr („MIV") und dieser dem Flugzeug.
- Verkehrsmittel und Verkehrstechnik optimieren, auch zur Störfallminimierung,
    Maßnahmen sind u.a. Fahrzeuge mit weniger Treibstoffverbrauch (bessere Motoren, weniger Gewicht), lärmarme Fahrzeuge, emissionsarme Fahrzeuge, doppelwandige Tanker, Einsatz anderer Treibstoffe (Biodiesel, Wasserstoffantrieb).[65]
- Verlagerung von Gefahrguttransporten von Straße auf Schiene,
- Flächenmischnutzung umsetzen, d.h. Änderung der Flächennutzungsplanung,
- Parkraumbewirtschaftung zur Reduzierung des Flächenbedarfs,
- Änderung des Verhaltens bei der Nutzung von Verkehrsmitteln, z.B. angepasste Fahrweise, Tempoverlangsamung,
- zeitliche Entzerrung des Verkehrsaufkommens, z.B. andere Infrastrukturen, Routenplanung, andere Ampelschaltung, flexible Arbeitszeitmodelle, JiT-Anpassung.

4.1.3.9 Umweltauswirkungen der Produkte und Dienstleistungen

Die Umweltauswirkungen der Produkte bzw. Dienstleistungen sind ebenso zu reduzieren wie die der Prozesse und die des Transports/Verkehrs. Im folgenden sind deshalb Maßnahmen und Ziele zur Reduzierung der Umweltauswirkungen der Produkte bzw. Dienstleistungen aufgeführt. Sie gelten auch als **Ziele für neue Entwicklungen** zur Änderung von bestehenden Produkten bzw. Dienstleistungen.

Übergeordnetes Ziel aller dieser Maßnahmen ist die Herstellung eines „**umweltverträglichen Produkts**".[66] „Als konsensfähig gilt, dass ein 'ökologisches' Produkt gegenüber einem anderen, funktionsgleichen Produkt bei Betrachtung aller Produktstadien, die das Produkt durchläuft, einschließlich der Vorproduktstadien, gerin-

---

[63] Diese Reihenfolge kann vereinfachend durch die Höhe der gravierenden Umweltauswirkungen Energieverbrauch und Emissionen begründet werden; werden einzelne Umweltauswirkungen betrachtet, kann eine leicht veränderte Reihenfolge auftreten.
[64] Bei flüssigen Produkten sind Pipelines noch dem Schiffstransport vorzuziehen.
[65] Als Entscheidungsgrundlage sollten Ökobilanzen herangezogen werden.
[66] Eine Verpackung kann zum einen als eigenständiges Produkt, zum anderen als Bestandteil des marktfähigen Produktes bzw. der Dienstleistung betrachtet werden. In jedem Fall ist die Verpackung ebenfalls umweltverträglich zu gestalten.

gere Umweltbeeinträchtigungen als das Vergleichsprodukt aufweist" (ENGELFRIED, 2001:25).[67] Diese Sichtweise eines „ökologischen Produktes" wird hier nicht weiterverwandt, da sie den Begriff „Umweltverträglichkeit" bzw. „umweltverträgliches Produkt" relativiert und eigentlich „weniger umweltbelastend" meint. Im folgenden wird daher eine vereinfachte Leitlinie zur Entwicklung eines umweltverträglichen Produktes, d.h. die Umsetzung eines **„umweltorientierten Designs"**,[68] beschrieben.[69]

Aus Sicht des Produktabsatzes können prinzipiell drei Arten von Produkten unterschieden werden, die nutzenstiftend und somit marktfähig sind (vgl. ENGELFRIED, 1994:16ff):

- Gebrauchsprodukte,
- Verbrauchsprodukte,
- Intermediärprodukte.

Aus Sicht des Produktes nach seiner Nutzung können prinzipiell zwei Möglichkeiten unterschieden werden: entweder das Produkt liegt stofflich nach der Nutzung mehr oder weniger unverändert beim Nutzer vor (z.B. Computer, Fernseher, Auto, Möbel) oder das Produkt liegt nicht mehr beim Nutzer vor und gelangt bei bzw. nach der Nutzung in die Umwelt (z.B. Seifen, Waschmittel).

Diejenigen Produkte, die nach der Nutzung in die Umwelt gelangen, werden als **Verbrauchsprodukte** bezeichnet. Sie müssen so beschaffen sein, dass sie nach der Nutzung biologisch abgebaut werden können, z.B. in einer Kläranlage oder in einem Kompostierwerk. So können biologische Kreisläufe aufgebaut werden. Die anderen Produkte, als **Gebrauchsprodukte** bezeichnet, führen bei einem Verbleib in der Umwelt in der Regel zu Schädigungen. Die Gebrauchsprodukte müssen also nach der Nutzung in einem technischen Kreislauf verbleiben, d.h. sie müssen so behandelt werden, dass sie oder ihre Materialien möglichst vollständig wieder zum gleichen Zweck eingesetzt werden können – d.h., es muss eine Wiederverwendung bzw. eine Wiederverwertung stattfinden können. **Intermediärprodukte** werden in der Wertschöpfungskette weiterverarbeitet und dann zu Ver- oder Gebrauchsprodukten, z.B. Ethylen, das zu Polyethylen als Gebrauchsprodukt wird.[70]

Primär sind umweltverträgliche Produkte dadurch charakterisierbar, dass sie in biologischen Kreisläufen keine Störungen verursachen oder in technischen Kreisläufen zum gleichen Einsatzzweck verbleiben können. Zudem sollen sie möglichst res-

---

[67] Methoden, mit der Produkte hinsichtlich ihrer „Umweltverträglichkeit" untersucht und unterschieden werden können, sind z.B. die Produktlinienuntersuchung (siehe ENGELFRIED, 1994) oder die (Produkt)Ökobilanz (DIN 14040). Eine umfangreiche Definition eines „umweltverträglichen Produktes" einschließlich Kriterien zur Überprüfung der Umweltverträglichkeit gibt ENGELFRIED (1994).
[68] Synonym: **Öko-Design**.
[69] Ist ein Produkt nicht nur vergleichsweise weniger umweltbelastend, sondern „umweltverträglich" (in der Definition von ENGELFRIED, 1994), dann ist der Konsum des Produktes universalisierbar, auch wenn sich Märkte ausdehnen. Dieses umweltorientierte Design ist dann eigentlich ein **„nachhaltiges Design"**.
[70] Aus Produkten werden dann keine Abfälle mehr. Bei Abfällen handelt es sich dann immer um prozessbedingte Abfälle.

sourcenschonend, d.h. mit möglichst geringem Energie-, Material-, und Flächenverbrauch und emissionsarm hergestellt und genutzt werden können.

Um diese Kriterien einzuhalten sind die Produkte systematisch umweltverträglich zu gestalten. Diese umweltverträgliche Gestaltung eines Produktes wird als sog. **„umweltorientiertes Design"** bezeichnet und ist im Unternehmen anzuwenden.[71] Es gilt im einzelnen:

- **Verbrauchsprodukte** sind so zu gestalten, dass sie biologisch abbaubar sind,
    Hinzu kommt für das Unternehmen die Planung der Sicherstellung, dass die Verbrauchsprodukte auch tatsächlich in biologische Kreisläufe eingehen.
- **Gebrauchsprodukte** sind so zu gestalten, dass sie wiederverwendet oder wiederverwertet werden können,[72]
    Voraussetzung hierfür ist zum einen, dass die im Produkt eingesetzten Materialien kreislauffähig sind und dass das Produkt demontagegerecht konstruiert ist. Andererseits müssen die Gebrauchsprodukte wieder zurückgenommen werden, um tatsächlich Kreisläufe zu schließen, weshalb neben der Distribution dieser Produkte auch eine Redistribution mit anschließender Kreislaufführung von den Unternehmen zu planen und zu etablieren ist. Die Gebrauchsprodukte werden somit im eigentlichen Sinne nur zur Nutzung nachgefragt und dann wieder zurückgegeben.[73]
- für **Intermediärprodukte** gilt entweder der Ansatz des Ver- oder Gebrauchsproduktes, je nachdem, zu welcher Produktart sie weiterverarbeitet werden,
- die durch die Produkte induzierten Umweltbeeinträchtigungen **über die gesamte Produktlinie** sind zu minimieren,
    Es gilt, dass insbesondere kreislauffähige Stoffe einzusetzen sind und die Kreislauffähigkeit von Stoffen erhöht werden soll. Zudem sind knappe durch reichlich vorhandene Stoffe und wenn möglich regenerative Stoffe zu substituieren. Darüber hinaus sollten ressourcenschonende und emissionsarme Einsatzstoffe und Vorprodukte beschafft werden.
    Diesbezüglich gilt zu planen („designen"):
    - ein umweltverträglicher Produktionsprozess,
    - ein umweltverträglicher Demontageprozess bei Gebrauchsprodukten,
    - ein umweltverträglicher Prozess der biologischen Kreislaufschließung bei Verbrauchsprodukten,

---

[71] Üblicherweise findet die Produktentwicklung und -gestaltung in der F&E-Abteilung statt.

[72] Die Schließung von biologischen und technischen Kreisläufen bedeutet die Sicherstellung der Effektivität, im Gegensatz zur ausschließlichen Erhöhung der Materialeffizienz. Generell wird deshalb auch „**Effektivität**" (bzw. Materialeffektivität) als Umweltleistung statt „**Effizienz**" (bzw. Materialeffizienz) gefordert (z.B. STAHLMANN/CLAUSEN, 2000). STAHLMANN/CLAUSEN (2000:103) fordern allerdings als Prämisse für ein „öko-effektives" (d.h. umweltverträgliches) Produkt seine „Nützlichkeit". Nützlich ist ein Produkt dann, wenn es „eine notwendige Funktion gut oder sehr gut" erfüllt. Die in diesem Zusammenhang geführte Diskussion um die Frage der „**Notwendigkeit von Funktionen**" im Sinne von „brauchen wir das Produkt eigentlich?" oder im Sinne von „dürfen wir es brauchen" (vgl. STAHLMANN/CLAUSEN, 2000:94) ist kontraproduktiv.

[73] Auch Verbrauchsprodukte verbleiben nicht beim Kunden, da sie verbraucht und in biologische Kreisläufe zurückgeführt werden. Da somit sowohl Gebrauchsprodukte als auch Verbrauchsprodukte nicht mehr beim Kunden (Nutzer) verbleiben, kann man Produkte generell als „**materiellen Bestandteil**" einer vom Unternehmen bereitzustellenden Dienstleistung betrachten (ENGELFRIED, 1994:15).

- ein umweltverträglicher Behandlungsprozess („Entsorgungsprozess") für den nicht vermeidbaren Abfall aus Produkten und Prozessen.

Hierzu gilt auch beim Design, eine möglichst lange Nutzungsdauer zu eröffnen durch ein möglichst zeitloses ästhetisches Design[74] sowie ein modernisierungs- (innovations-), reparatur- und instandhaltungsgerechtes Design.[75]

- die **umweltfreundliche Produktnutzung**,

  Durch Information der Kunden und durch Kundendienst kann dies gewährleistet werden.

- eine ressourcenschonende und emissionsarme, einschließlich lärmarme und wenig flächenverbrauchende **Distribution**,

- die Gewährleistung des **Rückflusses von Gebrauchsprodukten** nach der Nutzungsphase zur Ermöglichung einer hochwertigen Kreislaufführung von Produkten bzw. Materialien,

  Die ordnungsgemäße Rückgabe bzw. Rücknahme der Gebrauchsprodukte ist durch Rückgabe- bzw. Rücknahmesysteme zu ermöglichen (z.B. Pfandsysteme). Diese Gewährleistung der Kreislaufführung soll durch Information der Kunden und durch den Kundendienst unterstützt werden. Nur dann handelt es sich im eigentlichen Sinne um sog. „**umweltbezogene Produkt-Leasing-Konzepte**", bei denen die Produkte dem Nutzer für die Zeit der Nutzung überlassen und dann wieder in das Unternehmen zurückgeführt werden.

- eine ressourcenschonende und emissionsarme, einschließlich lärmarme und wenig flächenverbrauchende **Redistribution** für Gebrauchsprodukte,

  Die Aspekte der Distribution und der Redistribution umfassen auch die Vermeidung landschaftszerstörender Wirkungen sowie die Maßnahmen zur Gestaltung einer umweltverträglichen Distributions- und Redistributionslogistik (siehe auch Kap. 5.3.1.2).

- diese Vorgaben sind auch auf die **Verpackung der Produkte** sowie die im Marketing eingesetzten Materialien wie Prospekte, Kataloge, Werbegeschenke etc. anzuwenden, die ebenfalls entweder als Ge- oder Verbrauchsprodukt gestaltet werden können (siehe Kap. 4.1.3.9),

- es sind Konzepte zu prüfen, bei denen die Produkte für mehrere Nutzer zur Verfügung gestellt werden können, sog. „**Produkt-Sharing-Konzepte**" (z.B. Car-Sharing, Waschsalon, Kopiergeräte); auch können vom Unternehmen übergeordnete **Problemlösungsstrategien** als Nutzen „verkauft" werden (z.B. Pestizidservice, MobilCard).

Das umweltorientierte Design berücksichtigt dabei die im folgenden aufgeführten Ziele.

---

[74] Häufig werden Ästhetikdefizite als Argument gegen den Kauf von umweltverträglichen Produkten angeführt. Im Zusammenhang mit einer zeitlosen Ästhetik wird häufig der Begriff „patinafähig", verwendet, was bedeutet, dass Oberflächen und Produkte durch Gebrauchsspuren nicht frühzeitig „veralten" und zu Abfall werden.

[75] Für spezielle Produkte gelten noch weitere Anforderungen an das umweltorientierte Design, z.B. „ausleergerecht" bei Verpackungen.

Als Ziel hinsichtlich der **Reduzierung des Energieverbrauchs** und der Reduzierung der Umweltauswirkungen durch den in der Nutzungsphase der Produkte benötigten Energieeinsatz ist zu formulieren:

- Energieverbrauch der Produkte in der Nutzungsphase minimieren und Energieeffizienz erhöhen,
- Ersatz nichtregenerativer durch regenerative Energieträger.

Hinsichtlich des Materialeinsatzes für die Produkte einschließlich Verpackungen sind in Abbildung 12 wesentliche Begriffe im Zusammenhang mit der Behandlung von nicht mehr genutzten Produkten erörtert.

Abbildung 12: Systematisierung von Recyclingarten*

Behandlungsaktivität	Wiedereinsatzprozess ...	
	... im bisherigen Anwendungsbereich	... in einem anderen Anwendungsbereich
keine umwandelnde Behandlung (Gestalt bleibt erhalten = „Produktrecycling")	(Direktes Primärrecycling) **Wiederverwendung** z.B. Nachfüllverpackung, Pfandflasche, Schulbuchtausch, Pullover → Pullover für Geschwister	(Direktes Sekundärrecycling) **Weiterverwendung** z.B. Tragetasche → Müllbeutel, Senfglas → Trinkglas, Eisenbahnschwelle → Gartenzaun, Altreifen → Schaukel, T-Shirt → Putzlappen
Umwandelnde Behandlung (Gestalt wird aufgelöst = „Materialrecycling")	(Indirektes Primärrecycling) **Wiederverwertung** z.B. Behälterglas, PET-Kunststoffflaschen, Edelmetalle, Papier/Karton	(Indirektes Sekundärrecycling, „Downcycling") **Weiterverwertung** z.B. Automobilschrott → Baustahl, Plastikverpackungen → Parkbänke, Kokereiteer → Asphalt

*erweitert und verändert nach MEFFERT/KIRCHGEORG (1998:372)

Es wird deutlich, dass zur Reduzierung von Materialverlusten eine Wiederverwendung bzw. Wiederverwertung in technischen Kreisläufen zum selben Anwendungszweck anzustreben ist. Dies gilt für Produkte bzw. Materialien, die nicht in biologische Kreisläufe eingehen (können), weil sie dort Schädigungen verursachen würden („Gebrauchsprodukte").

Es wird zudem deutlich, dass eine zweite Möglichkeit hinsichtlich der Kreislaufführung besteht, die Schließung biologischer Kreisläufe. Produkte bzw. Materialien, die in biologische Kreisläufe eingehen (können), weil sie dort keine Schädigungen verursachen, sollen nach einer biologischen Behandlung in biologische Kreisläufe eingehen („Verbrauchsprodukte"). Der Aufbau derartiger Kreisläufe wird auch als Erreichung von „Materialeffektivität", im Gegensatz zur „Materialeffizienz", bezeichnet.

Als Ziel hinsichtlich der **Reduzierung des Materialeinsatzes** von Produkten bzw. Dienstleistungen einschließlich Verpackungen in der Nutzungsphase und zur Reduzierung des Abfallaufkommens durch die Produkte und Verpackungen nach ihrer Nutzungsphase ist zu formulieren:

- Senkung des Materialverbrauchs bei nachwachsenden und nichtregenerativen Rohstoffen durch technische und organisatorische Lösungen für die Produkte und die Verpackungen.

Einzelziele und Maßnahmen sind:

- Erzielen höherer Nutzungsdauer,
    Dies erfolgt z.B. durch Erhöhung der Haltbarkeit, zeitlose Ästhetik oder patinafähige Oberflächen.
- Vermeidung von Umverpackungen,
- Anwendung anderer Gebindeformen,
- Produkte und Verpackungen mit weniger Material verwenden, d.h. z.B. Materialdicke und Gewicht reduzieren,
- Materialvielfalt verringern, um die Wiederverwertbarkeit und Wiederverwendbarkeit zu erhöhen,
- Verwendung von Materialien mit kleinen „ökologischen Rucksäcken",
    Unter „ökologischem Rucksack" eines Produktes wird der Materialeinsatz, einschließlich des Abfallaufkommens, verstanden, der über die gesamte Produktlinie des Produktes, d.h. in allen Produktstadien, anfällt.
- Verbrauchsprodukte, d.h. Produkte, die nach der Nutzung in die Umwelt gelangen, aus nachwachsenden Rohstoffen herstellen,
    Dies bedeutet aber auch, dass die biologische Abbaubarkeit gewährleistet sein muss (siehe oben).
- Verwendung von Materialien, die nach der Nutzungsphase des Produktes in technischen Kreisläufen genutzt werden können, d.h. Einsatz von wiederverwendbaren und wiederverwertbaren Materialien, oder Verwendung von Materialien, die nach der Nutzung in biologische Kreisläufe eingehen können,[76]
    Dies bedeutet, dass bei der Behandlung des Produktes nach der Nutzungsphase die einzelnen Materialfraktionen („Abfallfraktionen") getrennt zu halten sind, um eine biologische oder technische Kreislaufschließung zu ermöglichen. Eine Mischung ist nur zulässig für gleiche Materialfraktionen.
- Wiederverwendung und Wiederverwertung zum gleichen Einsatzzweck ermöglichen, d.h. tatsächlich technische und/oder biologische Stoffkreisläufe aufbauen,
    Dies bedeutet das Vorhandensein des Potentials zur Schließung von hochwertigen Kreisläufen („Kreislauffähigkeit"), d.h. dass die Materialien wiederverwendbar und wiederverwertbar oder biologisch abbaubar sind. Dieses Potential ist durch den Aufbau von technischen oder biologischen Stoffkreisläufen zu realisieren. Hierfür sind z.B. unternehmensspezifische Rücknahmekonzepte oder auf kommunaler Ebene Konzepte zur Sammlung und biologischen Behandlung umzusetzen.

---

[76] Ob ein Produkt als Verbrauchsprodukt aus nachwachsenden Rohstoffen oder als Gebrauchsprodukt, das in technischen Kreisläufen verbleibt, zu gestalten ist, muss durch Produktlinienuntersuchungen geklärt werden.

- andere Nutzungsformen der Produkte umsetzen, um eine höhere Auslastung zu gewährleisten, z.B. 3-Schicht-Betrieb, „Produkt-Sharing".

Weitere Ziele hinsichtlich der **Reduzierung weiterer Umweltauswirkungen** von Produkten bzw. Dienstleistungen einschließlich Verpackungen in der Nutzungsphase sind:

- Senkung des Wasserverbrauchs bei der Nutzung des Produktes,
- Senkung des Flächenverbrauchs und des Flächeneinsatzes bei der Nutzung des Produktes,
- Senkung der Emissionen, einschließlich Gerüchen, bei der Nutzung,
- Reduzierung von Lärm bei der Nutzung.

4.1.4 Umweltmanagementsystem und Umweltmanagementhandbuch

Die Erstellung des Umweltmanagementsystems bzw. des Umweltmanagementhandbuchs ist bei EMAS und bei DIN EN ISO 14001 vorgegeben.

Ein Umweltmanagementsystem ist nach EMAS der Teil des gesamten Managementsystems, der die Organisationsstruktur, Planungstätigkeiten, Verhaltens- und Vorgehensweisen, Verfahren und Mittel für die Festlegung und Umsetzung, Überprüfung und Fortführung der Umweltpolitik betrifft.

Das Umweltmanagementsystem ist schriftlich zu dokumentieren in Form eines **Umweltmanagementhandbuchs**. Das Umweltmanagementhandbuch ist somit die schriftliche Dokumentation des Umweltmanagementsystems im Unternehmen.

Der **Umweltmanagementvertreter** ist diejenige Person im Unternehmen, die für die Pflege des Umweltmanagementhandbuches verantwortlich ist. Üblicherweise wird dies der Implementierungsverantwortliche, nachdem die Arbeiten zur erstmaligen Implementierung abgeschlossen sind.

Um bei der Implementierung eines Umweltmanagementsystems unnötigen Aufwand zu vermeiden, überprüft der Implementierungsbeauftragte vor der Einführung eines Umweltmanagementsystems folgendes:

- ob im Unternehmen andere Managementsysteme implementiert sind, die eventuell nach anderen Standards aufgebaut oder zertifiziert wurden, z.B. Qualitäts- oder Arbeitsschutzmanagementsysteme,
    Hierbei sollte auch ermittelt werden, ob Ergänzungen bei diesen Managementsystemen zur Erfüllung der Anforderungen nach EMAS oder DIN EN ISO 14001 vorgenommen werden können oder müssen.
- ob eventuell vorhandene Regelungen von Verantwortung, Durchführung, Mitwirkung, Informationsweitergabe und Kontrolle für umweltrelevante Tätigkeiten und deren Brauchbarkeit im Hinblick auf die Einführung von EMAS oder DIN EN ISO 14001 verwendet werden können.

In den folgenden Unterkapiteln wird zunächst der **Aufbau eines Umweltmanagementsystems** bzw. der **Aufbau eines Umweltmanagementhandbuchs** beschrieben. Anschließend werden die Anforderungen aufgeführt, die beim Aufbau und der Aufrechterhaltung des Umweltmanagementsystems für die „**übergeordneten Managementaufgaben**" und für **jeden umweltrelevanten Bereich** im Unternehmen zu berücksichtigen sind.

Umweltrelevante „**Übergeordnete Managementaufgaben**"[77] sind die zur Einführung und Aufrechterhaltung eines Umweltmanagements notwendigen Tätigkeiten, die keiner Abteilung oder keinem Bereich im Unternehmen zuzuordnen sind. Aus diesen Tätigkeiten im Unternehmen wird die **Querschnittsfunktion von Umweltmanagement** am deutlichsten erkennbar.

Die Erstellung des Umweltmanagementsystems selbst bzw. des Umweltmanagementhandbuchs ist als umweltrelevante übergeordnete Managementtätigkeit zu berücksichtigen (siehe Kap. 4.1.4.1). Die Berücksichtigung in der Verantwortungsmatrix „übergeordnete Managementtätigkeiten" und deren Umsetzung gewährleistet die Einführung und Aufrechterhaltung des Umweltmanagementsystems (einschließlich des Umweltmanagementhandbuchs) und die Erfüllung der damit zusammenhängenden Anforderungen.

Für eine nachhaltige Unternehmensführung sind ein Managementsystem für die Erreichung sozialer Gerechtigkeit, ein „Sozialmanagementsystem" bzw. ein „Sozialmanagementhandbuch", und ein Managementsystem „Wirtschaftlichkeit", ein „Wirtschaftlichkeitsmanagementsystem"[78] bzw. ein „Wirtschaftsmanagementhandbuch", zu erstellen und umzusetzen. Hierzu können an dieser Stelle keine Vorschläge erarbeitet werden, da die zu erreichenden Ziele, zu deren Erreichung ein Managementsystem ja eingerichtet wird, noch nicht in Form von Programmen vorliegen (siehe Kap. 4.1.3).

4.1.4.1 Aufbau eines Umweltmanagementsystems bzw. eines Umweltmanagementhandbuchs

Die Inhalte eines Umweltmanagementhandbuchs sind zweckmäßigerweise in folgende Kapitel zu gliedern:

- „Inhaltverzeichnis", mit einer kurzen Erläuterung der Struktur und des Aufbaus des Umweltmanagementhandbuchs bzw. der Handbuchgliederung,
- Beschreibung des Zwecks und des Geltungsbereichs des Umweltmanagementsystems,
- Definitionen/Begriffsbestimmungen,
- „Abkürzungsverzeichnis",

---

[77] Die Begriffe „**übergeordnete Managementaufgaben**" und „**übergeordnete Managementtätigkeiten**" werden synonym verwendet.
[78] Unter dem Status quo enthält das „Wirtschaftsmanagementsystem" alle derzeit im Unternehmen eingeführten Managementmaßnahmen hinsichtlich „Wirtschaftlichkeit", u.a. Controlling, Rechnungswesen, Investitions- und Finanzierungsplanung. Bei Berücksichtigung des Aspekts der Kosteneinsparung bzw. Umsatzerhöhung durch Umweltmanagement und Qualitätsmanagement wird eine integrierte Betrachtung und eine Zusammenführung der Systeme (siehe Kap. 4.4) unerlässlich.

- Kurzbeschreibung des Standorts, einschließlich Lageplan,
- Umweltpolitik des Unternehmens,
- Umweltprogramm des Unternehmens,
- Auflistung aller für das Unternehmen geltenden Umweltschutzvorschriften (Gesetze, Verordnungen, Richtlinien, etc.),
- Auflistung der weiteren umweltrelevanten Anforderungen an das Unternehmen (DIN etc.),
- Verweise auf allgemeine mitgeltende Unterlagen,
- Beschreibung der Verantwortung und Zuständigkeit für das Umweltmanagementhandbuch,
- generelle Beschreibung der Systemelemente des Umweltmanagementsystems,

    Die **vier generellen Systemelemente** des Umweltmanagementsystems sind:

    - ein Organigramm,
    - eine generelle Beschreibung für die Regelung der Verantwortlichkeiten für die einzelnen Tätigkeiten,
    - eine generelle Beschreibung der Dokumentenlenkung,
    - eine generelle Beschreibung der Erstellung und des Zwecks von Umweltverfahrensanweisungen und Umweltarbeitsanweisungen.

Das Organigramm:

Im **Organigramm** sind alle umweltrelevanten Unternehmensbereiche bzw. Funktionen (Positionen) aufgeführt und miteinander in Beziehung gesetzt und alle Funktionen bzw. Positionen enthalten, die aufgrund rechtlicher Vorschriften enthalten sein müssen.

Dieses Organigramm entspricht der Darstellung der Aufbauorganisation. Umweltschutzpositionen (z.B. Immissionsschutzbeauftragte, Umweltmanagementvertreter) können entweder als Linienverantwortlichkeiten (bis in die Ebene der Geschäftsleitung, z.B. in Form des „Umweltvorstandes") oder als Stabstellen in die Organisation (und somit in das Organigramm) integriert werden. Manchmal wird auch das Funktionsmeisterprinzip umgesetzt, bei dem Verantwortliche für die klassischen Felder Abwasser, Abluft, Abfall und Energie benannt werden (nach SCHREINER, 1996:317-319). Zunehmend werden Umweltschutzprojektteams oder Umweltausschüsse, bei der zeitbezogen Mitarbeiter verschiedener Bereiche zusammenarbeiten, fest in der Organisation integriert.[79]

Die Positionen im Umweltschutzbereich, die aufgrund **rechtlicher Vorschriften** notwendig sind, sind im Organigramm erkennbar aufzuführen, z.B. Umweltmanagementvertreter (nach EMAS), Betriebsbeauftragte für Immissionsschutz (nach Immissionsschutzgesetz), für Störfälle (nach Immissionsschutzgesetz), für Abfall (nach Kreislaufwirtschafts- und Abfallgesetz), für Gewässerschutz (nach Wasserhaushaltsgesetz), für Gefahrgut (nach Gefahrstoffverordnung), für Strahlenschutz (nach Strahlenschutzverordnung).

---

[79] Eine umfangreiche Übersichtsdarstellung der organisatorischen Eingliederung findet sich bei MÜLLER-CHRIST, 2001:133-163.

Die generelle Beschreibung für die Regelung der Verantwortlichkeiten für die einzelnen Tätigkeiten:

Die generelle Beschreibung der **Regelung der Verantwortlichkeiten** für die einzelnen Tätigkeiten entspricht der allgemeinen Vorgehensweise zur Festlegung der Verantwortlichkeiten und der Abläufe, somit einer generellen Beschreibung der Ablauforganisation im Unternehmen. Es empfiehlt sich für die Darstellung der Regelung der Verantwortlichkeiten die übersichtliche Form einer **Verantwortungsmatrix**.[80] Sie ist als Muster in Abbildung 13 aufgeführt.

Abbildung 13: Verantwortungsmatrix - Muster

Aufgabe \ Beteiligte	Beteiligter 1	Beteiligter 2	Beteiligter 3	Beteiligter 4	Beteiligter 5	Beteiligter 6	...
Aufgabe 1							
Aufgabe 2							
Aufgabe 3							
Aufgabe 4							
...							

im Muster <u>keine</u> Eintragung von:
V, VSt: <u>V</u>erantwortung und <u>St</u>ellvertretung
D, DSt: <u>D</u>urchführung und <u>St</u>ellvertretung
K, KSt: <u>K</u>ontrolle und <u>St</u>ellvertretung
IW, IE: <u>I</u>nformations<u>w</u>eitergabe (wer gibt weiter) und <u>I</u>nformations<u>e</u>rhalt (wer erhält)

Das **Vorgehen zur Erarbeitung einer Verantwortungsmatrix** für die umweltrelevanten übergeordneten Managementaufgaben bzw. für jeden umweltrelevanten Unternehmensbereich erfolgt in drei Schritten:

1. Auflistung jeder umweltrelevanten übergeordneten Managementtätigkeit bzw. jeder umweltrelevanten Tätigkeit des jeweils betrachteten umweltrelevanten Unternehmensbereichs (= vertikale Achse der Verantwortungsmatrix),

---

[80] Synonym: **Verantwortlichkeitsmatrix**.

2. Auflistung jeder umweltrelevanten Position bzw. Funktion, die an der Tätigkeit beteiligt ist (= horizontale Achse der Verantwortungsmatrix),
3. Festlegung in den Feldern und Eintragen in die Matrix von
  - Verantwortung[81] und Stellvertretung,
  - Durchführung und Stellvertretung,
  - Kontrolle und Stellvertretung,
  - Informationsweitergabe (wer gibt weiter) und Informationserhalt (wer erhält).

Eine beispielhafte Regelung der Verantwortlichkeiten ist Abb.16 aufgetragen.

Der Implementierungsbeauftragte nimmt bei der Implementierung in einem ersten Schritt die Erstellung der horizontalen und der vertikalen Achsen der Verantwortungsmatrices vor. Die im zweiten Schritt vorzunehmende Festlegung in den einzelnen Feldern der Matrix nimmt der Implementierungsverantwortliche in Zusammenarbeit mit den Beschäftigten und der Geschäftsleitung vor.

Aus den Verantwortungsmatrices, sowohl für die umweltrelevanten übergeordneten Managementaufgaben als auch für jeden umweltrelevanten Unternehmensbereich, geht eindeutig hervor, wer an welcher Tätigkeit in welcher Art beteiligt ist.

Die generelle Beschreibung der Dokumentenlenkung:
Die generelle Beschreibung **der Dokumentenlenkung** bedeutet eine Beschreibung für das Einführen und Aufrechterhalten eines Verfahrens für die Kennzeichnung, Pflege, Beseitigung und Archivierung von „Dokumenten".[82]
Unter „**Dokumenten**" sind hier **alle umweltrelevante Unterlagen** zu verstehen. Diese Unterlagen können von externer Seite oder vom Unternehmen selbst und entweder **für interne Zwecke** oder **für externe Zwecke** erstellt werden. Es sind z.B.
  - Genehmigungsbescheide,
  - behördliche und rechtliche Forderungen,
  - Prüfvorschriften,
  - Umweltmanagementhandbuch,
  - Mess-, Prüf- und Wartungsprotokolle,
  - Produktkennzeichnungen.

Ebenfalls sind darunter Unterlagen zu verstehen, die **ausschließlich interne Verwendung** finden, z.B.
  - Formulare oder Formblätter für das Eintragen von umweltrelevanten Auswirkungen,
  - Aufzeichnungen über Umweltauswirkungen bzw. über umweltrelevante Tätigkeiten (sog. Umweltschutzaufzeichnungen),

---

[81] Der Begriff „**Zuständigkeit**" wird durch die konkreteren Begriffe „**Verantwortung**" und „**Durchführung**" ersetzt. Verantwortung beinhaltet auch „**Entscheidung**".
[82] Siehe umfassend bei FRIEDERICI, 2002.

- Sitzungsprotokolle,
- Berichte von Consultingunternehmen,
- Aufzeichnungen über Schulungen,
- Verträge mit Unternehmenspartnern (z.B. Zulieferer, Fremdfirmen).

Bezüglich der Lenkung dieser Dokumente ist zu regeln, dass sie an allen Stellen verfügbar sind, an denen sie zur Ausübung der Tätigkeiten benötigt werden. Es ist zudem zu gewährleisten, dass

- sie lesbar, datiert (mit Datum der Überarbeitung), lückenlos, leicht identifizierbar und leicht auffindbar aufbewahrt sind, d.h. dass ein Kennzeichnungssystem für die Dokumente vorhanden ist,
- sie rückverfolgbar zu der jeweiligen Tätigkeit bzw. dem Produkt oder der Dienstleistung sind,
- sie in Ordnung gehalten werden hinsichtlich Erstellen/Herausgeben/Ändern/Aufbewahren/Beseitigen/Archivieren und gegen Beschädigung, Beeinträchtigung oder Verlust geschützt werden,
- die Aufbewahrungszeiten („Archivierung"; auch für ungültige Dokumente) festgelegt, gekennzeichnet und dokumentiert werden,
- ungültige Dokumente sofort beseitigt oder archiviert werden und in geeigneter Weise Sicherheit gegen unbeabsichtigten Gebrauch geschaffen wird,
- die Wege „Erstellen/Herausgeben/Ändern/Aufbewahren/Beseitigen/Archivieren - Überprüfen/Genehmigen - Verteiler" eingehalten werden,
- nur befugtes Personal die Dokumente regelmäßig bewertet und wenn notwendig überarbeitet und hinsichtlich ihrer Angemessenheit bestätigt.

Es empfiehlt sich für die Darstellung der Lenkung der Dokumente die übersichtliche Form einer **Dokumentenmatrix**.[83] Sie ist als Muster in Abbildung 14 aufgeführt.

Das Vorgehen zur **Erarbeitung einer Dokumentenmatrix** für die umweltrelevanten übergeordneten Managementaufgaben bzw. für jeden umweltrelevanten Unternehmensbereich erfolgt in drei Schritten:

1. Festlegen der bei jeder übergeordneten Managementaufgabe bzw. in jedem umweltrelevanten Unternehmensbereich auftretenden Dokumente (= vertikale Achse der Dokumentenmatrix),
2. Auflistung jeder umweltrelevanten Position bzw. Funktion, die mit dem Dokument in Berührung kommt (= horizontale Achse der Dokumentenmatrix),
3. Festlegung in den Feldern und Eintragen in die Matrix von
   - Erstellen/Herausgeben/Ändern/Aufbewahren/Beseitigen/Archivieren,[84] (einschl. Sicherung gegen unbefugte Änderung) und Stellvertretung,
   - Überprüfen/Genehmigen[85] und Stellvertretung,
   - Verteiler (wer erhält das Dokument).

---

[83] Synonym: **Dokumentationsmatrix**.
[84] Eine Delegierung der Aufgaben im Sinne gängiger Praxis der Registratur und der Archivierung ist möglich.
[85] Es findet sich häufig der Begriff „**Freigeben**", der synonym mit „**Genehmigen**" verwendet wird.

Abbildung 14: Dokumentenmatrix - Muster

Beteiligte Dokument	Beteiligter 1	Beteiligter 2	Beteiligter 3	Beteiligter 4	Beteiligter 5	Beteiligter 6	...
Dokument 1							
Dokument 2							
Dokument 3							
Dokument 4							
...							

im Muster <u>keine</u> Eintragung von:
E, ESt: <u>E</u>rstellen/Herausgeben/Ändern/Aufbewahren/Beseitigen/Archivieren (einschl.
 Sicherung gegen unbefugte Änderung) und <u>St</u>ellvertretung
Ü, ÜSt: <u>Ü</u>berprüfen/Genehmigen und <u>St</u>ellvertretung
V: <u>V</u>erteiler (wer erhält das Dokument)

Eine beispielhafte Regelung der Dokumentation ist Abb. 17 aufgetragen.

Der Implementierungsbeauftragte nimmt bei der Implementierung in einem ersten Schritt die Erstellung der horizontalen und der vertikalen Achsen der Dokumentationsmatrices vor. Die im zweiten Schritt vorzunehmende Festlegung in den einzelnen Feldern der Matrix nimmt der Implementierungsverantwortliche in Zusammenarbeit mit den Beschäftigten und der Geschäftsleitung vor.

Aus den Dokumentenmatrices, sowohl für die umweltrelevanten übergeordneten Managementaufgaben als auch für jeden umweltrelevanten Unternehmensbereich, geht eindeutig hervor, wer mit welchem Dokument in welcher Art in Berührung kommt.

Die generelle Beschreibung der Erstellung und des Zwecks von Umweltverfahrensanweisungen und Umweltarbeitsanweisungen:
Die Erstellung und der Zweck **von Umweltverfahrensanweisungen** und **Umweltarbeitsanweisungen** wird generell beschrieben. **(Umwelt)Ver-

fahrensanweisungen werden üblicherweise für die Regelung ganzer Prozesse bzw. abteilungsübergreifender Tätigkeiten erstellt, **(Umwelt)Arbeitsanweisungen** für Regelungen in den Prozessen, als abteilungs- bzw. arbeitsplatzspezifische Regelungen.[86] Umweltverfahrens- oder Umweltarbeitsanweisungen regeln komplexe Tätigkeiten und stellen sie verständlich dar.[87]

Umweltverfahrensanweisungen präzisieren somit eine Zeile der Verantwortungsmatrix „übergeordnete Managementtätigkeiten". Umweltarbeitsanweisungen präzisieren somit eine Zeile einer Verantwortungsmatrix eines umweltrelevanten Unternehmensbereichs.

Umweltverfahrensanweisungen und Umweltarbeitsanweisungen enthalten folgendes:
- die detaillierte Beschreibung der Tätigkeit, u.a. hinsichtlich der Art, wie sie durchzuführen ist, wann und in welchen zeitlichen Intervallen und zu welchem Zweck sie durchzuführen ist,
- die detaillierte Beschreibung der Abläufe hinsichtlich Verantwortlichkeiten und Stellvertretung, Durchführung und Stellvertretung und der Informationsweitergabe, einschließlich der zeitlichen Intervalle,
- die detaillierte Beschreibung der Art der Dokumente, die im Zusammenhang mit dieser Tätigkeit stehen, und deren Lenkung, d.h. dem Erstellen/Herausgeben/Ändern/Aufbewahren/Beseitigen/Archivieren (einschließlich Sicherung gegen unbefugte Änderung) mit Stellvertretung, dem Überprüfen/Genehmigen mit Stellvertretung, dem Verteiler, einschließlich der zeitlichen Intervalle.

Der Implementierungsbeauftragte erstellt bei der Implementierung Entwürfe der Umweltverfahrens- und Umweltarbeitsanweisungen. Die abschließenden Festlegungen nimmt er in Zusammenarbeit mit den Beschäftigten und der Geschäftsleitung vor.
- „übergeordnete Managementaufgaben",
- jeder umweltrelevante Unternehmensbereich.

Der Aufbau eines Umweltmanagementhandbuchs ist in Abbildung 15 dargestellt. Es ist darauf hinzuweisen, dass die Kapitel 1 bis 11 des Handbuchs knapp abzufassen sind, um das Handbuch nicht unnötig „aufzublähen".

---

[86] Z.B. bei VORBACH, 2000:147. Eine eindeutige Abgrenzung zwischen Verfahrens- und Arbeitsanweisung kann im Einzelfall problematisch sein.
[87] Sie sind immer dann erforderlich, wenn ihr Fehlen zu einem Verstoß gegen die Umweltpolitik oder zu einem Nichterreichen der Ziele des Umweltprogramms führt (erweitert nach WOHLFARTH, 1999:42).

Abbildung 15: Aufbau eines betrieblichen Umweltmanagementhandbuchs

Aufbau eines betrieblichen Umweltmanagementhandbuchs[1]
Titelblatt
0. Inhaltsverzeichnis (einschließlich kurzer Erläuterung)
1. Vorwort zum Umweltschutz des Unternehmens
2. Zweck und Anwendungsbereich des Umweltmanagements, Ziele und Aufgaben
3. Definitionen und Begriffsbestimmungen
4. Abkürzungsverzeichnis
5. Standort - Beschreibung und Lageplan
6. Umweltpolitik (Abdruck)
7. Umweltprogramm (Abdruck)*
8. Liste der rechtlichen Vorgaben
9. Liste der weiteren umweltrelevanten Anforderungen an das Unternehmen
10. Liste allgemeiner, mitgeltender Unterlagen
11. Verantwortung und Zuständigkeit für das Umweltmanagementhandbuch   - Umweltmanagementvertreter
12. Umweltmanagementsystemelemente - Organisation des Umweltmanagements 12.1. Aufbauorganisation - Organigramm 12.2. Ablauforganisation - Beschreibung der Verantwortlichkeiten (allgemein) 12.3. Dokumentenlenkung - Beschreibung der Dokumentenlenkung (allgemein) 12.4. Umweltverfahrens- und Umweltarbeitsanweisungen (allgemein)
13. Übergeordnete Managementaufgaben 13.1. Umweltmanagementsystem 13.2. Umweltpolitik 13.3. Umweltprüfung, einschließlich Bewertung der Umweltauswirkungen* 13.4. Umweltprogramm* 13.5. Vertragsprüfung, Überprüfung und Auswahl von: Fremdfirmen, Lieferanten, abwasserbehandelnden Unternehmen, abfallbehandelnden Unternehmen 13.6. Organisation und Personalpolitik, einschließlich Entwicklung der Aufbau-/Ablauforganisation, interne Kommunikation, Beschäftigtenbeteiligung und Schulung sowie Bürotechnologie 13.7. Externe Kommunikation 13.8. Notfallvorsorge 13.9. Umweltbetriebsprüfung, einschließlich Festlegen der Bewertungskriterien* 13.10. Vorgehen bei Abweichungen, einschließlich Korrekturmaßnahmen 13.11. Validierungs- bzw. Zertifizierungsverfahren, einschließlich Umwelterklärung
14. Umweltrelevante Bereiche[2]* 14.1. Grundstücke und Gebäude 14.2. Beschaffung, einschließlich Energie- und Wasserversorgung 14.3. Beschaffungslogistik 14.4. Fertigung bzw. Produktion, einschließlich Anlagen, Arbeitsschutz- und Sicher-

> heits-/Gefahrstoffmanagement[3]
> 14.5. Demontage/Recycling/Kreislaufführung, einschließlich Abwasser
> 14.6. Produkte und Nutzung der Produkte, einschließlich Verpackungen, und Umgang mit Produkten/Verpackungen nach der Nutzungsphase
> 14.7. Distributionslogistik und Redistributionslogistik, einschließlich Fuhrpark
> 14.8. F&E, einschließlich Prozessentwicklung, Produktentwicklung und Logistikplanung
> 14.9. Weitere, z.B. Kundendienst/Service, soziale betriebliche Einrichtungen (z.B. Kantine, Betriebskindergarten, Sportanlagen), Transport der Beschäftigten (z.B. tägliche Anfahrten, Dienstreisen)
> 14.10. Umweltauswirkungen von Fremdfirmen, die auf dem Standort arbeiten
> 14.11. Umweltauswirkungen von Fremdfirmen, die die Abfall- und Abwasserbehandlung durchführen, und von Fremdfirmen, die die Abfallbehandlung der Prozesse und der Produkte nach der Nutzungsphase durchführen
> 14.12. Kommunikationsabteilung
> 14.13. Rechnungswesen/Finanzen, einschließlich Investitions- und Finanzierungsplanung, und Kontrahierungspolitik
> 14.14. Weitere, z.B. Rechtsabteilung

[1] die mit „*" gekennzeichneten Kapitel im Umweltmanagementhandbuch entfallen nach DIN EN ISO 14001 bzw. sind dort in Abweichung zu EMAS auszuführen (siehe Kap. 4.2).
[2] in Unternehmen, in denen einzelne Bereiche nicht vorhanden sind, entfallen diese Kapitel. Einzelne Kapitel können auch zusammengefasst werden bzw. aus einzelnen Kapiteln können auch mehrere Kapitel werden.
[3] die Aspekte des Gesundheitsschutzes am Arbeitsplatz („Arbeitsschutzmanagement") und des Sicherheits-/Gefahrstoffmanagements werden als Umweltaspekte behandelt. Üblicherweise erfolgt bisher in den Unternehmen eine getrennte Behandlung, auch in verschiedenen Handbüchern (siehe Kapitel 4.4).

Bei der Gestaltung des Umweltmanagementhandbuchs sind mit Ausnahme des Titelblattes auf allen Seiten Kopf- und Fußzeilen vorzusehen. In den Kopf- oder Fußzeilen sollten folgende Informationen aufgeführt werden:

- Name des Unternehmens,
- Kapitelüberschrift,
- aktuelle Seitenzahl und Gesamtseitenzahl,
- Name und Unterschrift des Erstellers des Kapitels (d.h. des „Dokumentes"),
- Datum der Erstellung bzw. der letzten Änderung,
- Name und Unterschrift des Beauftragten für das Umweltmanagementsystem, d.h. des Umweltmanagementvertreters (als Zeichen für die Überprüfung und Freigabe),
- Datum der Überprüfung und Genehmigung,
- aktuelle Versionsnummer des Dokuments.

Die Erstellung eines Umweltmanagementhandbuchs ist anhand der in Abb. 15 aufgeführten Inhalte vorzunehmen. Die Umweltmanagementhandbuchkapitel 1 bis 11 bedürfen keiner weiteren Erläuterung; für die weiteren Handbuchkapitel gelten die Ausführungen in den jeweiligen Kapiteln 4.1.1 bis 4.1.8 sowie 5.3.1 bis 5.3.4 des Lehrbuchs.

4.1.4.2 Aufbau des Kapitels „übergeordnete Managementaufgaben"

Umweltrelevante **„übergeordnete Managementaufgaben"** sind diejenigen Tätigkeiten, die keiner Abteilung oder keinem Bereich im Unternehmen zuzuordnen, zur Einführung und Aufrechterhaltung eines Umweltmanagements aber notwendig sind.

Um die umweltrelevanten übergeordneten Managementaufgaben zu regeln, sind eine Verantwortungsmatrix und eine Dokumentenmatrix sowie gegebenenfalls auch Umweltverfahrensanweisungen für diese Aufgaben zu erstellen.

Für die **Erstellung der Verantwortungsmatrix für die umweltrelevanten übergeordneten Managementaufgaben** (siehe Abb. 13) ist wie folgt in drei Schritten vorzugehen:

1. Auflistung jeder umweltrelevanten übergeordneten Managementaufgabe auf der vertikalen Achse der Matrix,
Die einzelnen umweltrelevanten übergeordneten Managementaufgaben sind:

- die Festlegung der Umweltpolitik,
- die Festlegung des Umweltprogramms,
- die Durchführung des ersten und der turnusgemäß nachfolgenden Umweltprüfungsverfahren, d.h. die Durchführung der Umweltprüfung,
    Diesbezüglich ist eine Umweltverfahrensanweisung zu erstellen.
- die Erstellung des Umweltmanagementsystems bzw. dessen Dokumentation in Form des Umweltmanagementhandbuchs sowie die Aufrechterhaltung, Pflege und Weiterentwicklung des Umweltmanagementsystems,
    Diesbezüglich ist eine Umweltverfahrensanweisung zu erstellen.
- die generelle Vorgehensweise zur Beschreibung der Systemelemente des Umweltmanagementsystems, d.h. Erstellung des Organigramms, die Regelung der Verantwortlichkeiten, die Lenkung von Dokumenten und die Erstellung von Umweltverfahrens- und Umweltarbeitsanweisungen,
- die Aktualisierung der am Standort durchgeführten umweltrelevanten Tätigkeiten,
- die Aktualisierung der für den Standort geltenden Normen, Umweltgesetze, Verordnungen etc.,
    Diesbezüglich ist eine Umweltverfahrensanweisung zu erstellen. Sie muss ein Verfahren enthalten (einschließlich Verantwortlichkeiten und Dokumentation), anhand dessen sichergestellt wird, dass die jeweils neuesten geltenden Normen, Gesetze, Verordnungen etc. beschafft werden.
- die Gewährleistung, dass hinsichtlich aller vom Unternehmen durchgeführten technischen Prozesse sowie der Organisationsentwicklung Kenntnisse über den jeweils neuesten technischen Stand vorliegen,
    Diesbezüglich ist eine Umweltverfahrensanweisung zu erstellen. Diese Umweltverfahrensanweisung muss auch enthalten, wie vom Unternehmen gewährleistet wird, dass die Entwicklungen im Makroumfeld des Unternehmens (siehe Kap. 5.1) verfolgt und hinsichtlich gegebenenfalls einzuleitender Maßnahmen bewertet werden, z.B. in Bezug auf eine Veränderung der Kommunikationsmaßnahmen.

- Notfallvorsorge und Notfallmaßnahmen,

    Diesbezüglich ist eine Umweltverfahrensanweisung zu erstellen. In dieser Umweltverfahrensanweisung sind zu regeln:
    - die Festlegung der Aufzeichnung und Auswertung von Abweichungen vom Normalbetrieb,
    - die Abschätzung von Umweltauswirkungen bei möglichen Unfällen und Notfallsituationen, z.B. Bränden, Explosionen,
    - die Beschreibung von Maßnahmen zur Verhinderung von Unfällen und Notfällen und die Beschreibung von Maßnahmen zur Reduzierung der Umweltauswirkungen im Falle eines Unfalls bzw. Notfalls („**Gefahrenabwehrplan**"),
    - Festlegung von Reaktionen in Unfall- und Notfallsituationen („**Alarmplan**"),
    - die regelmäßige Überprüfung (und eventuelle Überarbeitung) und Erprobung der Notfallmaßnahmen,
    - die regelmäßige Prüfung, Kalibrierung und Wartung der Überwachungsgeräte,
    - Festlegung von Verfahren zu Lagerung, Transport und Umgang mit sicherheitstechnisch problematischen Stoffen zur Vermeidung von Unfall- und Notfallsituationen, einschließlich Kennzeichnung, Verpackung, Arbeitsschutz und Schulung.

- die Vorgehensweise bei Inspektion, Wartung und Reparatur,

    Zur Vorgehensweise bei Inspektion, Wartung und Reparatur der Produktionsanlagen ist eine Umweltverfahrensanweisung zu erstellen, um die dabei auftretenden Umweltauswirkungen zu reduzieren, z.B. Reduzierung des Abfallaufkommens, Einsatz umweltverträglicher Reinigungsmittel.

- die Vertragsprüfung,

    Die Vertragsprüfung umfasst u.a. Arbeitsverträge, Verträge mit Fremdfirmen, die auf dem Standort arbeiten (z.B. Wartung, Service), Verträge mit Lieferanten, Verträge mit Kunden, Verträge mit abfall- bzw. abwasserbehandelnden Unternehmen, Kooperationsverträge, Sponsoringverträge, etc.

- die Überprüfung der Fremdfirmen, die am Standort arbeiten,

    Neben der Überprüfung sind auch die Festlegung von Kriterien für die Auswahl der Fremdfirmen festzulegen.

- die Überprüfung der Herkunft der für das Unternehmen benötigten Rohstoffe, Hilfsstoffe etc.,

    Neben der Überprüfung sind auch die Kriterien für die Auswahl der Lieferanten festzulegen.

- die Überprüfung des externen Umgangs mit dem zu behandelnden bzw. zu beseitigenden Abfall und dem Abwasser des Unternehmens,

    Neben der Überprüfung sind auch die Kriterien für die Auswahl dieser Unternehmen festzulegen.

- die „Personalpolitik", d.h. die Einbeziehung der Beschäftigten in das Umweltmanagement,

    Die Einbeziehung von Beschäftigten in das Umweltmanagement umfasst folgende Aspekte:
    - die Ermittlung des Aus- und Weiterbildungsbedarfs und des Schulungsbedarfs der Beschäftigten,
    - die Anpassung der Qualifikation der Beschäftigten an neue Anforderungen sowie Bewusstmachung,
    - die Einbeziehung der Beschäftigten in den Verbesserungsprozess,

        Dies bedeutet z.B. die Einführung vorbildlicher Verfahren, z.B. im Vorschlagwesen, bei der Gruppenarbeit, der Bildung von Umweltausschüssen.
    - die Vorgehensweise bei der internen Kommunikation mit den Beschäftigten.

        Dies bedeutet Verfahren der **internen Kommunikation** einzuführen (z.B. Firmen- oder Werkszeitungen, Betriebsversammlungen, „Grüne Bretter") und umfasst die Information der Beschäftigten und das Bewusstmachen folgender umweltrelevanter Belange:
        - Bedeutung der Konformität mit der Umweltpolitik und den dazugehörigen Verfahren und mit den Forderungen des Umweltmanagementsystems,
        - Information über die tatsächlichen oder potentiellen Umweltauswirkungen ihrer Tätigkeiten sowie den Nutzen für die Umwelt aufgrund verbesserter persönlicher Leistung,
        - Erläuterung ihrer Aufgaben und Verantwortlichkeiten zum Erreichen der Konformität mit der Umweltpolitik sowie mit den Forderungen an das Umweltmanagementsystem einschließlich Notfallvorsorge und Bedarf an Notfallmaßnahmen,
        - Erläuterung der möglichen Folgen eines Abweichens von festgelegten Arbeitsabläufen,
        - Sicherstellen der Kompetenz der Beschäftigten mit Aufgaben, die bedeutende Umweltauswirkungen verursachen können (Personalauswahl und Schulung).

    Zu den Aspekten der Personalpolitik, d.h. zur Einbeziehung von Beschäftigten in das Umweltmanagement, ist eine Umweltverfahrensanweisung zu erstellen, die auch die Aspekte in Kap. 5.3.3 berücksichtigt.
- die Vorgehensweise bei der externen Kommunikation einschließlich des Nachweises über den offenen Dialog,

    Ein Bestandteil der externen Kommunikation ist die Gewährleistung, dass die Umweltpolitik der Öffentlichkeit leicht zugänglich ist, ebenso nach EMAS die Umwelterklärung. Bei der externen Kommunikation sollte ein offener Dialog umgesetzt werden. Hierzu sollten Verfahren eingeführt werden hinsichtlich:
    - der Entgegennahme, Dokumentation und Beantwortung von relevanten Mitteilungen externer interessierter Kreise und von Stellungnahmen/Anfragen der Bevölkerung,
    - der Beratung der Kunden über die Verwendung, Behandlung und Beseitigung des Produktes,

- des Umgangs mit Behörden (vor allem hinsichtlich der Reduzierung von Störfallauswirkungen),
- der Vorgehensweise bei Betriebsstörungen und Störfällen,
- der Festlegung von Vorgaben für die Kommunikationspolitik (Werbung, Public Relations, Sponsoring etc.).

Für die umweltorientierte Kommunikationspolitik ist eine Umweltverfahrensanweisung zu erstellen, die auch die Aspekte in Kap. 5.3.1.5 berücksichtigt.

- die Festlegung der Vorgaben für die umweltorientierte Kontrahierungspolitik,
    Hierfür ist eine Umweltverfahrensanweisung zu erstellen (siehe Kap. 5.3.1.4).
- die Festlegung der Vorgaben für die umweltorientierte Investitions- und Finanzpolitik,
    Hierfür ist eine Umweltverfahrensanweisung zu erstellen, die auch die Aspekte in Kap. 5.3.2 berücksichtigt.
- die Festlegung der Vorgaben für die umweltorientierte Forschungs- und Entwicklungspolitik,
    Hierfür ist eine Umweltverfahrensanweisung zu erstellen, die auch die Aspekte in Kap. 5.3.4 berücksichtigt.
    In diese Umweltverfahrensanweisung sind alle Anforderungen an eine umweltverträgliche Produktion (Kap. 4.1.3.1 bis Kap. 4.1.3.7), an umweltverträgliche Produkte bzw. Dienstleistungen (Kap. 4.1.3.9) und an eine umweltverträgliche Distributions- und Redistributionslogistik (Kap. 4.1.3.8 und Kap. 5.3.1.2) einzubeziehen.
    Wenn diese einzelnen Aspekte nicht in einer umfassenden Umweltverfahrensanweisung „umweltorientierte Forschungs- und Entwicklungspolitik" enthalten sind, dann sind neben dieser Umweltverfahrensanweisung weitere separate Umweltverfahrensanweisungen zu erstellen für:
    - eine umweltverträgliche Produktpolitik,
    - eine umweltverträgliche Distributions- und Redistributionspolitik,
    - eine umweltverträgliche Produktionspolitik.
    Diese Umweltverfahrensanweisung bzw. die separaten Umweltverfahrensanweisungen enthalten dann alle Ziele und Maßnahmen, die von einem nachhaltigen Umweltmanagement zu erfüllen sind.
- die Durchführung des Umweltbetriebsprüfungsverfahrens, d.h. der Umweltbetriebsprüfung bzw. des Umweltmanagementsystem-Audits,
    Hierfür ist eine Umweltverfahrensanweisung zu erstellen.
- die Festlegung des Vorgehens bei Differenzen zwischen der Umweltpolitik und den Umweltzielen, bei Differenzen zwischen den Umweltzielen und der Situation am Standort und bei Differenzen zwischen den festgelegten und den tatsächlichen Tätigkeiten und Abläufen hinsichtlich Verantwortung und Dokumentation und der Angabe von Korrekturmaßnahmen,
    Dieses Vorgehen wird auch als „**Aktionsplan**" bezeichnet.
    Der Aktionsplan enthält die Ermittlung von Gründen für die Abweichungen bzw. Fehlerursachen und das Abstellen der Abweichungen.
    Der Aktionsplan enthält Korrekturmaßnahmen
    - für Abweichungen zwischen Umweltpolitik und Umweltprogramm und zwischen Umweltpolitik/Umweltprogramm und der Situation am Standort

(i.e.S. Charakterisierung der Leistungsfähigkeit des Managements auf allen Managementebenen),
- bei Nichterreichen von Zielen in der Entwicklung von Produkten und bei Prozessen, bei ungeeignetem Umweltprüfungsverfahren oder bei ungeeignetem Umweltbetriebsprüfungsverfahren,
- bei Unterschieden zwischen den festgelegten und den tatsächlichen Abläufen hinsichtlich Verantwortung und Dokumentation.

Der Aktionsplan enthält Vorbeugemaßnahmen, um diese Abweichungen in Zukunft zu vermeiden.

Er enthält Abschätzungsverfahren über die Angemessenheit der Korrekturmaßnahmen.

Er enthält ein Verfahren, das die Verfahrensänderungen, die sich aus Korrekturen ergeben, festhält und in das Umweltmanagementsystem integriert. Dabei ist auch zu gewährleisten, dass die Korrekturen bis zu einem festgelegten Datum umgesetzt werden.

Er enthält Maßnahmen zur Überprüfung der Wirksamkeit der Korrekturmaßnahmen.

Der Aktionsplan enthält Kontrollen für die Gewährleistung der Wirksamkeit der ergriffenen Vorbeugemaßnahmen.

Für dieses Vorgehen ist eine Umweltverfahrensanweisung zu erstellen.

- die Dokumentation und Umsetzung aller Veränderungen der dokumentierten Verfahren, die sich aus Korrektur- und Vorsorgemaßnahmen ergeben,
- die schriftliche Festlegung von Prüfkriterien für die Leistung im Umweltschutz, d.h. die Festlegung umweltbezogener Kennzahlen, und der Leistungsfähigkeit des Managements sowie der Definition von tolerierbaren Abweichungen im Falle der Nichteinhaltung, d.h. Definition von Akzeptanzkriterien,
- die Erstellung von Umweltverfahrensanweisungen und die Festlegung für die Erstellung von Umweltarbeitsanweisungen,
- die Festlegung der Verfahren bei der Validierung bzw. Zertifizierung des Umweltmanagementsystems,

  Dies umfasst:
  - die Erstellung der Umwelterklärung,
  - die Auswahl des Umweltgutachters bzw. der Zertifizierungsorganisation,
  - die Unterstützung der Arbeit des Umweltgutachters bzw. der Zertifizierungsorganisation
  - die Anmeldung zur Eintragung in das Standortregister (bei der IHK bzw. HWK) bzw. die Übergabe des Zertifikats.

2. Auflistung jeder umweltrelevanten Position bzw. Funktion, die an den „übergeordneten Managementaufgaben" beteiligt ist (= horizontale Achse der Verantwortungsmatrix),

3. Festlegung in den Feldern und Eintragen in die Matrix „übergeordnete Managementaufgaben".

Hierzu ist einzutragen
- Verantwortung und Stellvertretung,
- Durchführung und Stellvertretung,

- Kontrolle und Stellvertretung,
- Informationsweitergabe (wer gibt weiter) und Informationserhalt (wer erhält).

Die Festlegung in den einzelnen Feldern bedeutet, welcher Beschäftigte, bei welcher umweltrelevanten übergeordneten Managementtätigkeit wie mitwirkt. Bleiben Felder der Matrix leer, so sagt dies aus, dass der betreffende Beschäftigte (bzw. die Position) an dieser umweltrelevanten übergeordneten Managementtätigkeit nicht mitwirkt.

Da sich für, bei und aus diesen umweltrelevanten übergeordneten Managementtätigkeiten ebenfalls Dokumente ergeben (z.B. Umwelterklärung, Zertifikat nach DIN EN ISO 14001, Ergebnisse der Umweltbetriebsprüfung), ist die Lenkung dieser Dokumente ebenfalls zu regeln. Die Vorgehensweise zur Erarbeitung einer **Dokumentenmatrix für die umweltrelevanten übergeordneten Managementaufgaben** erfolgt in drei Schritten (siehe Abb. 14):

1. Festlegen der bei jeder umweltrelevanten übergeordneten Managementaufgabe auftretenden Dokumente (= vertikale Achse der Dokumentenmatrix),
2. Auflistung jeder umweltrelevanten Position bzw. Funktion, die mit dem Dokument in Berührung kommt (= horizontale Achse der Dokumentenmatrix),
3. Festlegung in den Feldern und Eintragen in die Matrix.

Hierzu ist einzutragen:
- Erstellen/Herausgeben/Ändern/Aufbewahren/Beseitigen/Archivieren (einschl. Sicherung gegen unbefugte Änderung) und Stellvertretung,
- Überprüfen/Genehmigen und Stellvertretung,
- Verteiler (wer erhält das Dokument).

Bleiben Felder der Matrix leer, so sagt dies aus, dass der betreffende Beschäftigte (bzw. die Position) mit diesem Dokument nicht in Berührung kommt.

4. Erstellung von Umweltverfahrensanweisungen für einzelne „übergeordnete Managementtätigkeiten"

Für einzelne, komplexe übergeordnete Managementaufgaben, d.h. für diejenigen, die einer weiteren detaillierten Regelung bedürfen, sind abschließend **Umweltverfahrensanweisungen** zu erstellen. Diese Umweltverfahrensanweisungen präzisieren eine Zeile der Verantwortungsmatrix „übergeordnete Managementtätigkeiten". Sie enthalten folgendes:
- die detaillierte Beschreibung der Tätigkeit, u.a. hinsichtlich der Art, wie sie durchzuführen ist, wann und in welchen zeitlichen Intervallen und zu welchem Zweck sie durchzuführen ist,
- die detaillierte Beschreibung der Abläufe hinsichtlich Verantwortlichkeiten und Stellvertretung, Durchführung und Stellvertretung und der Informationsweitergabe, einschließlich der zeitlichen Intervalle,
- die detaillierte Beschreibung der Art der Dokumente, die im Zusammenhang mit dieser Tätigkeit stehen, und deren Lenkung, d.h. dem Erstellen/Herausgeben/Ändern/Aufbewahren/Beseitigen/Archivieren (einschließlich Sicherung gegen unbefugte Änderung) mit Stellvertretung,

dem Überprüfen/Genehmigen mit Stellvertretung, dem Verteiler, einschließlich der zeitlichen Intervalle.

Der Implementierungsverantwortliche erstellt Entwürfe dieser Umweltverfahrensanweisungen und legt deren Inhalte abschließend in Zusammenarbeit mit der Geschäftsleitung und den Beschäftigen fest.

4.1.4.3 Aufbau der Kapitel für jeden umweltrelevanten Unternehmensbereich

Für jeden umweltrelevanten Unternehmensbereich ist ein Kapitel im Umweltmanagementhandbuch vorzusehen. In jedem Kapitel ist folgendes aufzuführen:

- Beschreibung des Unternehmensbereichs und des Zwecks, zu welchem das Umweltmanagementsystem für diesen Bereich eingerichtet wurde,
- spezifische Begriffsbestimmungen, Definitionen und Abkürzungen für diesen Unternehmensbereich,
- Auflistung der zum Umweltmanagementhandbuch für den Unternehmensbereich spezifisch mitgeltenden Unterlagen (z.B. Qualitätsmanagementhandbuch),
- Beschreibung der Bedeutung des Unternehmensbereiches für die Umwelt,
- Beschreibung der Auswirkungen der einzelnen Tätigkeiten sowie der Auswirkungen des Unterlassens (= Nichteinhalten) dieser Tätigkeiten in diesem Unternehmensbereich sowie der Rolle der ausführenden Personen,
- Erarbeitung einer Verantwortungsmatrix für den umweltrelevanten Unternehmensbereich,

  In Abbildung 16 ist beispielhaft für den Bereich „Produktion" eine Verantwortungsmatrix aufgeführt.

  Die Vorgehensweise zur **Erarbeitung einer Verantwortungsmatrix** für jeden umweltrelevanten Unternehmensbereich erfolgt in drei Schritten:
  1. Auflistung jeder umweltrelevanten Tätigkeit in diesem Unternehmensbereich (= vertikale Achse der Verantwortungsmatrix),
  2. Auflistung jeder umweltrelevanten Position bzw. Funktion, die an der Tätigkeit beteiligt ist (= horizontale Achse der Verantwortungsmatrix),
  3. Festlegung in den Feldern und Eintragen in die Matrix jedes Unternehmensbereichs von:
     - Verantwortung[88] und Stellvertretung,
     - Durchführung und Stellvertretung,
     - Informationsweitergabe (= wer gibt weiter) und Informationserhalt,
     - Kontrolle und Stellvertretung.

  Die Festlegung in den einzelnen Feldern der Matrix bedeutet, welcher Beschäftigte bei welcher umweltrelevanten Tätigkeit in diesem Bereich wie mitwirkt. Bleiben Felder der Matrix leer, so sagt dies aus, dass der betreffende Beschäftigte (bzw. die Position) an dieser umweltrelevanten Tätigkeit in diesem Bereich nicht mitwirkt.

---

[88] Der Begriff „**Zuständigkeit**" wird durch die konkreteren Begriffe „**Verantwortung**" und „**Durchführung**" ersetzt. Verantwortung beinhaltet auch „**Entscheidung**".

Implementierung von Umweltmanagement   101

Abbildung 16:   Verantwortungsmatrix (beispielhaft für die Produktion)

Beteiligte Aufgabe	Geschäftsführer	Abteilungsleiter Produktion	Beschäftigter A	Beschäftigter B	Immissionsschutzbeauftragter	...	Abteilungsleiter F&E	...
Planung der Prozesse	VSt, IE, K	IE			IE		D, V, IW	
Prozessführung	KSt	V, IW	D, IE	D, IE	VSt, K		IE	
Wartung Prozess 1		IE	D, V, IW	VSt, KSt	K			
Wartung Prozess 2		IE	VSt, KSt	D, V, IW	K			

V, VSt: <u>V</u>erantwortung und <u>St</u>ellvertretung
D, DSt: <u>D</u>urchführung und <u>St</u>ellvertretung
K, KSt: <u>K</u>ontrolle und <u>St</u>ellvertretung
IW, IE: <u>I</u>nformations<u>w</u>eitergabe (wer gibt weiter) und <u>I</u>nformations<u>e</u>rhalt (wer erhält)

- Erarbeitung einer Dokumentenmatrix für diesen Unternehmensbereich,

    In Abbildung 17 ist beispielhaft für den Bereich „Produktion" eine Dokumentenmatrix aufgeführt.

    Die Vorgehensweise zur **Erarbeitung einer Dokumentenmatrix** für jeden umweltrelevanten Unternehmensbereich erfolgt in drei Schritten:
    1. Festlegen der in dem Unternehmensbereich auftretenden Dokumente (= vertikale Achse der Dokumentenmatrix),
    2. Auflistung jeder umweltrelevanten Position bzw. Funktion (= horizontale Achse der Dokumentenmatrix), die mit dem Dokument in Berührung kommt,
    3. Festlegung in den Feldern und Eintragen in die Matrix jedes Unternehmensbereichs von:
      - Erstellen/Herausgeben/Ändern/Aufbewahren/Beseitigen/Archivieren (einschl. Sicherung gegen unbefugte Änderung) und Stellvertretung,
      - Überprüfen/Genehmigen[89] und Stellvertretung,
      - Verteiler (wer erhält das Dokument).

---

[89] Es findet sich häufig der Begriff „**Freigeben**", der synonym mit „**Genehmigen**" verwendet wird.

Bleiben Felder der Matrix leer, so sagt dies aus, dass der betreffende Beschäftigte (bzw. die Position) mit diesem Dokument nicht in Berührung kommt.

Abbildung 17: Dokumentenmatrix (beispielhaft für die Produktion)

Beteiligte / Dokument	Geschäftsführer	Abteilungsleiter Produktion	Beschäftigter A	Beschäftigter B	Immissionsschutzbeauftragter	...	Abteilungsleiter F&E	...
Genehmigungsunterlagen	ESt, Ü	ÜSt			E		V	
Meßprotokoll Prozess 1		V	E	ESt	Ü			
Meßprotokoll Prozess 2		V	E	ESt	Ü			
Forschungsbericht „Optimierung Produktion"	V, Ü	V					E	

E, ESt: <u>E</u>rstellen/Herausgeben/Ändern/Aufbewahren/Beseitigen/Archivieren (einschl. Sicherung gegen unbefugte Änderung) und <u>St</u>ellvertretung
Ü, ÜSt: <u>Ü</u>berprüfen/Genehmigen und <u>St</u>ellvertretung
V: <u>V</u>erteiler (wer erhält das Dokument)

- Erstellen von Umweltarbeitsanweisungen für jede in diesem Unternehmensbereich durchzuführende umweltrelevante Tätigkeit zur Erhöhung der Verständlichkeit.

  Eine Umweltarbeitsanweisung ist eine detaillierte Beschreibung für einzelne umweltrelevante Tätigkeiten in einem Unternehmensbereich. Sie wird erstellt, um die Verständlichkeit zu erhöhen und ist deshalb vor allem bei komplexeren Tätigkeiten zu erstellen oder für geringer qualifizierte Beschäftigte. Für einfache umweltrelevante Tätigkeiten müssen keine Umweltarbeitsanweisungen erstellt werden. Eine Umweltarbeitsanweisung enthält:
    - die detaillierte Beschreibung der Tätigkeit, u.a. hinsichtlich der Art, wie sie durchzuführen ist, wann und in welchen zeitlichen Intervallen und zu welchem Zweck sie durchzuführen ist,
    - die detaillierte Beschreibung der Abläufe hinsichtlich Verantwortlichkeiten und Stellvertretung, Durchführung und Stellvertretung und der Informationsweitergabe, einschließlich der zeitlichen Intervalle,

- die detaillierte Beschreibung der Art der Dokumente, die im Zusammenhang mit dieser Tätigkeit stehen, und deren Lenkung, d.h. dem Erstellen/Herausgeben/Ändern/Aufbewahren/Beseitigen/Archivieren (einschließlich Sicherung gegen unbefugte Änderung) mit Stellvertretung, dem Überprüfen/Genehmigen mit Stellvertretung, dem Verteiler, einschließlich der zeitlichen Intervalle.

Zudem kann sie Checklisten, Merklisten, Ablaufschemata etc. enthalten, die für die sorgfältige Durchführung der komplexen Tätigkeit benötigt werden.

Diese Umweltarbeitsanweisungen präzisieren eine Zeile der Verantwortungsmatrix für den Unternehmensbereich.

Der Implementierungsverantwortliche erstellt Entwürfe dieser Umweltarbeitsanweisungen und legt deren Inhalte abschließend in Zusammenarbeit mit der Geschäftsleitung und den Beschäftigen fest.

Abschließend ist festzustellen, dass sich diese im Umweltmanagementhandbuch (siehe Abb. 4.1.4.1) angelegten einzelnen Kapitel stark an **die bisherigen Bereiche** bzw. **Funktionseinheiten** in den Unternehmen anlehnen. Hat ein Unternehmen im Rahmen des **Business Re-Engineering** und der **Prozessorganisation** diese Bereiche überwiegend aufgegeben und eine Gliederung des Unternehmens anhand der wertschöpfenden Prozesse vorgenommen, ist das Umweltmanagementhandbuch anders zu gliedern. Die Kapitel 1 bis 13 des Handbuchs dürften weitestgehend erhalten bleiben, die Inhalte des Kapitels 14 sind den einzelnen Prozessen zuzuordnen (ENGELFRIED/WILHELM, 2004).

4.1.5 Umweltbetriebsprüfungsverfahren und Umweltbetriebsprüfung

Die Umweltbetriebsprüfung und das Umweltbetriebsprüfungsverfahren müssen nach EMAS umgesetzt werden. Nach DIN EN ISO 14001 erfolgt eine Überprüfung der Umweltleistung durch die oberste Unternehmensleitung. Diese Überprüfung nach DIN EN ISO 14001 entspricht einer Umweltbetriebsprüfung nach EMAS, enthält aber nicht die turnusmäßige umfassende Umweltprüfung.

Die Umweltbetriebsprüfung wird auch als „**Umweltaudit**" bezeichnet, wobei ein Audit allgemein als „Überprüfung der Wirksamkeit von festgelegten Maßnahmen innerhalb eines Systems mittels Soll-Ist-Vergleich" definiert ist (VORBACH, 2000:72).[90]

Nach DIN EN ISO 14001 wird die Umweltbetriebsprüfung auch als „**Umweltmanagementsystem-Audit**" bezeichnet. In dieser Arbeit erfolgt die Verwendung des Begriffs „Umweltbetriebsprüfung"; nur an einigen Stellen wird zur Präzisierung und Verdeutlichung der Begriff „Umweltmanagementsystem-Audit" verwendet.

Bei einer Umweltbetriebsprüfung sind zwei Aspekte zu betrachten:

- was ist zu untersuchen?
    Hierbei handelt es sich um die zu untersuchenden Prüfungsinhalte.

---

[90] Audit wird auch als **Revision** oder **Review** bezeichnet. Die Umweltbetriebsprüfung bzw. das Umweltmanagementsystem-Audit ist eine **interne Revision** bzw. ein **internes Review**.

- wie muss vorgegangen werden?
    Hierbei handelt es sich um die Beschreibung der Vorgehensweise zur Durchführung der Prüfung, d.h. des Prüfungsverfahrens.

Die **Umweltbetriebsprüfung** ist die systematische, dokumentierte, regelmäßige und objektive Bewertung der Umweltleistung des Unternehmens, des Managementsystems und der Verfahren zum Schutz der Umwelt.

Das **Umweltbetriebsprüfungsverfahren** ist ein Managementinstrument zur Bewertung der Umweltleistung des Unternehmens, des Managementsystems und der Verfahren zum Schutz der Umwelt in Bezug auf die Umsetzung der Umweltpolitik und des Umweltprogramms. Es beschreibt, wie die Umweltbetriebsprüfung durchzuführen ist.

Der Begriff „**Umweltbetriebsprüfungszyklus**" wird verwendet zum einen als Angabe des Zeitraums, der für die Umweltbetriebsprüfung aller Tätigkeiten eines Unternehmens benötigt wird. Zum anderen kennzeichnet er den Zeitraum zwischen zwei Umweltbetriebsprüfungen. Dies ist eine inkonsistente Begriffsverwendung. Im folgenden wird daher „**Umweltbetriebsprüfungszyklus**" als Zeitspanne zwischen zwei Umweltbetriebsprüfungen und „**Umweltbetriebsprüfungszeitraum**" als zeitliche Spanne zur Durchführung der Umweltbetriebsprüfung verwendet.

Als Umweltbetriebsprüfungszyklus nach EMAS bzw. als Zyklus für die Durchführung von Umweltmanagementsystem-Audits nach DIN EN ISO 14001 empfiehlt sich ein **einjähriger Zyklus**, wobei die Durchführung möglichst zeitnah zum Geschäftsjahresende erfolgen sollte. Dies hat den Vorteil, dass eine Kopplung der umweltrelevanten Daten mit den ökonomischen Daten möglich ist. Es weist allerdings den Nachteil auf, dass es zu Arbeitsüberlastungen führen kann. Über den Umweltbetriebsprüfungszeitraum kann keine pauschale Angabe erfolgen, da er von der Unternehmensgröße, der Zahl der Betriebsprüfer etc. abhängig ist.

Bei der Umweltbetriebsprüfung, also der Anwendung des Umweltbetriebsprüfungsverfahrens, müssen folgende zwei Anforderungen gewährleistet sein:

- Integration des Umweltbetriebsprüfungsverfahrens (und somit der Umweltbetriebsprüfung) in das Umweltmanagementsystem, d.h. in die übergeordneten Managementtätigkeiten,
    Die Berücksichtigung in der Verantwortungsmatrix „übergeordnete Managementtätigkeiten" und deren Umsetzung gewährleistet die Anwendung des Umweltbetriebsprüfungsverfahrens und die Erfüllung der damit zusammenhängenden Anforderungen.
- Leistung von Hilfestellung bei der Durchführung der Umweltbetriebsprüfung durch die Unternehmensführung.

Soll eine nachhaltige Unternehmensführung umgesetzt werden, ist analog der Umweltbetriebsprüfung eine Sozialbetriebsprüfung bzw. ein Sozialbetriebsprüfungsverfahren und eine Wirtschaftsbetriebsprüfung bzw. ein Wirtschaftsbetriebsprüfungsverfahren[91] umzusetzen.

4.1.5.1 Umweltbetriebsprüfungsverfahren

Das **Umweltbetriebsprüfungsverfahren** ist ein Managementinstrument zur Bewertung der Umweltleistung des Unternehmens, des Managementsystems und der Verfahren zum Schutz der Umwelt. Es beschreibt, wie die Umweltbetriebsprüfung durchgeführt werden soll.

Die Anwendung des Umweltbetriebsprüfungsverfahrens, d.h. die Durchführung einer Umweltbetriebsprüfung, setzt voraus:

- ein Vorliegen der Umweltpolitik,
- ein Vorliegen des Umweltprogramms (bzw. Umwelteinzelziele), d.h. auch Ergebnisse der Umweltprüfung,
- definierte Abläufe und Verfahren (Verantwortungsmatrix, Dokumentenmatrix, Verfahrens- und Arbeitsanweisungen), d.h. ein Umweltmanagementsystem.

Die Anwendung des Umweltbetriebsprüfungsverfahrens (d.h. die Durchführung einer Umweltbetriebsprüfung) entspricht einem **Projektablauf**; er ist vereinfacht in Abbildung 18 dargestellt.

Folgende Anforderungen sind an das Umweltbetriebsprüfungsverfahren zu stellen:

- schriftliche Festlegung der Ziele für das Umweltbetriebsprüfungsverfahren,
  Die schriftliche und exakte Zielfixierung, einschließlich der Prioritätenfestlegung, ist ein wesentlicher Erfolgsfaktor der Umweltbetriebsprüfung.
- Festlegung des Prüfungsumfangs,
  Dieser umfasst die zu untersuchenden Unternehmensbereiche, zu überprüfende Tätigkeiten,[92] festzulegende Prüfkriterien einschließlich der Kriterien für die Umweltleistung.
- Festlegung der Ressourcen für das Umweltbetriebsprüfungsverfahren und Überprüfung ihrer Angemessenheit,
  Als „Ressourcen" sind Personaleinsatz, Geldeinsatz, Räume etc. festzulegen. Liegen keine Anhaltswerte aus vergangenen Umweltbetriebsprüfungen oder aus anderen vergleichbaren Unternehmen vor, so sind diese vor der erstmaligen Durchführung zu schätzen.

---

[91] Als **„Wirtschaftsbetriebsprüfung"** wird hier die Ermittlung der Leistungsfähigkeit des Managements hinsichtlich der festgelegten ökonomischen Ziele verstanden. Sie ist, wie die **„Sozialbetriebsprüfung"**, ein internes Audit.

[92] Diese beiden Aspekte müssen nicht festgelegt werden, wenn das gesamte Unternehmen geprüft werden soll.

Abbildung 18: Ablauf der Durchführung einer Umweltbetriebsprüfung*

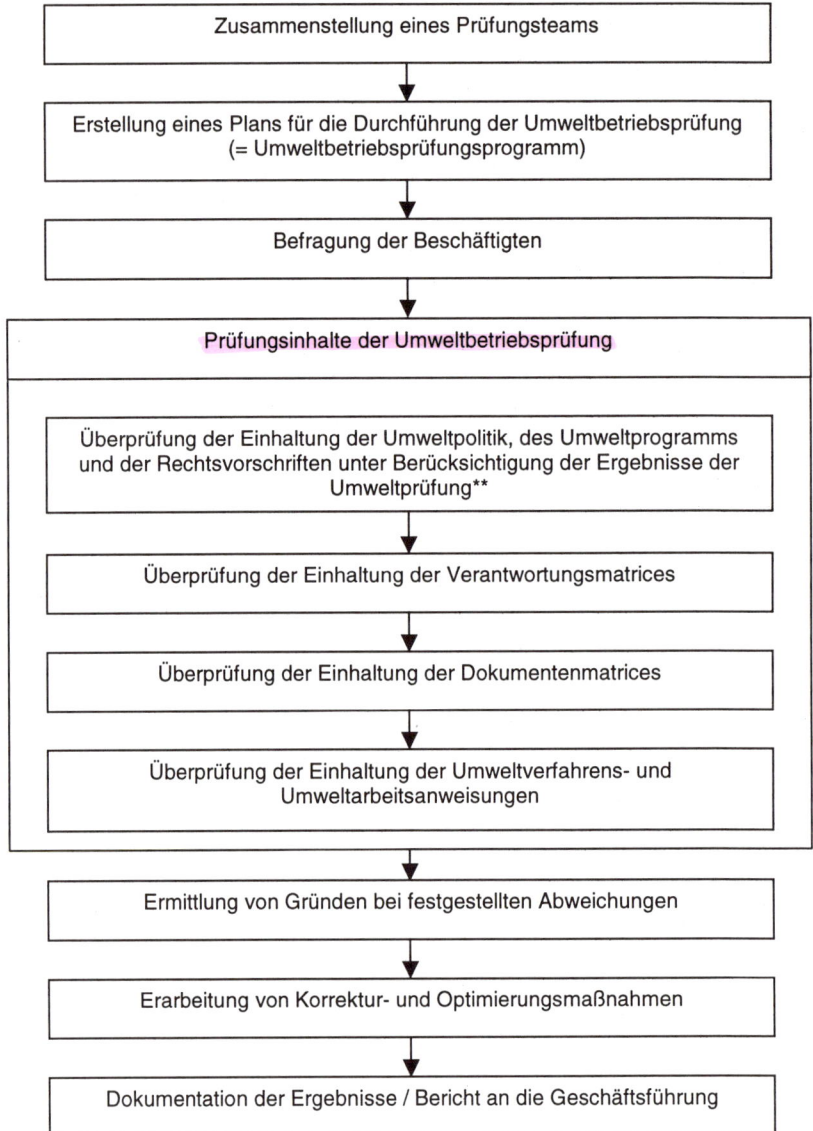

* aufgeführt sind die wesentlichen Schritte; Erläuterungen zu allen Schritten sind im Text zu finden
** liegen diese Ergebnisse noch nicht vor, sind hier die Checklisten „Umweltprüfungsverfahren" und „Prüfungsinhalte der Umweltprüfung" einzufügen und abzuarbeiten

- Zusammenstellung des Prüfungsteams, Festlegung seiner Leitung und Verteilung der Aufgaben für die Prüftätigkeiten,

    Die Größe des Prüfungsteams ist insbesondere von der Standortgröße, der Komplexität der Prozesse und der Zahl der Beschäftigten abhängig. Obwohl es sich um interne Audits handelt, kann durch das Hinzuziehen eines externen Prüfers eine eventuell vorhandene „Betriebsblindheit" vermieden werden. Eventuell ist auch ein Arbeitnehmervertreter als Mitarbeiter in das Team aufzunehmen.

- Festlegung und Gewährleistung der Qualifikation derjenigen, die die Umweltbetriebsprüfung durchführen, und Überprüfung der Angemessenheit,

    Die Qualifikation gilt hinsichtlich:
    - Kenntnisse, z.B. umwelt- und managementspezifisch, technisch, rechtlich,
    - Erfahrung, z.B. hinsichtlich Audits,
    - Ausbildung,
    - Teamfähigkeit.

    Ein kompetentes Prüfungsteam ist eine zentrale Voraussetzung für eine erfolgreiche Umweltbetriebsprüfung, insbesondere bei der Erkennung von Problemen in den organisatorischen und technischen Abläufen und der Entwicklung von Lösungen und Gegenmaßnahmen.

- Garantie der Unabhängigkeit derjenigen, die die Umweltbetriebsprüfung durchführen, so dass eine objektive und neutrale Tätigkeit gewährleistet ist und eine objektive und neutrale Bewertung ermöglicht wird,
- Festlegung des Prüfungszeitpunkts und der Prüfungsdauer für die Umweltbetriebsprüfung,
- Erstellung eines Plans für die Durchführung der Umweltbetriebsprüfung (= **Umweltbetriebsprüfungsprogramm**),

    Dieser Plan zur Durchführung der Umweltbetriebsprüfung wird auch als **Umweltbetriebsprüfungsprogramm** bezeichnet. Er enthält alle Prüfungstätigkeiten, meist anhand von Prüf- und Analysechecklisten und Interviewleitfäden, einschließlich der Erstellung des Prüfberichts, sowie einen Ablaufplan für die Durchführung als Ablaufschema mit Prioritäten.

- Gewährleistung, dass alle Prüfer ihre Rolle und ihre Aufgaben, d.h. ihre Prüfungstätigkeiten, verstehen,
- Gewährleistung, dass allen Prüfer das Umweltmanagementsystem bekannt ist und ein Verständnis dafür vorliegt,
- Gewährleistung, dass alle Prüfer mit dem Standort und dem Umweltmanagementsystem vertraut sind, d.h. dass sie die betrieblichen und technische Abläufe und Zusammenhänge kennen,

    Dies ist insbesondere bei externen Teammitarbeitern zu überprüfen.

- Gewährleistung, dass alle Prüfer die Ergebnisse vorangegangener Umweltbetriebsprüfungen kennen,
- Gewährleistung, dass alle Prüfer uneingeschränkten Zugang zum gesamten Unternehmen bzw. zu allen Unterlagen haben,
- Festlegung von Prioritäten bei der Durchführung der Umweltbetriebsprüfung (diese sind eigentlich im Ablaufschema des Umweltbetriebsprüfungsprogramms impliziert) und Planung der einzelnen Schritte,

- Gewährleistung, dass die beabsichtigte Prüfung allen Beschäftigten zur Kenntnis gebracht wurde und diese zur Mitarbeit angehalten wurden,
- Erstellung von Interviewleitfäden für die Befragung des Personals bezüglich der betrieblichen Abläufe und Festlegung des Auswahlverfahrens für die zu befragenden Beschäftigten,

    Ein Vorschlag zur Gestaltung der Interviewleitfäden bzw. Fragebögen im Rahmen der Umweltbetriebsprüfung bzw. des Umweltmanagementsystem-Audits ist im Anhang, Kap. 10.6, aufgeführt.

- Befragung der Beschäftigten,

    Bei der Führung von Interviews und der Gespräche, einschließlich möglicher Diskussionen, ist sicherzustellen, dass die **Informationsquellen anonym bleiben** können. Zudem ist darauf zu achten, dass die ermittelten Informationen auch abgesichert werden gegen Fehleinschätzungen, Missverständnisse oder gezielte Falschaussagen. Hierzu ist eine entsprechend geschickte **Interviewtechnik** anzuwenden, z.B. durch Mehrfachbefragung, Hinterfragung auf verschiedenen Managementebenen und Befragung verschiedener Beschäftigter in gleichen Aufgabenbereichen, Vermeiden von Suggestiv- und Frontalfragen. Selbstverständlich sind die Interviews (sinngemäß) **zu protokollieren**.

- Erfassung aller Prüfungsinhalte der „Umweltbetriebsprüfung",

    Aus Sicht einer Managementbetrachtung könnte an dieser Stelle auch die Checkliste „**Prüfungsinhalte der Umweltbetriebsprüfung**" eingefügt werden, die dann wiederum die Checklisten „**Prüfungsinhalte der Umweltprüfung**" und „**Umweltprüfungsverfahren**" enthielte. Dass eine Verknüpfung der Ergebnisse der Umweltprüfung (einschließlich Input-/Outputdaten, Kennzahlen etc.) zum Verfahren der Umweltbetriebsprüfung vorhanden sein muss, ist selbstverständlich, um die Umweltbetriebsprüfung effizient durchführen zu können.

- Überprüfung, ob die aufgestellten Prüfkriterien für die Leistungsfähigkeit des Managements bezüglich Umweltschutz für den Standort adäquat sind,
- Festlegung eines Plans zur Ermittlung der Ursachen im Fall von Differenzen zwischen Umweltpolitik und Umweltprogramm, von Differenzen zwischen den Ergebnissen der Umweltprüfung und dem Umweltprogramm, und von Differenzen zwischen den festgelegten und den tatsächlichen Abläufen hinsichtlich Verantwortung und Dokumentation, und die anschließende Erarbeitung von Korrekturmaßnahmen,
- Festlegung von Kontrollen, dass die Prüfaktivitäten der Umweltbetriebsprüfung tatsächlich durchgeführt worden sind (siehe Verantwortungsmatrices),
- Dokumentation der erfassten Daten und Ergebnisse des Umweltbetriebsprüfungsverfahrens in Form eines **Berichts über die Umweltbetriebsprüfung**,

    Die Inhalte des Berichts über die Umweltbetriebsprüfung sind:
    - Dokumentation der Umweltbetriebsprüfung (Umfang, Ziele, Zeitraum, Teammitglieder),
    - Darstellung des Prüfungsplans,
    - Ergebnisse der Umweltbetriebsprüfung, d.h. der Grad der Übereinstimmung mit Umweltpolitik/Umweltprogramm und die Fortschritte des

Umweltschutzes sowie die Wirksamkeit und Zuverlässigkeit der Regelungen des Umweltmanagementsystems,
- Folge- und Korrekturmaßnahmen.
- offizielle Mitteilung des Berichts über die Umweltbetriebsprüfung an die Unternehmensleitung,
- Überprüfung und Bewertung des Berichts durch die Unternehmensleitung hinsichtlich fortdauernder Eignung, Angemessenheit und Wirksamkeit der Umweltbetriebsprüfung und der Umsetzung gemachter Optimierungsvorschläge,
- Festlegung des Umweltbetriebsprüfungszyklus, d.h. des Datums für die nächste Durchführung der Umweltbetriebsprüfung, durch die Geschäftsleitung.

Der Umweltbetriebsprüfungszyklus ist abhängig von der Art, dem Umfang und der Komplexität der Tätigkeiten, der Wesentlichkeit der damit verbundenen Umweltauswirkungen und der Bedeutung und Dringlichkeit der bei früheren Umweltbetriebsprüfungen festgestellten Probleme. Je größer die Komplexität ist, je wesentlicher die Umweltauswirkungen sind und je mehr und je größere Probleme bei früheren Umweltbetriebsprüfungen festgestellt wurden, desto kürzer sollte der Umweltbetriebsprüfungszyklus gewählt werden.

Das Sozialbetriebsprüfungsverfahren und das Wirtschaftsbetriebsprüfungsverfahren sind aufgrund des Projektcharakters eines solchen Verfahrens dem Umweltbetriebsprüfungsverfahren ähnlich. Der Projektablauf erfolgt ebenfalls analog.

4.1.5.2 Inhalte der Umweltbetriebsprüfung

Die **Prüfungsinhalte**, die im Rahmen der Umweltbetriebsprüfung zur Bewertung der Umweltleistung des Unternehmens, des Managementsystems und der Verfahren zum Schutz der Umwelt untersucht werden müssen, sind im folgenden aufgeführt:

- Einhaltung der Verantwortungsmatrices für jede umweltrelevante Tätigkeit und die übergeordneten Managementtätigkeiten,
  Dies gilt hinsichtlich[93]
    - Verantwortung und Stellvertretung,
    - Durchführung und Stellvertretung,
    - Informationsweitergabe (wer gibt weiter) und Informationserhalt (wer erhält),
    - Kontrolle und Stellvertretung.
- Einhaltung der Dokumentenmatrices für jede umweltrelevante Tätigkeit und die übergeordneten Managementtätigkeiten,
  Dies gilt hinsichtlich[94]
    - Erstellen/Herausgeben/Ändern/Aufbewahren/Beseitigen/Archivieren (einschl. Sicherung gegen unbefugte Änderung) und Stellvertretung,

---

[93] Dies entspricht der Einhaltung der festgelegten Verfahren und der Erfassung relevanter Nachweise.
[94] Dies entspricht der Einhaltung der festgelegten Verfahren und der Erfassung relevanter Nachweise.

- Überprüfen/Genehmigen und Stellvertretung,
- Verteiler (wer erhält das Dokument).
- Einhaltung der Ausführung der umweltrelevanten übergeordneten Umweltmanagementaufgaben, d.h. Überprüfung der Befolgung der Umweltverfahrensanweisungen,[95]
- Einhaltung der Ausführung der umweltrelevanten Tätigkeiten in den einzelnen Unternehmensbereichen, d.h. Überprüfung der Befolgung der Umweltarbeitsanweisungen,[96]
- Ermittlung von Differenzen zwischen den Ergebnissen der Umweltprüfung und der festgelegten Umweltpolitik,
- Ermittlung von Differenzen zwischen den Ergebnissen der Umweltprüfung und dem Umweltprogramm,
- Ermittlung von Gründen, sofern Differenzen festgestellt wurden,
- Beurteilung der Stärken und der Schwächen des Umweltmanagementsystems,
- Ziehen von Schlussfolgerungen aus den Ergebnissen und Erkenntnissen, einschließlich des Vorschlages von Korrektur- und Optimierungsmaßnahmen für die Zukunft,
- Überprüfung der kontinuierlichen Erfassung aller Änderungen der umweltrelevanten Tätigkeiten, der Beurteilungsmethoden dieser Tätigkeiten und deren Einfluss auf die Umweltbetriebsprüfung.

Diese zu prüfenden Sachverhalte und ihre Ergebnisse bestimmen im eigentlichen Sinne die Leistungsfähigkeit des Managements sowie die Wirksamkeit und die Verlässlichkeit der organisatorischen Regelungen bezüglich Umweltschutz. Die Prüfkriterien werden somit indirekt durch die Umweltpolitik, das Umweltprogramm und die Regelungen hinsichtlich Verantwortlichkeit, Dokumentation und Verfahrens- bzw. Arbeitsanweisungen vorgegeben. Aufgrund der Prüfinhalte muss somit bei einer Umweltbetriebsprüfung das Umweltprüfungsverfahren immer auch angewendet werden, d.h. eine umfassende Umweltprüfung durchgeführt werden.

Die Erstellung der Inhalte, die im Rahmen der Sozialbetriebsprüfung und der Wirtschaftsbetriebsprüfung geprüft werden müssen, ist weiteren Arbeiten vorbehalten.

4.1.6 Umwelterklärung

Die **Umwelterklärung** ist vom Unternehmen gemäß EMAS für die Öffentlichkeit abgefasst. Eine Umwelterklärung muss nach DIN EN ISO 14001 nicht veröffentlicht werden.

Die Erstellung der Umwelterklärung ist in das Umweltmanagementsystem, d.h. in die übergeordneten Managementtätigkeiten, einzubeziehen (siehe Kap. 4.1.4). Die Berücksichtigung in der Verantwortungsmatrix „übergeordnete Managementtätigkeiten" und deren Umsetzung gewährleistet die Erstellung der Umwelterklärung und die Erfüllung der damit zusammenhängenden Anforderungen.

---

[95] Dies entspricht der Einhaltung der festgelegten Verfahren.
[96] Dies entspricht der Einhaltung der festgelegten Verfahren.

Bezüglich der Umwelterklärung gelten folgende Anforderungen:

- sie muss gedruckt vorliegen,
- sie muss verständlich, klar, eindeutig, unmissverständlich, unverfälscht, korrekt und nicht irreführend sein,
- die aufgeführten Inhalte müssen begründet und nachprüfbar sein,
- die Umweltinformationen müssen zusammenhängend präsentiert werden,
- die Inhalte müssen wesentlich sein in Bezug auf die gesamten Umweltauswirkungen,
- die Angaben müssen relevant und im richtigen Kontext verwendet werden,
- die Angaben müssen genau und mit hinreichendem Detailgrad versehen sein,
- sie muss repräsentativ für die Umweltleistung des Unternehmens insgesamt sein,
- sie muss einen Vergleich von Jahr zu Jahr ermöglichen,
- sie muss einen Vergleich zwischen verschiedenen branchenbezogenen, nationalen oder regionalen Benchmark-Bewertungen ermöglichen,
- sie muss einen Vergleich mit Rechtsvorschriften ermöglichen,
- sie muss alle drei Jahre in vollständiger, neuer und gedruckter Fassung vorliegen,
- sie muss für interessierte Kreise problemlos erhältlich sein, d.h. ein freier Zugang zur Umwelterklärung ist zu gewährleisten.

Folgende Inhalte sind in der Umwelterklärung aufzuführen:

- ein Grußwort bzw. Vorwort des Geschäftsführers bzw. Vorstandes,
    Dieses Gruß- bzw. Vorwort ist zwar nicht zwingend notwendig, empfiehlt sich aber aus Marketinggründen. Wenn ein Gruß- bzw. Vorwort Bestandteil der Umwelterklärung ist, sollte daraus hervorgehen, dass der Geschäftsleitung der Inhalt der Umwelterklärung bekannt ist.
- Beschreibung des Unternehmens und des Standortes,
    Hierbei erfolgt zuerst die exakte Bezeichnung des Unternehmens und des Standortes, anschließend die Beschreibung des Unternehmens und des Standortes. Diese umfasst die Tätigkeiten bzw. die Produktionsprozesse, die Produkte und Dienstleistungen, einschließlich aller Außenlager und eventuell zum Standort gehörender Deponien. Sie enthält einen Lageplan und die Beschreibung der Umgebung, die Zahl der Beschäftigten, Umsatzzahlen sowie gegebenenfalls die Beziehung zur Muttergesellschaft. Nach ZESCHMANN/WILKEN (2000:27) sollen eine kurze Werksgeschichte sowie eine kurze Beschreibung der Werksinfrastruktur aufgeführt werden.[97]
- die Umweltpolitik,
- eine Darstellung des Umweltprogramms,
    Die Veröffentlichung des Umweltprogramms soll die Anstrengungen zur kontinuierlichen Reduzierung der Umweltauswirkungen des Unternehmens dokumentieren. Es stellt sich hierbei für das Unternehmen folgendes Dilemma: wenn alle Ziele veröffentlicht werden, kann dies zu Wettbewerbsnachteilen führen, z.B. wenn Ziele für die zukünftige Produktpolitik veröffent-

---

[97] Die dort erweitert aufgeführten Aspekte der Standortbeschreibung sind nicht Teil des Standorts, sondern sind bereits Umweltauswirkungen.

licht werden. Auf der anderen Seite ist die umfassende Formulierung von Zielen in allen Bereichen notwendig. Deshalb wird empfohlen, ein vollständiges Umweltprogramm zu erstellen und einen aussagefähigen Auszug zu veröffentlichen, der Angaben zur Reduzierung der wesentlichen Umweltauswirkungen enthält.
- eine (knappe) Darstellung des Umweltmanagementsystems, einschließlich eines Organigramms,
  Hier sollen ein Organigramm, das die Aufbauorganisation zeigt, aufgeführt und die generelle Regelung bezüglich der Verantwortlichkeiten, der Dokumentation und der Kontrolle nachvollziehbar beschrieben werden.
- eine Zusammenfassung der Zahlenangaben über die Energie- und Stoffströme, einschließlich einer Angabe über die produzierte Gütermenge,
  Dies bedeutet das Aufführen der Zahlenangaben der Input-/Outputanalyse für den Standort und für die vor- und nachgelagerten Bereiche (siehe Abb. 6 und 7).
- eine Zusammenfassung der Umweltauswirkungen,
  Dies bedeutet das Aufführen der Zahlenangaben der Umweltauswirkungen für den Standort und für die vor- und nachgelagerten Bereiche (siehe Abb. 8).
- eine Beschreibung und Beurteilung aller wichtigen Umweltfragen im Zusammenhang mit den Tätigkeiten des Unternehmens,
  Hier sollen die Zahlenangaben zu den Umweltauswirkungen hinsichtlich deren Bedeutung beschrieben und bewertet werden. Hier ist auch eine Aussage zur Einhaltung der Rechtsvorschriften vorzunehmen.
- eine Beschreibung sonstiger Faktoren, die den Umweltschutz betreffen und die der Öffentlichkeit mitgeteilt werden sollten,
  Hier können auch Aspekte aufgeführt werden, die über den Umweltschutz am Standort und in den vor- und nachgelagerten Bereiche hinausgehen, z.B. eine Einordnung des Unternehmens in das Konkurrenzumfeld, eine Darstellung von Unternehmen des vor- und nachgelagerten Bereichs, die sich durch besondere Umweltleistungen auszeichnen.
- einen Verweis auf vorangegangene Umwelterklärungen und Hinweise auf bedeutende Änderungen gegenüber diesen,
- der/die Ansprechpartner im Unternehmen,
  Ansprechpartner können z.B. der Umweltmanagementvertreter, ein Beschäftigter der Kommunikationsabteilung, der Verantwortliche für Umweltschutz in der Geschäftsführung sein.
- den Termin für die Vorlage der nächsten Umwelterklärung.

Hier enden die Anforderungen, die das Unternehmen erfüllen kann. Nach Einbeziehung eines Umweltgutachters enthält die Umwelterklärung einen weiteren Bestandteil:

- die Gültigkeitserklärung.
  Die Gültigkeitserklärung des für die Branche zugelassenen Umweltgutachters (siehe Kap. 4.1.7) enthält seine Unterschrift, Ort, Datum, Namen, seine Anschrift und seine Zulassungsnummer. Zudem enthält sie das EMAS-Logo und die Registrierungsnummer des Standorts.

Wenn diese Inhalte in der Umwelterklärung enthalten sind, genügt die Umwelterklärung den Anforderungen, die an sie als Bestandteil einer Nachhaltigkeitserklärung zu stellen sind.[98]

Die Form und die Inhalte müssen bereits für den Entwurf der Umwelterklärung, der dem Umweltgutachter im Rahmen seiner Validierungstätigkeit vorgelegt wird, eingehalten werden.

Nach der erstmaligen Erstellung der Umwelterklärung ist zu überprüfen, ob nach dem folgenden internen Audit, meist nach einem Jahr, eine **verkürzte Erstellung der Umwelterklärung** notwendig ist. Finden in diesem Zeitraum z.B. Produktionsänderungen mit Änderungen der Umweltauswirkungen statt, muss eine verkürzte Umwelterklärung erstellt werden. Diese **verkürzte Umwelterklärung** sollte dann v.a. enthalten:

- eine kurze Beschreibung der Änderung der Tätigkeiten gegenüber dem Zeitpunkt der Erstellung der letzten umfassenden Umwelterklärung,
- die aktuellen Zahlenangaben der Input-/Outputanalyse, d.h. der Energie- und Stoffströme,
- eine aktuelle Darstellung der Umweltauswirkungen,
- eine aktuelle Darstellung von Änderungen weiterer bedeutender umweltrelevanter Aspekte.

Im Rahmen der Erstellung der verkürzten Umwelterklärung muss der Umweltgutachter nicht alle Prüfschritte durchführen. Er überprüft die gegenüber der Umwelterklärung geänderten Informationen auf Ihre Plausibilität und vergibt dann das EMAS-Logo „Geprüfte Information" (siehe Abb. 4.1.7).

Analog der Umwelterklärung sind vom Unternehmen eine Sozialerklärung und eine Wirtschaftserklärung abzugeben.[99] Eine Zusammenfassung von Umwelterklärung, Sozialerklärung und Wirtschaftserklärung in einer Nachhaltigkeitserklärung ist im Rahmen einer nachhaltigen Unternehmensführung anzustreben.

4.1.7 Validierung bzw. Zertifizierung

Nachdem die einzelnen Elemente implementiert sind und das Unternehmen am EU-Gemeinschaftssystem teilnehmen bzw. ein ISO-Zertifikat erlangen will, muss es sich von einem unternehmensexternen Sachverständigen überprüfen lassen - dieser ist nach EMAS ein zugelassener Umweltgutachter[100] bzw. eine Umweltgutachterorganisation, nach DIN EN ISO 14001 eine Zertifizierungsorganisation.

---

[98] Die manchmal vorgenommene Unterscheidung in „MUSS"-, „SOLLTE"- und „KANN"-Kriterien, die eine Umwelterklärung erfüllen sollte (siehe WOHLFARTH, 1999:47), wird dann überflüssig.
[99] Die derzeit bereits von den Unternehmen zu erstellenden Geschäftsberichte bieten eine gute Ausgangslage hinsichtlich „Wirtschaftlichkeit". Um mit den Anforderungen der Umwelterklärung kongruent zu sein, sind diese Geschäftsberichte als „**Geschäftserklärungen**" zu erweitern, z.B. um Ziele, Programm etc.
[100] Auch als „**Verifier**" bezeichnet.

Das **Zulassungs-, Aufsichts- und Registrierungssystem**, das den Rahmen für Umweltgutachter bzw. Umweltgutachterorganisationen bzw. Zertifizierungsorganisationen und der anderen beteiligten Institutionen abgibt, ist für EMAS in Abbildung 19 aufgeführt, für DIN EN ISO 14001 in Abbildung 20.

Abbildung 19: Zulassungs-, Aufsichts- und Registrierungssystem nach EMAS in Deutschland[*]

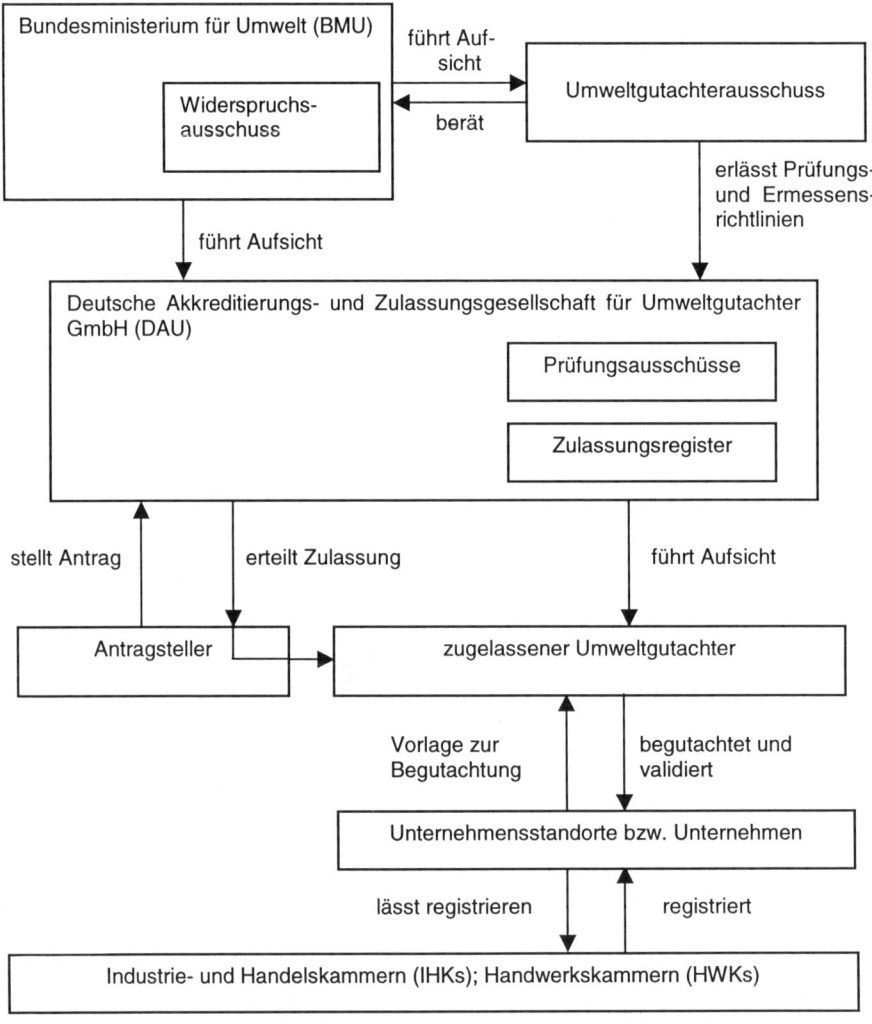

[*] Abbildung ergänzt nach WOHLFAHRT (1999:19)

Abbildung 20: Zulassungssystem nach DIN EN ISO 14001 in Deutschland

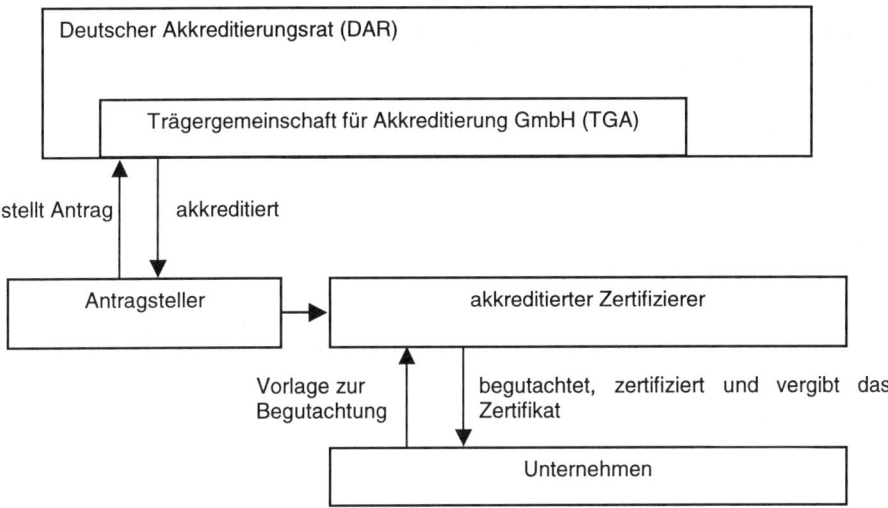

Will sich ein Unternehmen nach EMAS validieren bzw. nach DIN EN ISO 14001 zertifizieren lassen, muss es einen Umweltgutachter bzw. eine Umweltgutachterorganisation bzw. eine Zertifizierungsorganisation mit der Überprüfung ihres Umweltmanagementsystems und der weiteren Anforderungen beauftragen. Dabei gilt, dass der Umweltgutachter bzw. die Umweltgutachterorganisation nach EMAS gleichzeitig Zertifizierer bzw. Zertifizierungsorganisation nach DIN EN ISO 14001 ist - umgekehrt gilt dies jedoch nicht.

Der Umweltgutachter bzw. die Umweltgutachterorganisation nach EMAS bzw. die Zertifizierungsorganisation nach DIN EN ISO 14001 müssen für die **Branche**, in der das Unternehmen tätig ist, zugelassen sein. Nach EMAS wird die Branche, in der das Unternehmen tätig ist, nach der statistischen Systematik der Wirtschaftszweige in Europa festgelegt, dem sog. **NACE-Code**.[101]

Im Rahmen des NACE-Codes werden die Unternehmen nach deren Branchenzugehörigkeit mit Buchstaben und Nummern klassifiziert. Es erfolgt eine Einteilung in: Abteilung.Gruppe bzw. Abteilung.Klasse.[102] Die jeweilige vorgenannte Kategorie umfasst die Branchen bzw. Unternehmen der nachgenannten Kategorie. Zum Beispiel: „Glasgewerbe, Keramik, Verarbeitung von Steinen und Erden" stellt eine Abteilung dar, die Abteilung DI 26. Diese enthält z.B. die Gruppe „Keramik" (ohne Ziegelei und Baukeramik), DI 26.2, und z.B. die Klasse „Herstellung von keramischen Haushaltswaren und Ziergegenständen", DI 26.21.

---

[101] Auch als „**NACE-Liste**" bezeichnet; siehe Verordnung (EWG) Nr. 3037/90.
[102] In der deutschen Statistik erfolgt noch eine Erweiterung um „Unterklasse". Diese wird nach der Ziffer für die Klasse ebenfalls mit „." abgetrennt.

Die Systematik der Handwerksbetriebe weicht von dieser Systematik ab, ebenso die Systematik der Branchen nach DIN EN ISO 14001.

Nur Umweltgutachter bzw. Umweltgutachterorganisationen bzw. Zertifizierungsorganisationen, die für die Branche zugelassen sind, in der das zu validierende bzw. zu zertifizierende Unternehmen tätig ist, dürfen die Validierungs- bzw. Zertifizierungstätigkeit durchführen. Das Unternehmen muss also eine/n entsprechende/n Umweltgutachter bzw. Umweltgutachterorganisation bzw. Zertifizierungsorganisation auswählen.[103]

Vor der **Bestellung eines Umweltgutachters nach EMAS** ist die Zusammenarbeit zwischen dem Unternehmen und dem Gutachter schriftlich festzulegen. In der schriftlichen Vereinbarung werden geregelt:

- der Gegenstand, d.h. die Validierungstätigkeit einschließlich der Abgabe eines Berichts des Umweltgutachters an die Unternehmensleitung,
- der Umfang der Arbeit,
- das Honorar für die Arbeit des Umweltgutachters,
- die verpflichtende Zusage des Unternehmens, dem Gutachter alle benötigten Unterlagen zur Verfügung zu stellen,
- die verpflichtende Zusage des Unternehmens, dem Gutachter den Zutritt zu allen Anlagen zu ermöglichen,
- eine beiderseitige Vertraulichkeitserklärung.

Steht ein Umweltgutachter bzw. die Umweltgutachterorganisation in einem **beratenden, familiären oder anderen (Abhängigkeits)Verhältnis** zum Unternehmen, darf dieser bzw. diese aufgrund von begründeten Interessenskonflikten nicht bestellt werden. Bei einem vermuteten Abhängigkeitsverhältnis sollte der Umweltgutachter bzw. die Umweltgutachterorganisation eine begründete Erklärung gegenüber dem Unternehmen abgeben, ob er bzw. sie ein solches für gegeben ansieht oder nicht.

Der Umweltgutachter führt im Rahmen seiner Validierungstätigkeit nach EMAS, auch als Validierungsaudit bezeichnet,[104] folgende Tätigkeiten durch:

- er nimmt Einsicht in die Unterlagen,
    Zu den **vor dem Besuch** auf dem Gelände vom Umweltgutachter einzusehenden Unterlagen gehören:
    - die Grunddokumentation über den Standort und die dortigen Tätigkeiten,
    - die Umweltpolitik und das Umweltprogramm,
    - die Beschreibung des Umweltmanagementsystems am Standort,
    - Einzelheiten der vorangegangenen Umweltprüfung oder der vorangegangenen Umweltbetriebsprüfung,

---

[103] Wenn Sie nicht wissen, welcher Branchenschlüssel auf Ihr Unternehmen zutrifft, wenden Sie sich an Ihre zuständige IHK oder HWK.
[104] Findet eine Überprüfung durch den Umweltgutachter vor der eigentlichen Validierungstätigkeit statt, spricht man auch von „**Voraudit**". Ist der Standort validiert und finden Prüfungen durch den Umweltgutachter vor dem nächsten Validierungsaudit statt, spricht man auch von „**Überwachungsaudits**". Die folgenden Validierungsaudits werden auch als „**Wiederholungs-**", „**Erneuerungs-**" oder „**Re-Validierungsaudits**" bezeichnet.

- die Berichte über diese Prüfungen und über etwaige anschließende Korrekturmaßnahmen bei festgestellten Abweichungen,
- der Entwurf einer Umwelterklärung.

Nach Prüfung der Unterlagen erstellt der Umweltgutachter einen Auditplan.

- er führt einen (oder mehrere) Besuch(e) auf dem Gelände durch,

  Bei dem Besuch bzw. den Besuchen auf dem Gelände nimmt der Umweltgutachter den Standort in Augenschein, führt Interviews mit den Beschäftigten und untersucht den Standort im Detail (Technik, Dokumente, Rechtsfragen, etc.). In der Regel geht er anhand vorbereiteter Interviewleitfäden und Checklisten für Rundgänge, Beobachtungen etc. vor.

- er nimmt detailliert Überprüfungen vor,

  Der Umweltgutachter überprüft folgende Elemente auf deren Übereinstimmung mit den Forderungen nach EMAS:
  - Umweltmanagementsystem,
  - Umweltprüfungsverfahren bzw. Umweltprüfung und deren Ergebnisse,
  - Umweltbetriebsprüfungsverfahren bzw. Umweltbetriebsprüfung und deren Ergebnisse,
  - (Entwurf der) Umwelterklärung, einschließlich Umweltpolitik und Umweltprogramm.

- er verfasst einen Bericht an die Unternehmensleitung.

  Dieser Bericht umfasst folgende Inhalte:
  - Festgestellte Verstöße gegen EMAS, insbesondere aufgetretene technische Mängel,
  - Einwände gegen den Entwurf der Umwelterklärung,
  - Einzelheiten der Änderungen oder Zusätze der Umwelterklärung.[105]

Der Umweltgutachter untersucht bei der **Erst-Validierung** insbesondere die Eignung bzw. die Funktionsfähigkeit des Umweltmanagementsystems (einschließlich aller darin festgelegten Verfahren), des Umweltprüfungsverfahrens und des Umweltbetriebsprüfungsverfahrens. Eine Umweltbetriebsprüfung sollte vom Unternehmen **vor** der Erst-Validierung durchgeführt werden und deren Funktionsfähigkeit nachgewiesen worden sein. Ebenso sollte das Umweltmanagementsystem mindestens drei Monate in Betrieb sein. Bei der Re-Validierung werden dann die tatsächliche Wirksamkeit der Verfahren und deren Ergebnisse überprüft. Die beiden anderen Vorgaben sind dann immer erfüllt.

Der Umweltgutachter überprüft die Einhaltung aller Vorschriften von EMAS, einschließlich den Entwurf der Umwelterklärung, und er überprüft die Zuverlässigkeit, Glaubwürdigkeit und Richtigkeit der Daten und Informationen in der Umwelterklärung. In der Überprüfung des Entwurfs der Umwelterklärung ist ebenfalls die Überprüfung der Umweltpolitik und des Umweltprogramms enthalten, da beide Elemente in der Umwelterklärung aufgeführt sein müssen. Ausdrücklich ist der Umweltgutachter aufgefordert zu überprüfen, ob Genehmigungen für alle Anlagen vorliegen, ob alle Rechtsvorschriften eingehalten werden und ob Verfahren zur Einhaltung der Rechtsvorschriften im Unternehmen vorliegen, obwohl diese Prüfung

---

[105] Um Kosten zu senken, sollte der Umweltgutachter mit der erforderlichen fachlichen Sorgfalt vorgehen und auf jede unnötige Doppelarbeit verzichten.

bereits in der Prüfung des Umweltmanagementsystems und der Umweltprüfung impliziert ist. Er überprüft zudem, ob das Zertifikat, d.h. das EMAS-Logo, vom Unternehmen ordnungsgemäß gebraucht wird.

Der Umweltgutachter erklärt den Entwurf der Umwelterklärung nur dann für gültig und bestätigt die Übereinstimmung mit EMAS, wenn **alle** Aspekte von EMAS erfüllt sind.

Wenn der **Entwurf der Umwelterklärung** geändert und/oder ergänzt werden muss oder wenn der Umweltgutachter feststellt, dass für eines der Vorjahre, in dem eine Gültigkeitserklärung erfolgte, die Erklärung unrichtig oder irreführend war oder regelwidrig keine Erklärung abgegeben wurde, dann erörtert der Umweltgutachter die erforderlichen Änderungen mit der Unternehmensleitung und erklärt die Umwelterklärung erst für gültig, nachdem das Unternehmen die entsprechenden Zusätze und/oder Änderungen in die Erklärung aufgenommen hat. Gleiches gilt für kleine, heilbare Abweichungen in den einzelnen Elementen - der Umweltgutachter wird diese ansprechen mit der Aufforderung zur Heilung bis zum Druck der Umwelterklärung. Wenn **nicht heilbare Abweichungen** vorliegen, z.B. die Umweltpolitik, das Umweltprogramm, Abläufe im Umweltmanagementsystem oder das Umweltbetriebsprüfungsverfahren nicht mit den Anforderungen von EMAS übereinstimmen, oder wenn Rechtsvorschriften vom Unternehmen nicht eingehalten werden, dann erfolgt keine Gültigerklärung der Umwelterklärung. Der Umweltgutachter richtet dann entsprechende Empfehlungen für die erforderlichen Verbesserungen an die Unternehmensleitung. Nach einer grundlegenden Überarbeitung und Heilung dieser Mängel wird eine erneute Prüfung der gesamten Anforderungen durch den Umweltgutachter vorgenommen.[106]

Erklärt der Umweltgutachter nach EMAS den Entwurf der Umwelterklärung für gültig und sind somit auch alle anderen Prüfungsinhalte mit EMAS konform, wird die Umwelterklärung fertiggestellt. Es fehlt dann nur noch die von der IHK bzw. HWK vergebene Standortnummer (siehe Kap. 4.1.8).

Ist ein Unternehmen nach EMAS validiert, enthält dies auch die Zertifizierung nach DIN EN ISO 14001, da die Anforderungen an das Umweltmanagementsystem gleich sind (siehe Kap. 4.2). Umgekehrt ist dies nicht der Fall.

Ergeben sich bei der Re-Validierung gravierende Abweichungen oder Verstöße gegen EMAS oder den Gebrauch des EMAS-Logos, kann das EMAS-Zertifikat vom Umweltgutachter entzogen werden. Dabei ist darauf hinzuweisen, dass geringe Abweichungen, die beanstandet, aber nicht beseitigt wurden, zu gravierenden Abweichungen werden.

Eine Re-Validierung nach EMAS muss spätestens alle drei Jahre durchgeführt werden.

Auch vor **Aufnahme der Zertifizierungstätigkeit nach DIN EN ISO 14001** sollte ein Vertrag zwischen Unternehmen und Zertifizierungsorganisation analog EMAS geschlossen werden. Steht die Zertifizierungsorganisation in einem beratenden oder

---

[106] Verändert nach EMAS I.

anderen (Abhängigkeits)Verhältnis zum Unternehmen, kann ebenfalls keine Bestellung erfolgen. Bei einem vermuteten Abhängigkeitsverhältnis sollte die Zertifizierungsorganisation eine begründete Erklärung gegenüber dem Unternehmen abgeben, ob sie ein solches für gegeben ansieht oder nicht.

Bei der Zertifizierungstätigkeit nach DIN EN ISO 14001, auch als Zertifizierungsaudit bezeichnet, führt die Zertifizierungsorganisation bzw. der Zertifizierer dieser Organisation folgende Tätigkeiten durch:

- er nimmt Einsicht in die Unterlagen,
  Zu den **vor dem Besuch** auf dem Gelände vom Zertifizierer einzusehenden Unterlagen gehören die Grunddokumentation über den Standort und die dortigen Tätigkeiten, die Umweltpolitik, die Beschreibung des Umweltmanagementsystems am Standort, Einzelheiten der vorangegangenen Bewertung durch die oberste Leitung. Danach erstellt er einen Auditplan..[107]
- er führt einen (oder mehrere) Besuch(e) auf dem Gelände durch,
  Bei dem Besuch bzw. den Besuchen auf dem Gelände nimmt der Zertifizierer den Standort in Augenschein, führt Interviews mit den Beschäftigten und untersucht den Standort im Detail (Technik, Dokumente, Rechtsfragen, etc.). In der Regel geht er anhand vorbereiteter Interviewleitfäden und Checklisten für Rundgänge, Beobachtungen etc. vor.
- er nimmt Überprüfungen vor,
  Der Zertifizierer überprüft folgende Elemente auf deren Übereinstimmung mit den Forderungen nach DIN EN ISO 14001:
    - Umweltmanagementsystem,
    - Umweltmanagementsystem-Audit,
    - Umweltpolitik und Umweltziele.
- er verfasst einen Bericht an die Unternehmensleitung.
  Dieser Bericht umfasst die festgestellten Mängel im Umweltmanagementsystem.

Das Umweltmanagementsystem sollte vor der Erst-Zertifizierung mindestens drei Monate in Betrieb sein. Ein Umweltmanagementsystem-Audit sollte funktionsfähig und dessen Wirksamkeit durch eine erfolgte Anwendung im Unternehmen nachgewiesen sein. Bei der Re-Zertifizierung sind diese Vorgaben immer erfüllt.

Sind Mängel im Umweltmanagementsystem vorhanden, d.h. sind einzelne nach DIN EN ISO 14001 geforderte Elemente nicht oder nicht ausreichend vorhanden, überprüft der Zertifizierer, ob diese Mängel heilbar sind. Unter der Voraussetzung der Heilbarkeit dieser Mängel, üblicherweise mit Zeitvorgaben durch den Zertifizierer, erfolgt eine Zertifizierung. Eine Zertifizierung kann auch erfolgen, wenn Rechtsvorschriften etc. nicht eingehalten werden, sofern nachgewiesen wird, dass die einge-

---

[107] Findet eine Überprüfung durch die Zertifizierungsorganisation vor der eigentlichen Zertifizierungstätigkeit statt, spricht man auch von „**Voraudit**". Ist der Standort zertifiziert und finden Prüfungen durch den Zertifizierer vor dem nächsten Zertifizierungsaudit statt, spricht man auch von „**Überwachungsaudits**". Die folgenden Zertifizierungsaudits werden auch als „**Wiederholungs-**", „**Erneuerungs-**" oder „**Re-Zertifizierungsaudits**" bezeichnet.

richteten Regelungen zukünftig eine Einhaltung gewährleisten. Sind die Mängel nicht heilbar, erfolgt keine Zertifizierung.

Eine Re-Zertifizierung nach DIN EN ISO 14001 sollte spätestens alle fünf Jahre erfolgen.

Ein **Sonderfall** tritt dann ein, wenn ein Unternehmen nach DIN EN ISO 14001 zertifiziert ist und sich nach EMAS validieren lassen will. Dann müssen die nach EMAS fehlenden Elemente umgesetzt und ein Umweltgutachter bzw. eine Umweltgutachterorganisation bestellt werden, die die Validierung wie beschrieben vornimmt. Insbesondere müssen dann vom Gutachter geprüft werden:[108]

- die Gültigkeit des DIN EN ISO 14001-Zertifikats,
    Es ist zu überprüfen, ob das vorhandene DIN EN ISO 14001-Zertifikat alle Voraussetzung einer Anerkennung nach EMAS erfüllt.
- die Übereinstimmung des zu validierenden Gültigkeitsbereichs,
    Der Gültigkeitsbereich bezieht sich auf das Unternehmen und die genannten Standorte.
- die Einhaltung der rechtlichen Vorgaben,
- die Umsetzung der nach EMAS verlangten und von DIN EN ISO 14001 abweichenden inhaltlichen Elemente, u.a. Umweltprüfung, Bewertung der Umweltauswirkungen, Audit-Häufigkeit, Umwelterklärung etc. (siehe Kap. 4.2).

Um die **Arbeit des Umweltgutachters bzw. des Zertifizierers**, d.h. die Durchführung des Validierungs- bzw. Zertifizierungsaudits, möglichst reibungslos und effizient (und angenehm) durchzuführen, sollten folgende Sachverhalte erfüllt sein:

- Übermittlung einer Anfahrtsskizze, Stadtplan und Wegbeschreibung an den Umweltgutachter bzw. den Zertifizierer,
- Benennen eines Ansprechpartners für die Dauer des Audits, üblicherweise der Umweltmanagementvertreter oder die Geschäftsleitung,
- Inkenntnissetzung der Beschäftigten über das Audit und den Audittermin,
- Briefing der Beschäftigten, insbesondere über die Zeitpläne und den Ablauf des Audits, Auffrischung der Kenntnisse und Abbau von Ängsten,
- Vorhalten der benötigten Unterlagen an den Arbeitsplätzen,
- Reservierung eines Besprechungsraumes mit entsprechender technischer Ausstattung für Präsentationen etc.,
- Betreuungsprogramm, einschließlich Kopierdienst.[109]

Diese Arbeiten zur Vorbereitung und Unterstützung der Validierung bzw. Zertifizierung sind in das Umweltmanagementsystem, d.h. in die übergeordneten Managementtätigkeiten, einzubeziehen (siehe Kap. 4.1.4). Die Berücksichtigung in der Verantwortungsmatrix „übergeordnete Managementtätigkeiten" und deren

---

[108] Verändert und ergänzt nach WOHLFAHRT, 1999:195-196.
[109] Verändert nach LÖBEL/SCHRÖGER/CLOSHEN (2001:35); zudem sollten eventuell Informationen über die „**Steckenpferde**" des Umweltgutachters bzw. des Zertifiziers eingeholt werden, um auf ganz spezielle Fragen vorbereitet zu sein. Die weiteren aufgeführten Aspekte sind inhaltlicher Art und bereits oben aufgeführt.

Umsetzung gewährleistet die reibungslose und effiziente (und angenehme) Durchführung der Validierung bzw. Zertifizierung.

Um im Sinne der Nachhaltigkeit die sozialen Aspekte ebenfalls zu berücksichtigen, wird vorgeschlagen, ein ähnliches System für die sozialen Aspekte zu etablieren, bei dem die Unternehmen auf freiwilliger Basis analog EMAS teilnehmen können. Den nationalen und internationalen Normungsgremien wird empfohlen, ein der DIN EN ISO 14001 angelehntes System für die sozialen Aspekte zu etablieren.

Für die ökonomischen Aspekte der Nachhaltigkeit liegt bereits ein System vor, das der externen Wirtschaftsprüfung. Um im Sinne der Nachhaltigkeit die wirtschaftlichen Aspekte ebenfalls zu berücksichtigen, wird vorgeschlagen, dieses System auszuweiten, so dass alle Unternehmen auf freiwilliger Basis analog EMAS teilnehmen können.[110] Den nationalen und internationalen Normungsgremien wird empfohlen, ein der DIN EN ISO 14001 angelehntes System zu etablieren.

4.1.8 Eintragung in das Standortregister bzw. Aushändigung des Zertifikats

Nach EMAS bildet die Eintragung in das Standortregister der EU den Abschluss der inhaltlichen und formalen Umsetzung von EMAS.

Die für gültig erklärte Umwelterklärung wird vom Unternehmen an die zuständige IHK bzw. HWK übermittelt, zusammen mit dem Antrag auf Eintragung in die EU-Liste der Standorte, die am Gemeinschaftssystem der EU teilnehmen.

Die bei der **Übermittlung der Umwelterklärung** zur Eintragung erforderlichen Angaben des Unternehmens sind:

- Name des Unternehmens und Anschrift,
- Ansprechpartner,
- NACE-Code der Tätigkeit,
- Anzahl der Arbeitnehmer,
- Name des Umweltgutachters (dessen Unterschrift ist auf der Umwelterklärung abgedruckt),
- Zulassungsnummer des Umweltgutachters,
- Gegenstand und Umfang der Zulassung des Umweltgutachters,
- Datum der nächsten Umwelterklärung,
- Bezeichnung der für das Unternehmen zuständigen vollziehenden Behörde bzw. der entsprechenden Behörden zur Möglichkeit der Kontaktaufnahme mit der- bzw. denselben,
- Datum und Unterschrift des Vertreters des Unternehmens.

Anschließend werden diese Angaben durch die zuständige IHK bzw. HWK überprüft. Bei Richtigkeit wird eine Eintragung in das Standortregister der zuständigen

---

[110] Ein System der **externen Überprüfung** („Begutachtung", „Zertifizierung") für mittelständische und große Unternehmen stellen bereits die nationalen und internationalen Vorgaben zur „**Wirtschaftsprüfung**" dar. Diese „Wirtschaftsprüfung" wäre analog zum „Umweltmanagement" als Validierung bzw. Zertifizierung zu bezeichnen, allerdings auf nicht-freiwilliger Basis.

IHK und HWK vorgenommen. Dabei vergibt die IHK bzw. die HWK eine Nummer, die wie folgt aufgebaut ist: DE - S - 123 - 00012. Der erste Buchstabe bzw. die ersten Buchstaben stehen für das Land, in dem sich der Standort bzw. das Unternehmen befindet (DE für Deutschland, A für Österreich etc.), S steht für Site bzw. Standort. Die erste Zahl steht für die für den Standort bzw. das Unternehmen zuständige Kammer. Die zweite Zahl ist eine fortlaufende Nummer, die für die Standorte bzw. die Unternehmen vergeben wird, die sich bei der zuständigen Kammer registrieren lassen. Diese Nummer wird dem Unternehmen mitgeteilt und ist in der Umwelterklärung aufgeführt. Dies bedeutet, dass die endgültige Druckfassung der Umwelterklärung erst nach Erhalt der Registrierungsnummer fertiggestellt werden kann.

Nach der Eintragung gilt die Umwelterklärung des Unternehmens als veröffentlicht. Das Unternehmen kann dann das **Logo „Geprüftes Umweltmanagement"** führen. Dieses Logo ist Abbildung 21 aufgeführt.[111]

Abbildung 21: Logo „Geprüftes Umweltmanagement" der Teilnahmebestätigung am Europäischen Gemeinschaftssystem nach EMAS und Logo „Geprüfte Information" nach EMAS

Die zuständige IHK bzw. HWK übermittelt die vor Ort geführten Standorte bzw. die Standortliste an die EU. Im Amtsblatt der EU werden die Standorte einmal jährlich veröffentlicht.

Nach DIN EN ISO 14001 bildet die Übergabe des Zertifikats der Zertifizierungsorganisation an das Unternehmen den Abschluss der inhaltlichen und formalen Umsetzung der DIN EN ISO 14001. Im Zertifikat wird erklärt, dass das Unternehmen die Norm umgesetzt hat.

Die Tätigkeiten im Unternehmen im Zusammenhang mit der Eintragung bzw. der Übergabe des Zertifikats sind in das Umweltmanagementsystem, d.h. in die übergeordneten Managementtätigkeiten einzubeziehen (siehe Kap. 4.1.4). Die Berück-

---

[111] Im Rahmen von EMAS liegt ein zweites Logo vor, das **Logo „Geprüfte Information"**. Dieses Logo kann auch vergeben werden, wenn der Umweltgutachter nur einzelne bestimmte Informationen des Unternehmens überprüft und für gültig erklärt, zum Beispiel im Rahmen der Veröffentlichung einer verkürzten Umwelterklärung (siehe Kap. 4.1.6). Dieses Logo ist ebenfalls in Abb. 21 aufgeführt.

sichtigung in der Verantwortungsmatrix „übergeordnete Managementtätigkeiten" und deren Umsetzung gewährleistet den schnellen Abschluss dieser Tätigkeiten.

4.2 Auswahl der Bezugsgrundlage des Umweltmanagementsystems

Um die Auswahl der Bezugsgrundlage zur Einführung von „Umweltmanagement"[112] vornehmen zu können, sind die beiden Alternativen EMAS und DIN EN ISO 14001 zu vergleichen.[113] Die Unterschiede sind in Abbildung 22 zusammengefasst.

Die **wesentlichen anwendungsorientierten Unterschiede** der beiden Bezugsgrundlagen sind:

- Gültigkeits-/Anwendungsbereich,
    International ausgerichtete Unternehmen, die auch an ihren Standorten außerhalb Europas ein zertifiziertes Umweltmanagementsystem einführen wollen, werden aufgrund der weltweiten Vereinheitlichung DIN EN ISO 14001 umsetzen.
- Auditobjekt,
    Unternehmen mit mehreren Standorten, insbesondere Handelsunternehmen, werden DIN EN ISO 14001 umsetzen, da die standortbezogene Prüfung entfällt. Bei EMAS erhält das Unternehmen erst die Validierung, wenn alle Einzelstandorte validiert sind. Unternehmen mit einem Standort haben eine differenzierte Abwägung vorzunehmen.
- Aufbau des Bezugstextes,
    EMAS ist schwerer lesbar, da viele Querverweise bestehen, insbesondere zum Anhang. Diese Problematik ist durch die übersichtliche Darstellung der einzelnen Elemente in Kap. 4.1 abgebaut, so dass eine einfache Umsetzung möglich ist.
- Ziel und Verpflichtung zur kontinuierlichen Verbesserung,
    Der Schwerpunkt der Verbesserung liegt bei EMAS auf der kontinuierlichen Reduzierung der Umweltauswirkungen und in der Information der Öffentlichkeit, bei DIN EN ISO 14001 auf der Verbesserung des Umweltmanagementsystems. Dieser Unterschied ist nur vordergründig, da auch bei einer Verbesserung des Umweltmanagementsystems eine Reduzierung der Umweltauswirkungen eintreten muss.

---

[112] Es handelt sich um die Auswahl des Verfahrens der Umsetzung. Die Anforderungen an das eigentliche Umweltmanagementsystem sind **identisch**.
[113] Wenn z.B. Abnehmer oder Lieferanten des Unternehmens eines der beiden Systeme einfordern, kann die Entscheidungsmöglichkeit auch eingeschränkt sein.

Abbildung 22: Unterschiede von EMAS und DIN EN ISO 14001*

Merkmal	EMAS	DIN EN ISO 14001
Normungsart	europäische Verordnung	internationale Norm
Geltungs-/Anwendungsbereich	in Ländern der EU	weltweit
Systembezug	Gemeinschaftssystem einschließlich Umweltmanagementsystem	Umweltmanagementsystem
Branchenbezogene Anwendung	keine Branchenbeschränkung	keine Branchenbeschränkung
Auditobjekt	Standort bzw. Unternehmen**	Unternehmen**
Aufbau des Bezugstextes	Verordnung ist schwerer lesbar, da viele Querverweise, insbesondere zum Anhang	logischer und ablauforientiert aufgebaut
Ziel	Schwerpunkt liegt auf der kontinuierlichen Reduzierung der Umweltauswirkungen und der Information der Öffentlichkeit	Schwerpunkt liegt auf der Verbesserung des Umweltmanagementsystems, um Reduzierungen der Umweltauswirkungen zu erzielen
Verpflichtung zur kontinuierlichen Verbesserung	Verpflichtung zu kontinuierlicher Verbesserung der Umweltauswirkungen	Verpflichtung zu kontinuierlicher Verbesserung des Umweltmanagementsystems (mit der Folge der Verbesserung der Umweltauswirkungen)
Einzelne formale Elemente	z.T. erhebliche Unterschiede***	
Auditzyklus	Auditzyklus jährlich; externe Validierung dreijährig	Auditzyklus nicht festgelegt; in der Praxis üblich ist jährliches Audit und Zertifizierung fünfjährig
Veröffentlichung	Umwelterklärung muss veröffentlicht werden	Umweltpolitik muss öffentlich zugänglich sein
Zertifizierung	Validierung durch akkreditierten Umweltgutachter bzw. Umweltgutachterorganisation	Zertifizierung durch akkreditierte Organisation (= Zertifizierungsorganisation)
Teilnahmebestätigung	Teilnahmeerklärung	Zertifikat
Logo zur Teilnahmeerklärung	ja	nein
Registrierung der Standorte	ja	nein

* ergänzt nach MEFFERT/KIRCHGEORG (1998:419) und WOHLFAHRT (1999:89)
** bzw. alle Organisationen
*** die Unterschiede in den einzelnen Elementen sind in Abbildung 23 aufgeführt

- einzelne formale Elemente,

  Bezüglich der Umsetzung der einzelnen formalen Elemente liegt eine Vielzahl von z.T. erheblichen Unterschieden vor. Sie werden nachfolgend erläutert (siehe Abb. 23).[114]

---

[114] Häufig werden diesbezüglich die in Abb. 23 aufgeführten Unterschiede genannt. Dabei ist bei EMAS eine umfassende erste Umweltprüfung durchzuführen, die Umweltaudits sollen das Managementsystem, Leistung, Daten, Kennzahlen und Einhaltung der umweltrechtlichen Anforderungen gegenüber EMAS-System und den umweltrechtlichen Vorgaben prüfen. Für die Prüfung sind ein Register der Umweltauswirkungen sowie Checklisten mit inhaltlichen Vorgaben vorgegeben. Diese werden nicht weiter thematisiert, da im Rahmen des nachhaltigen Umweltmanagement umfassendere Anforderungen zu erfüllen sind (siehe Kap. 4.1 und 5.3).

- interner Auditzyklus und externe Validierung bzw. Zertifizierung,
  Der interne Auditzyklus sollte bei beiden Verfahren ein Jahr betragen. Die externe Überprüfung in Form der Re-Validerung wird nach EMAS alle drei Jahre gefordert, nach DIN EN ISO 14001 alle 5 Jahre empfohlen, so dass hier bei DIN EN ISO 14001 ein geringerer Aufwand vorhanden ist.
- Veröffentlichung,
  Die Veröffentlichungspflicht der Umwelterklärung mit ihren detaillierten Anforderungen (siehe Kap. 4.1.6) wird bei Unternehmen, die eher eine restriktive Informationspolitik verfolgen, zur Umsetzung von DIN EN ISO 14001 führen. Diese Unternehmen verzichten allerdings auf die kommunikationspolitischen Vorteile der Umwelterklärung.
- Logo zur Teilnahmeerklärung und Registrierung der Standorte.
  Diese Aspekte sind Teil des EMAS-Gemeinschaftssystems, in dem das Umweltmanagementsystem umgesetzt wird, und fehlen bei DIN EN ISO 14001, in der das Zertifikat ausschließlich für die Umsetzung des Umweltmanagementsystems gilt.

Diese generellen Unterschiede beeinflussen letztlich die Entscheidung für oder gegen EMAS bzw. DIN EN ISO 14001. Neben diesen Unterschieden der beiden Verfahren sind auch Unterschiede der einzelnen formalen Elemente nach EMAS und DIN EN ISO 14001 vorhanden. Diese sind in Abbildung 23 aufgetragen.

Ein Aspekt bei der Auswahl des Umweltmanagementsystems ist auch, ob im Unternehmen bereits andere Managementsysteme vorhanden sind, z.B. Arbeitsschutz-, Sicherheits- oder Qualitätsmanagement. Insbesondere wenn ein Qualitätsmanagement bereits erfolgreich implementiert (und zertifiziert) wurde, sind eine Vielzahl von Synergien vorhanden, die für eine Umsetzung von DIN EN ISO 14001 sprechen, z.B. eine Kopplung der beiden Handbücher, geringerer Schulungsaufwand. EMAS kann dann ergänzend umgesetzt werden.

Die aufgeführten Unterschiede zwischen den einzelnen Elementen nach EMAS und DIN EN ISO 14001 beeinflussen auch die **Kosten/Nutzen-Überlegungen** für die Unternehmen, die detailliert in Kap. 4.3 diskutiert werden.

Die abschließende Entscheidung für eines der beiden Systeme wird allerdings nicht nur durch diese Unterschiede und die unterschiedlichen Kosten bzw. Nutzen beeinflusst, sondern auch durch die **umweltbezogene Positionierung und die Strategie des Unternehmens.** Zusammenfassend gilt, dass bei der Wahl einer Innovationsstrategie die Umsetzung von EMAS aufgrund der weitergehenden Anforderungen und der höheren Öffentlichkeitswirksamkeit empfohlen werden kann. Unabhängig davon gilt, dass sich die Umsetzung im Unternehmen an den Zielen der Nachhaltigkeit im Sinne nachhaltiger Umweltmanagementsysteme orientieren soll.[115]

---

[115] Ob ein Umweltmanagementsystem, das sich zwar an EMAS anlehnt, aber die Ziele einer nachhaltigen Entwicklung berücksichtigt, eines eigenen Labels bzw. Logos bedarf, wird an dieser Stelle nicht problematisiert.

Abbildung 23: Unterschiede der formalen Elemente von EMAS und DIN EN ISO 14001*

EMAS		DIN EN ISO 14001
Umweltpolitik		Umweltpolitik
Umfassende Umweltprüfung gefordert und Register der Umweltauswirkungen vorgegeben		Umweltprüfung empfohlen
Umweltziele/ Umweltprogramm		Umweltziele bzw. Umweltmanagementprogramme (qualitativ nicht identisch)
Umweltmanagementsystem (Anforderungen (Anh. I A.) entsprechen der DIN EN ISO 14001)	=	Umweltmanagementsystem
Umweltbetriebsprüfung (Umweltmanagementsystem-Audit einschließlich Umweltleistung, Daten, Kennzahlen und Einhaltung der umweltrechtlichen Anforderungen)		Überprüfung durch die oberste Leitung (Umweltmanagementsystem-Audit)
Anpassung von Zielen etc. aufgrund Umweltbetriebsprüfung		Abweichungen, Korrektur- und Vorsorgemaßnahmen
Umwelterklärung		
Externe Prüfung + Validierung		Externe Prüfung + Zertifizierung
Übermittlung an zuständige Stelle und Eintragung in das Standortregister		Aushändigung des Zertifikates
Veröffentlichung der Umwelterklärung		Veröffentlichung der Umweltpolitik

* die detaillierten Unterschiede der einzelnen formalen Elemente sind in den jeweiligen Kapiteln des Lehrbuchs (Kap. 4.1.1 - 4.1.8) erläutert

4.3 Kosten/Nutzen-Überlegungen zur Einführung von Umweltmanagement

Vor der Einführung von Umweltmanagement sind im Unternehmen detaillierte Kosten/Nutzen-Überlegungen durchzuführen. In diesem Rahmen sind

- der kurzfristige Kostenanfall zu ermitteln,
- der mittel- und langfristige Kostenanfall zu ermitteln,
- der Investitions- bzw. Finanzierungsbedarf zu ermitteln,
- der monetäre Nutzen abzuschätzen,
- eine ökonomische Gesamtabwägung durchzuführen.

Diese Aspekte werden im folgenden diskutiert. In Abbildung 24 sind die einzelnen Elemente und deren Auswirkungen auf die Kostensituation dargestellt.

Abbildung 24: Elemente des nachhaltigen Umweltmanagements und ihre Auswirkungen auf die Kostensituation des Unternehmens

	EMAS		DIN EN ISO 14001	
	Kosten	Kosteneinsparung	Kosten	Kosteneinsparung
Umweltpolitik	X	(x)	x	(x)
Umweltprogramm	X	(x)	entf.	-
Umweltmanagementsystem	xxx	(x)x	xxx	(x)x
Umweltprüfung	(x)xx	xxx	entf.	-
Umweltbetriebsprüfung/Überprüfung durch die oberste Leitung	(x)xx	(x)	(x)x	(x)
Umwelterklärung	Xx	-	entf.	-
Validierung/Zertifizierung	Xx	-	xx	-
Eintragung in das Standortregister	X	-	-	-

entf. = dieses Element wird nicht benötigt
x = gering; xx = mittel
xxx = hoch; - = kein Effekt

Die Kosten für die Erarbeitung einer Umweltpolitik, eines Umweltprogramms sowie die Eintragung in das Standortregister sind vergleichsweise gering. Wesentlich höher sind die Kosten für die Erstellung der Umwelterklärung und die Validierung. Mittlere bis hohe Kosten sind für die Durchführung der ersten Umweltprüfung und der Umweltbetriebsprüfungen, die ebenfalls turnusgemäße Umweltprüfungen beinhalten, zu tragen, je nach Stand der Vorarbeiten bzw. des Automatisierungsgrades der turnusgemäßen Datenerfassung. Die relativ betrachtet höchsten Kosten fallen für die Erstellung des Umweltmanagementsystems an. Beim Verfahren nach DIN EN ISO 14001 entfallen die Kosten für die nicht benötigten Elemente. Aufgrund dieser Mehranforderungen bei EMAS II kann die DIN EN ISO 14001 als „EMAS-light Version" bezeichnet werden.

Der **absolute Kostenaufwand** zur Einführung von Umweltmanagement kann nicht exakt angegeben werden. Er schwankt sehr stark und ist insbesondere abhängig von:

- der Größe des Standortes,
- der Zahl der Beschäftigten,
- der Branche, insbesondere der Komplexität der Prozesse,
- den Vorkenntnissen (bzw. Vorarbeiten) am Standort hinsichtlich aller Aspekte, die in der Umweltprüfung untersucht werden müssen,
- den Vorkenntnissen (bzw. Vorarbeiten) hinsichtlich organisatorischer Aspekte bzw. das Vorhandensein von anderen Managementsystemen, z.B. Qualitäts-, Arbeitsschutz- oder Sicherheitsmanagement.[116]

Je

- größer das Unternehmen ist,
- höher die Zahl der Beschäftigten ist,
- komplexer die Produktionsprozesse sind,
- geringer die Vorkenntnisse bezüglich Umwelt und Umweltmanagement sind,
- weniger Vorarbeiten bezüglich der Prüfungsinhalte der Umweltprüfung bereits durchgeführt wurden,
- geringer die Kenntnisse bzw. Erfahrungen mit Managementsystemen und Audits sind,
- mehr externes Know-how für die Einführung benötigt wird,

desto höher ist der absolute Kostenaufwand.

Die **Kosten der Einführung eines Umweltmanagementsystems** liegen bei EMAS aufgrund der zusätzlichen Elemente höher als bei DIN EN ISO 14001. Die Einführungskosten können als kurzfristige „Investition" betrachtet werden. Die Kosten der Umsetzung der Maßnahmen zur Erreichung einer nachhaltigen Entwicklung im Rahmen des nachhaltigen Umweltmanagements, d.h. die Kosten für das Erreichen der an der Nachhaltigkeit orientierten Umweltziele, können in keinem Fall pauschal angegeben werden. Sie sind häufig mit Änderungen bzw. einer Neugestaltung der technischen Prozesse, der Produkte etc. verbunden und sind aufgrund ihrer Höhe als mittel- bzw. langfristige Investitionen zu betrachten.

Den Kostenbetrachtungen sind Nutzenüberlegungen gegenüber zu stellen in Form von Kosteneinsparungen und Umsatzerhöhungen.

Die **absoluten Kosteneinsparungen** sind abhängig von:

- der Größe des Unternehmens,
- der Zahl der Beschäftigten,
- der Branche, insbesondere dem Ressourceneinsatz,

---

[116] Die beiden zuletzt aufgeführten Aspekte bedeuten, dass eventuell externes Know-how zur Einführung von Umweltmanagement nachgefragt werden muss.

- der Branche, insbesondere den Umweltauswirkungen,
- dem bisherigen technischen Standard, insbesondere hinsichtlich bereits verwirklichter Maßnahmen zur Einsparung von Ressourcen, zur Vermeidung von Abfallaufkommen, zur Optimierung der Logistik etc.,
- der bereits erfolgten Einführung anderer Managementsysteme.

Je

- größer das Unternehmen ist,
- höher die Zahl der Beschäftigten ist,[117]
- ressourcenintensiver die Branche ist,
- höher die Umweltauswirkungen sind,[118]
- geringer der technische Standard ist und je weniger Maßnahmen hinsichtlich Ressourceneinsparung, Abfallvermeidung etc. bisher umgesetzt wurden,
- weniger effizient die bisherigen Managementsysteme sind,

desto höher sind die **Potentiale für Kosteneinsparungen**.

Die absoluten Kosteneinsparungen sind bei EMAS wesentlich höher als bei DIN EN ISO 14001 aufgrund der systematischen Durchführung der Umweltprüfung und des sich ableitenden Umweltprogramms.

Neben den anfallenden Kosten der Einführung und ihrer Orientierung an den Nachhaltigkeitszielen und den bereits dargestellten Kosteneinsparungen sind weitere Kosteneinsparungen aufzuführen, die jedoch schwer zu quantifizieren und zu monetarisieren sind. Es sind:

- das sinkende Haftungsrisiko (auch für die Geschäftsleitung) und in dessen Folge eventuell sinkende Kosten für Haftpflichtversicherungen durch die Ermittlung der Rechtslage und der Erhöhung der Rechtssicherheit,
- die schnellere Realisierung von Investitionen durch Beschleunigung von Genehmigungsverfahren infolge Imagegewinn gegenüber Behörden,
- Kosteneinsparungen infolge reduzierter Schadensersatzleistungen, z.B. durch Erkennen und Sanieren von Altlasten auf dem Werksgelände,
- bessere Arbeitsergebnisse, sinkender Ausschuss, geringere Entsorgungskosten etc. durch die Sensibilisierung der Beschäftigten und Erhöhung der Motivation,
- Umsetzung erfolgreicher Unternehmensstrategien infolge notwendiger Diskussion um allgemeine Entwicklungsziele und -strategien durch die Einführung von Umweltmanagement.

Diese Vorteile kommen durch EMAS voll zum Tragen, bei DIN EN ISO 14001 sind höchstens die beiden letztgenannten realisierbar.

---

[117] Diese beiden Aspekte sind darin zu begründen, dass in größeren Unternehmen mit einer höheren Zahl von Beschäftigten größere Potentiale zur Erhöhung der Effizienz der Abläufe vorhanden sind.
[118] Diese beiden Aspekte sind darin zu begründen, dass höherer Ressourceneinsatz höhere Kosten und dass größere Umweltauswirkungen i.d.R. höhere Kosten für Steuern und Gebühren bedingen.

Neben den Kosteneinsparungen sind im Rahmen einer Gesamtabwägung **Umsatzerhöhungen bzw. Verkaufserfolge** durch strategische Positionierung und durch Imagegewinn in der Öffentlichkeit einzubeziehen, die allerdings ebenfalls schwer quantifizierbar sind. Zu ergänzen ist diesbezüglich, dass bei einer Positionierung in der Öffentlichkeit eine Flankierung der Maßnahmen durch Marketing erfolgen muss. Insbesondere für die Kommunikationspolitik können hierbei erhebliche Kosten anfallen, ebenso bei einer entsprechenden Preispolitik, z.B. bei niederen Markteinführungspreisen. Diese Vor- und Nachteile sind für die spezielle Situation abzuwägen. Dieser Aspekt kommt bei EMAS aufgrund seiner öffentlichkeitswirksamen Umwelterklärung deutlicher zum Tragen als bei DIN EN ISO 14001.

Die abschließende Entscheidung zur Auswahl der Bezugsgrundlage des Umweltmanagementsystems, EMAS oder DIN EN ISO 14001, ist somit nicht nur von den in der Umsetzung anfallenden unterschiedlichen Kosten bzw. von den zu erwartenden verschiedenen Nutzenaspekten abhängig, sondern auch von der **umweltbezogenen Positionierung des Unternehmens** und der **Wahl der Strategie** (siehe Kap. 5.1 und 5.2).

In jedem Fall ist aber ausgehend von diesen Kosten-/Nutzenbetrachtungen vor der Einführung eines Umweltmanagements eine Investitions- bzw. Finanzierungsplanung vorzunehmen (siehe Kap. 5.3.2).

4.4 Wechselwirkungen verschiedener Managementsysteme und deren Vereinheitlichung

Üblicherweise liegen in Unternehmen eine Vielzahl verschiedener Managementsysteme vor, z.B. Qualitätsmanagement, Arbeitsschutzmanagement, Sicherheitsmanagement, Umweltmanagement.

Diese hinsichtlich des **Regelungsbereichs** unterschiedlichen Managementsysteme werden bisher üblicherweise in **separaten Handbüchern** geregelt, z.B. dem Qualitätsmanagementhandbuch, dem Arbeitsschutzhandbuch, dem Sicherheitshandbuch. Dies führt zu einer Vielzahl von Handbüchern, was einen erheblichen Aufwand in der Erstellung und Verwaltung bedeutet, und zudem zu Unübersichtlichkeit an den Arbeitsplätzen, die von den (verschiedenen) Regelungen betroffen sind.

Eine Analyse dieser Managementsysteme zeigt, dass sie im **Kern** aber sehr ähnlich aufgebaut sind und vielfältige Überschneidungen vorliegen.[119]

Ähnlichkeiten bestehen insbesondere bei den generellen Regelungen, z.B. in prinzipiellen Ablauforganisationen (d.h. in der Gestaltung der Verantwortungsmatrices), in der Dokumentenlenkung (d.h. in der Gestaltung der Dokumentenmatrices), für den Umgang mit Verfahrens- und Arbeitsanweisungen.

Die Managementsysteme unterscheiden sich im Regelungsbereich. Trotzdem sind von den unterschiedlichen Regelungsbereichen meist gleiche Funktionen (und somit Beschäftigte) betroffen, z.B. wenn eine Erhöhung der Prozessqualität in der

---

[119] Z.B. KOSTKA/HASSAN (1997:106ff), umfassend VORBACH, 2000.

Produktion zu weniger Ausschuss und somit weniger Abfall, also geringeren Umweltauswirkungen führt.

Es empfiehlt sich deshalb, **die verschiedenen Managementsysteme und deren Handbücher** zu **vereinheitlichen** und **in einem integrierten Handbuch zusammenzufassen**.

Die notwendigen Verfahrensanweisungen, die zu erstellen sind, sind bezüglich des Umweltmanagements bereits in Kap. 4.1.4.2 aufgeführt. Sie sind auf die anderen Bereiche zu übertragen.

Ein Vorschlag für die Gliederung eines integrierten Handbuchs eines integrierten Managementsystems ist in Abbildung 25 aufgeführt.[120]

Bei der **Integration** sind folgende Ausgangssituationen zu unterscheiden:

- es besteht noch keines der speziellen Managementsysteme,
- es besteht ein spezielles Managementsystem,
- es bestehen zwei spezielle Managementsysteme, die nicht integriert sind,
- es bestehen zwei spezielle Managementsysteme, die bereits integriert sind,
- es bestehen alle drei speziellen Managementsysteme, die aber noch nicht integriert sind.

Bei der Gestaltung des integrierten Handbuchs sind mit Ausnahme des Titelblattes auf allen Seiten Kopf- und Fußzeilen vorzusehen. In den Kopf- oder Fußzeilen sollten folgende Informationen aufgeführt werden:

- Name des Unternehmens,
- Kapitelüberschrift,
- aktuelle Seitenzahl und Gesamtseitenzahl,
- Name und Unterschrift des Erstellers des Kapitels (d.h. des „Dokumentes"),
- Datum der Erstellung bzw. der letzten Änderung,
- Name und Unterschrift des Beauftragten für das integrierte Managementsystem (als Zeichen für die Überprüfung und Genehmigung),
- Datum der Überprüfung und Genehmigung,
- aktuelle Versionsnummer des Dokuments.[121]

Das Handbuch ist selbstverständlich **nicht öffentlich** zugängig. Der Teil „Unternehmensweite Regelungen (Politik)" könnte und sollte jedoch Kunden bzw. anderen Anspruchsgruppen zur Verfügung gestellt werden.

---

[120] Bei umfassenden und übergeordneten Managementsystemen wird auch von „**generischen**" Managementsystemen gesprochen.
[121] Siehe umfassend hierzu und mit vielen Beispielen FRIEDERICI, 2002. FRIEDERICI verwendet allerdings keine Gliederung des integrierten Handbuches in Form von Kapiteln.

Abbildung 25: Aufbau eines integrierten Handbuchs

Aufbau eines integrierten Handbuchs[1]
Titelblatt
0. Inhaltsverzeichnis (einschließlich kurzer Erläuterung)
1. Vorwort zu den Regelungsbereichen des Handbuchs des Unternehmens
2. Zweck und Anwendungsbereich der Regelungsbereiche, Ziele und Aufgaben
3. Definitionen und Begriffsbestimmungen
4. Abkürzungsverzeichnis
5. Standort - Beschreibung und Lageplan
6. Politiken der einzelnen Regelungsbereiche (Abdruck) 6.1. Umweltpolitik einschließlich Arbeitsschutz- und Sicherheitspolitik 6.2. Qualitätspolitik 6.3. ...
7. Programme der einzelnen Regelungsbereiche (Abdruck) 7.1. Umweltprogramm einschließlich Arbeitsschutz und Sicherheit 7.2. Qualitätsziele 7.3. ...
8. Liste der rechtlichen Vorgaben für die Regelungsbereiche 8.1. Umweltbereich, einschließlich Arbeitsschutz- und Sicherheitsbereich 8.2. Qualitätsbereich 8.3. ...
9. Liste der weiteren Anforderungen für die Regelungsbereiche
10. Liste allgemeiner, mitgeltender Unterlagen
11. Verantwortung und Zuständigkeit für das integrierte Handbuch <u>und</u> für die einzelnen Regelungsbereiche
12. Managementsystemelemente für die Regelungsbereiche - Organisation des integrierten Managementsystems 12.1. Aufbauorganisation - Organigramm 12.2. Ablauforganisation - Beschreibung der Verantwortlichkeiten (allgemein) 12.3. Dokumentenlenkung - Beschreibung der Dokumentenlenkung (allgemein) 12.4. Verfahrens- und Arbeitsanweisungen (allgemein)
13. Übergeordnete Managementaufgaben[2] 13.1. Managementsystem 13.2. Politikerstellung in den Regelungsbereichen 13.3. Erfassung der Ausgangssituation in den Regelungsbereichen, einschließlich Bewertung 13.4. Programm- bzw. Zielerstellung in den Regelungsbereichen 13.5. Vertragsprüfung, Überprüfung und Auswahl von: Fremdfirmen, Lieferanten sowie anderer Vertragspartner 13.6. Organisation und Personalpolitik, einschließlich Entwicklung der Aufbau-/Ablauforganisation, interne Kommunikation, Beschäftigtenbeteiligung und Schulung sowie Bürotechnologie

> 13.7. Externe Kommunikation
> 13.8. Notfallvorsorge
> 13.9. Betriebsprüfung für die einzelnen Regelungsbereiche, einschließlich Festlegen der Bewertungskriterien
> 13.10. Vorgehen bei Abweichungen, einschließlich Korrekturmaßnahmen
> 13.11. Validierungs- bzw. Zertifizierungsverfahren für die Regelungsbereiche
>
> 14. Regelungsbereiche in einzelnen Unternehmensbereichen[2),3)]
> 14.1. Grundstücke und Gebäude
> 14.2. Beschaffung
> 14.3. Beschaffungslogistik
> 14.4. Fertigung bzw. Produktion
> 14.5. Demontage/Recycling/Kreislaufführung
> 14.6. Produkte und Nutzung der Produkte
> 14.7. Distributionslogistik und Redistributionslogistik
> 14.8. F&E, einschließlich Prozessentwicklung, Produktentwicklung und Logistikplanung
> 14.9. Weitere, z.B. Kundendienst/Service, soziale betriebliche Einrichtungen (z.B. Kantine, Betriebskindergarten, Sportanlagen), Transport der Beschäftigten (z.B. tägliche Anfahrten, Dienstreisen)
> 14.10. Umweltauswirkungen von Vertragspartnern (z.B. Fremdfirmen)
> 14.11. Kommunikationsabteilung
> 14.12. Rechnungswesen/Finanzen, einschließlich Investitions- und Finanzierungsplanung, und Kontrahierungspolitik
> 14.13. Weitere, z.B. Rechtsabteilung

[1)] gilt je nachdem, welche Regelungsbereiche geregelt werden sollen
[2)] für jede Tätigkeit bzw. jeden Bereich Festlegung von Verantwortungsmatrices, Dokumentenmatrices und Verfahrensanweisungen
[3)] für jeden Unternehmensbereich sind die verschiedenen Regelungen zu treffen, einschließlich Arbeitsanweisungen. Die verschiedenen Regelungsbereiche werden im Unternehmensbereich gemeinsam aufgeführt. In Unternehmen, in denen einzelne Bereiche nicht vorhanden sind, entfallen diese Kapitel. Einzelne Kapitel können auch zusammengefasst werden bzw. aus einzelnen Kapiteln können auch mehrere Kapitel werden - dies gilt insbesondere bei einer prozessorientierten Ausrichtung des Unternehmens. In einzelnen Bereichen notwendige Regelungen, z.B. im Rahmen des Qualitätsmanagements die Angebotserstellung, Reklamationsbearbeitung etc., sind diesen Bereichen zuzuordnen; wenn die Unternehmensbereiche im Rahmen der Prozessreorganisation aufgelöst worden sind; dann hat die Handbuchgliederung anhand der Prozesse zu erfolgen und die Umweltschutzregelungen sind diesen Prozessen zuzuordnen (siehe ENGELFRIED/WILHELM, 2004).

Eine graphische Darstellung der Integration der verschiedenen Managementsysteme und Handbücher ist in Abbildung 26 aufgetragen.

Abbildung 26: Integration verschiedener Managementsysteme und deren Handbücher zu einem integrierten nachhaltigen Managementsystem bzw. zu einem integrierten Handbuch (exemplarisch)[*]

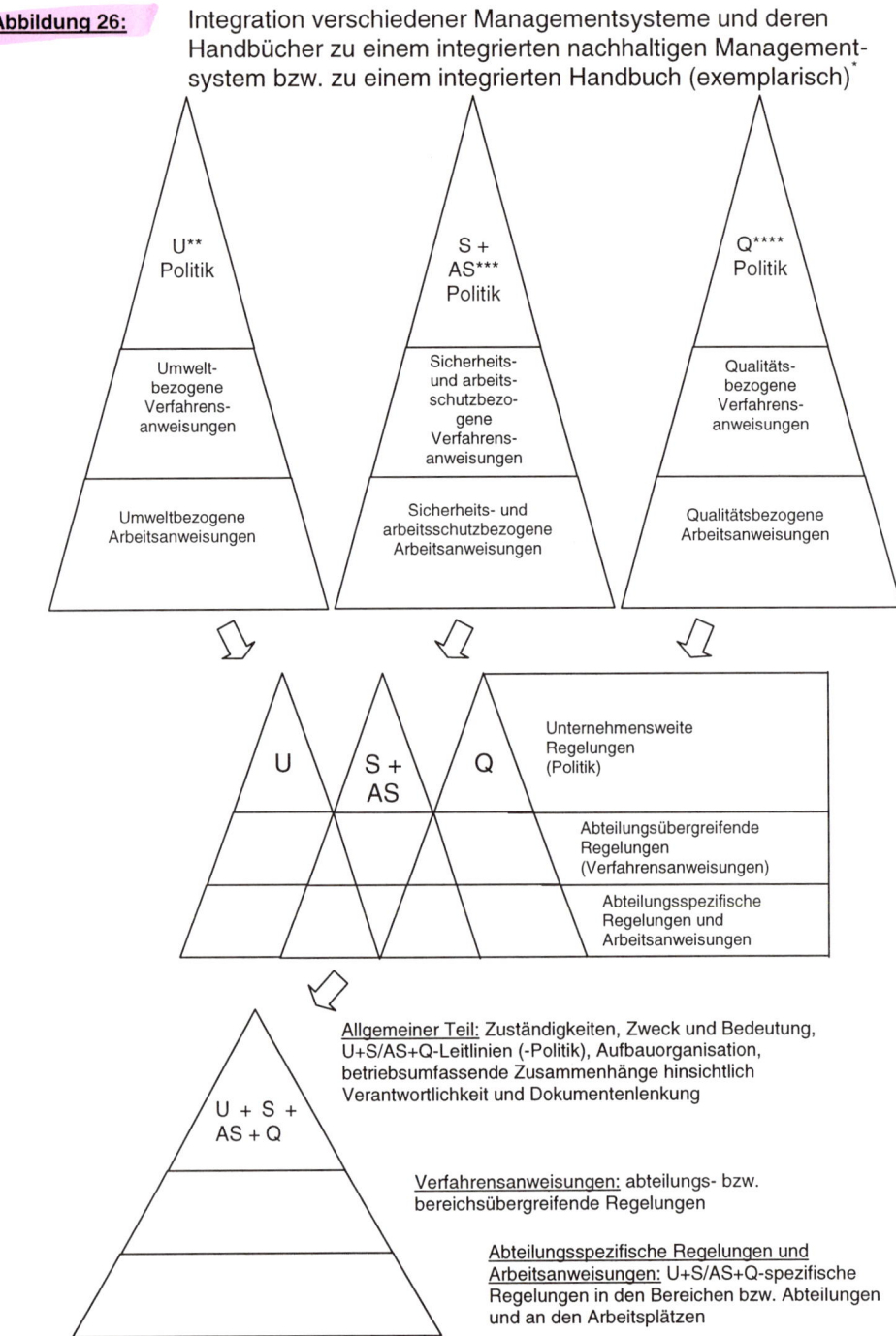

[*] Graphik verändert und ergänzt nach VORBACH (2000:147);
[**] Umwelt; [***] Sicherheit und Arbeitsschutz; [****] Qualität

5 Nachhaltiges Umweltmanagement als Bestandteil einer nachhaltigkeitsbezogenen Unternehmensstrategie

Ob Umweltmanagement im Unternehmen etabliert wird, hängt ab von der Entscheidung des Topmanagements hinsichtlich einer Positionierung des Unternehmens zum „Umweltschutz" bzw. insgesamt zur „Nachhaltigkeit".[1]

Ein Ablaufschema des Entscheidungsprozesses hinsichtlich der **umweltbezogenen Positionierung** des Unternehmens und der sich daraus ableitenden Folgeentscheidungen ist in Abbildung 27 aufgeführt.

Um zu einer Entscheidung hinsichtlich einer **umweltbezogenen Unternehmenspositionierung** zu gelangen, sind zuerst die unternehmensinternen und unternehmensexternen Einflussfaktoren zu untersuchen, die die Ausgangssituation bestimmen, also die Stärken und Schwächen des Unternehmens und die Chancen und Risiken in der Unternehmensumwelt (siehe Kap. 5.1). Anschließend kann dann eine „Festlegung der Unternehmensziele" („Umweltpolitik", siehe Kap. 4.1.1) und eine „Operationalisierung der Ziele" („Umweltprogramm", siehe Kap. 4.1.3) erfolgen.

Mögliche **umweltbezogene Strategien zur Erreichung dieser Ziele** werden in Kap. 5.2 aufgeführt.

Die im Rahmen der Strategien anzuwendenden **Instrumente, um diese Ziele zu erreichen**, sind bereits in Form der aufgeführten Umweltschutzmaßnahmen ausführlich dargestellt: „umweltverträgliches Produkt", „umweltverträgliche Produktion" und „umweltverträgliche Distributions- und Redistributionslogistik" (siehe Kap. 4.1.3).

Weitere Instrumente bzw. Maßnahmen sind in Kap. 5.3 näher beschrieben: eine umweltorientierte Kommunikationspolitik, eine umweltorientierte Kontrahierungspolitik, eine umweltorientierte Investitions- und Finanzpolitik, eine umweltorientierte Personalpolitik sowie eine umweltorientierte Forschungs- und Entwicklungspolitik.

Die Durchsetzung und Kontrolle des Umweltschutzes, d.h. die organisatorischen Aspekte „Aufbau des Umweltmanagementsystems" (siehe Kap. 4.1.4) und „Umwelt-Controlling" (siehe Kap. 4.1.5) schließen den Entscheidungs- und Umsetzungsprozess ab.

Mit der Umsetzung eines nachhaltigen Umweltmanagements (siehe Kap. 4) sowie den dazu benötigten Instrumenten (siehe Kap. 5.3) sind die umweltbezogenen Aspekte der Nachhaltigkeit erfüllt.

Der Entscheidungsprozess im Unternehmen hinsichtlich einer **nachhaltigen Unternehmensführung** ist analog durchzuführen. Dabei sind als Ausgangssituation neben umweltbezogenen auch die sozialen und ökonomischen Stärken und Schwä-

---

[1] Dieses Kapitel beruht in Grundzügen auf ENGELFRIED (2002). Es wurde für den Zweck dieses Lehrbuches neu strukturiert, vollständig überarbeitet und erweitert.

chen des Unternehmens zu analysieren, d.h. die internen Faktoren (einschließlich „Sozialprüfung" und „Wirtschaftsprüfung"), und die sozialen und ökonomischen Chancen und Risiken in der Unternehmensumwelt, d.h. die externen Faktoren. Bei der abzuleitenden **Positionierung hinsichtlich Nachhaltigkeit** kann - trotz der Priorität der Maßnahmen im Umweltschutz (siehe Kap. 2.2) - eine Abwägung zwischen den drei Aspekten notwendig werden.

Anschließend sind die Unternehmensziele hinsichtlich Nachhaltigkeit zu entwickeln („Nachhaltigkeitspolitik") und diese Ziele zu operationalisieren („Nachhaltigkeitsprogramm"). Daraus werden nachhaltigkeitsorientierte Unternehmensstrategien abgeleitet und die Maßnahmen im Rahmen der Strategien gestaltet. Dieses sind die Umweltschutzmaßnahmen (siehe Kap. 4 und Kap. 5), Maßnahmen zur sozialen Gerechtigkeit und ökonomische Maßnahmen. Abschließend erfolgt die Durchsetzung und Kontrolle in Form der Umsetzung eines integrierten Managementsystems und der regelmässigen Durchführung einer Betriebsprüfung hinsichtlich der drei Aspekte Umwelt („Umweltbetriebsprüfung"), Soziales („Sozialbetriebsprüfung") und Wirtschaft („Wirtschaftsbetriebsprüfung").

In diesem Kapitel werden ausschließlich die umweltbezogenen Aspekte behandelt. Auf die sozialen und ökonomischen Aspekte der nachhaltigen Unternehmensführung wird nicht weiter eingegangen.

Abbildung 27: Schritte im Entscheidungsprozess der umweltbezogenen Positionierung des Unternehmens*

Identifikation von Schlüsselfaktoren zur Bestimmung der **umweltbezogenen Positionierung** des Unternehmens als Ausgangssituation einer umweltbezogenen Strategieentwicklung
- Beurteilung der **umweltbezogenen Stärken** und **Schwächen** im Unternehmen, d.h. die Beurteilung der **internen Faktoren** (einschließlich Durchführung einer Umweltprüfung)
- Beurteilung der **umweltbezogenen Chancen** und **Risiken** in der Unternehmensumwelt, d.h. die Beurteilung der **externen Faktoren**

↓

Umweltorientierte Festlegung der Unternehmensziele
- Entwicklung umweltorientierter **Unternehmensgrundsätze** und **Leitlinien** sowie Bestimmung ihres Verhältnisses zu den anderen Unternehmenszielen, d.h. die Entwicklung der Umweltpolitik
- **Operationalisierung der Ziele**, d.h. die Erstellung des Umweltprogramms

↓

Formulierung umweltbezogener Unternehmensstrategien
- **Basisstrategien** hinsichtlich Positionierung und Marketing
- umweltbezogene Unternehmensstrategien

↓

Gestaltung von Umweltschutzmaßnahmen
- umweltverträgliches **Produkt**
- umweltverträgliche **Produktion**
- umweltverträgliche **Distributions- und Redistributionslogistik**
- umweltorientierte **Kommunikationspolitik**
- umweltorientierte **Kontrahierungspolitik**
- umweltorientierte **Investitions- und Finanzpolitik**
- umweltorientierte **Personalpolitik**
- umweltorientierte **Forschungs- und Entwicklungspolitik**

↓

Durchsetzung und Kontrolle
- **Umweltschutzorganisation** umsetzen, d.h. ein Umweltmanagementsystem Implementieren und weiterentwickeln
- **Umwelt-Controlling** umsetzen, u.a. regelmäßig eine Umweltbetriebsprüfung durchführen

---

* ergänzt und erweitert nach MEFFERT/KIRCHGEORG (1998:67) und WICKE et al. (1992:405)

5.1 Bestimmung einer umweltbezogenen Unternehmenspositionierung

Die Überlegungen des Unternehmens hinsichtlich der Bestimmung der Ausgangssituation zur Einführung von Umweltmanagement werden insbesondere durch zwei Dimensionen bestimmt, aus denen eine umweltbezogene Positionierung und Unternehmensstrategie abgeleitet werden:

- unternehmensinterne Faktoren,
- unternehmensexterne Faktoren.

In Bezug auf Umweltmanagement geht es dabei im wesentlichen um die Frage, ob und wie schnell das Unternehmen gegenüber umweltbezogenen Herausforderungen reagieren kann.

Zu den wichtigsten **unternehmensinternen Faktoren**, die das Handeln und die Stärken und Schwächen des Unternehmens gegenüber umweltbezogenen Herausforderungen bestimmen, zählen:[2]

- die Aufgeschlossenheit und Flexibilität gegenüber umweltbezogenen Fragestellungen,
- die Aufgeschlossenheit und Flexibilität gegenüber externen Einflüssen, z.B. Markteinflüssen, staatlichen Markteingriffen,
- die bisherige umweltorientierte Grundausrichtung der Unternehmens- und Marketingstrategie,
- die Charakteristik und Nähe des Leistungsprogramms des Unternehmens zu umweltrelevanten Märkten,
- die Summe aller Umweltauswirkungen, insbesondere der Ressourcenverbrauch und die Emissionen im Rahmen der Beschaffungs-, Produktions- und Absatzprozesse,
- die Umwelteigenschaften der Produkte, v.a. die Umweltauswirkungen in der Nutzungsphase, die Gebrauchs-, Recycling- und Kreislaufrückführungseigenschaften sowie Entsorgungseigenschaften der Produkte,
- die Höhe der zur Verfügung stehenden finanziellen Mittel für umweltbezogene Maßnahmen,
- das allgemeine umweltrelevante Know-how und die umweltbezogene Kompetenz des Unternehmens bzw. der Beschäftigten einschließlich Beschäftigter im Außendienst, z.B. hinsichtlich Umweltschutztechnik,
- Kontakte, insbesondere zur Politik, zu Lobbyverbänden, zu Umweltschutzverbänden, zu Normungsgremien etc.,
- der Exponiertheits- und Visibility-Grad des Unternehmens in der Öffentlichkeit, d.h. die Frage, ob und inwieweit das Unternehmen oder die umweltrelevanten Unternehmensfaktoren in der Öffentlichkeit wahrgenommen werden.

---

[2] Nach MEFFERT/KIRCHGEORG, 1998:148-151.

Je

- aufgeschlossener und flexibler das Unternehmen ist,
- mehr es bereits den Umweltschutzgedanken in den bisherigen Strategien berücksichtigte,
- enger seine Produkte bereits an die umweltschutzorientierten Märkte angenähert sind,
- geringer seine derzeitigen Umweltauswirkungen sind bzw. sein Ressourcenverbrauch ist,
- umweltschonender seine Produkte sind,
- höher seine verfügbaren finanziellen Mittel sind,
- größer sein Know-how ist,
- mehr und bessere Kontakte es hat,

desto leichter wird es dem Unternehmen fallen, sich umweltorientiert zu positionieren und Umweltmanagement umzusetzen.

Inwieweit der Exponiertheits- und Visibility-Grad des Unternehmens als Stärke oder Schwäche zu bewerten ist, hängt von der spezifischen Situation des Unternehmens ab, u.a. von der Unternehmensgröße, einer bereits erfolgten umweltbezogenen Positionierung, von der Führung der Produkte unter der Firmenmarke oder einer herstelleranonymen Einzelmarke und von der Art des Marktes (Zwischenprodukt, Massenprodukt, Luxusgut).

Wenn Daten über diese internen Faktoren auch von Branchenkonkurrenten bekannt sind, empfiehlt sich die Durchführung einer **Benchmarking-Analyse**, um die Stellung des eigenen Unternehmens im Branchenumfeld zu beurteilen.

Im Rahmen der Situationsanalyse sind ergänzend - ebenfalls zu den internen Faktoren zählend - die im Unternehmen **vorhandenen Wertvorstellungen** zu untersuchen. Dies sind **ethische, moralische** und **mitweltbezogene Einstellungen und Werte**, insbesondere der Unternehmensleitung. Je ausgeprägter diese Einstellungen und Werte hinsichtlich einer umfassenden Verantwortung gegenüber der Mitwelt sind, desto einfacher und schneller wird das Unternehmen eine umweltorientierte Positionierung festlegen können.

Unternehmensexterne Faktoren, die je nach Ausprägung Chancen oder Risiken für das Unternehmen im Marktumfeld bedeuten, sind einzuteilen in konsumenten- bzw. marketing-, produkt- bzw. programm-, wettbewerbs- und handelsbezogene Faktoren.[3]

Die **konsumenten- bzw. marketingbezogenen Faktoren** sind:

- die Höhe und die Bedeutung des Umweltbewusstseins bzw. der Stellenwert des Umweltschutzes im Absatzmarkt,
- die Größe bzw. das Nachfragepotential des umweltorientierten Käufersegments,

---

[3] Erweitert nach MEFFERT/KIRCHGEORG, 1998:277-284.

- die Dynamik der Kundennachfrage,

    Je höher diese Komponenten ausgeprägt sind, desto leichter wird eine umweltorientierte Positionierung umzusetzen sein.

- die Wahrnehmbarkeit der Umweltverträglichkeit als Nutzenkomponente,

    Je höher die Wahrnehmbarkeit des Umweltnutzens, desto leichter kann eine umweltorientierte Positionierung erfolgen. Wenn mit dem Umweltnutzen ein ökonomischer Vorteil für den Konsumenten einhergeht, ist der Vorteil noch höher einzuschätzen.

- die Bedeutung des Kernnutzens für die Kaufentscheidung,

    Je weniger der Kernnutzen durch die Umweltverträglichkeit als Nutzendimension beeinträchtigt wird, desto besser für das Unternehmen.

- die Interessenskonflikte zwischen Umweltbewusstsein und konkurrierenden Zielen, wie z.B. Preis, Design, Prestige, Image etc.,

    Je stärker die Diskrepanz zwischen Umweltbewusstsein und Preis, Prestige, Image etc. des umweltverträglichen Produktes, desto schwieriger wird eine umweltorientierte Positionierung sein.

- die Dynamik des Kritikpotentials am Unternehmen,

    Je höher das Kritikpotential, z.B. an der Produktpalette, der Produktionstechnik, der Öffentlichkeitsarbeit oder der Marketingpolitik des Unternehmens, und je größer der Einfluss kritischer Lobbygruppen in der Öffentlichkeit sind, und je dynamischer sich diese Kritik verhält, umso nachteiliger ist dies für eine umweltorientierte Positionierung.

    Ebenso nachteilig wirkt eine Angreifbarkeit des Unternehmens dadurch, dass die Kommunikationspolitik „Umweltverträglichkeit" vermittelt, diese aber durch das Unternehmen und seine Produkte nicht bestätigt wird.

- umweltrechtliche Vorschriften, Verbraucheranforderungen etc.,

    Je stärker eine Reglementierung, sowohl der Produkte, der Produktionsprozesse und der Logistik, durch umweltrechtliche Vorschriften, Verbraucheranforderungen etc. bereits erfolgt ist, desto schwieriger wird eine umweltorientierte Positionierung.

- der Grad des Widerspruchs von Unternehmensaktivitäten zu gesellschaftlichen Normvorstellungen,

    Wenn die Aktivitäten des Unternehmens gesellschaftliche Normvorstellungen verletzen, wird eine umweltorientierte Positionierung problematisch.

- der Beitrag des Unternehmens zur Wohlfahrt der Gesellschaft,

    Je höher der Beitrag des Unternehmens zur Wohlfahrt, desto glaubwürdiger und somit leichter wird die umweltorientierte Positionierung.

- die bisherige erfolgte Positionierung in der Unternehmenskommunikation.

    Je umfassender und je länger eine Umweltorientierung bereits in die Unternehmenskommunikation integriert ist, desto leichter wird eine umweltorientierte Positionierung umzusetzen sein.

Die **produkt- bzw. programmbezogenen Faktoren** sind:

- die Sicherung der Rohstoffversorgung sowie die Sicherung der erforderlichen Ressourcenqualität für die Produktherstellung bzw. den Produktvertrieb,
  Je knapper die verfügbaren Rohstoffe sind bzw. je schlechter die Qualität der Rohstoffe ist, die für die Produkte und den Vertrieb benötigt werden, desto nachteiliger ist die Situation des Unternehmens einzuschätzen. Dies resultiert u.a. aus möglichen Abhängigkeiten von Rohstofflieferanten und eventuellen Kostensteigerungen.
- die Gefährdung von Standorten des Unternehmens aus ökologischen Gründen,
  Je stärker die Standorte des Unternehmens aus ökologischer Sicht gefährdet sind, mit den damit verbundenen Konsequenzen hinsichtlich verminderter Lieferbereitschaft, desto nachteiliger ist die Ausgangssituation.
- die Verfügbarkeit besserer Produkt-, Prozess- und Logistiktechnologien,
  Je besser, effizienter und weniger umweltbelastend die im Unternehmen vorhandenen Technologien sind, auf die zurückgegriffen werden kann oder die beschafft werden können, desto leichter wird eine umweltorientierte Positionierung gelingen, insbesondere auch vor dem Hintergrund eventueller Kostensteigerungen bei Rohstoffen.
- die Fördermöglichkeiten,
  Wenn für umweltverträgliche Produkte, Produktions- oder Logistikprozesse finanzielle Fördermöglichkeiten vorhanden sind, hat das Unternehmen hinsichtlich einer umweltorientierten Positionierung Vorteile aufgrund von Kostenreduzierungen.
- die Dauerhaftigkeit, Einzigartigkeit und Bestimmtheitsgrad des Umweltnutzens des Produktes,
  Je dauerhafter, einzigartiger und bestimmter der Umweltnutzen ist, desto erfolgreicher kann eine umweltorientierte Positionierung umgesetzt werden.
- die Erfüllung einer umfassenden umweltverträglichen Problemlösung,
  Wenn anstatt Einzelmaßnahmen vom Unternehmen eine umfassende Problemlösung realisiert werden kann, erscheint eine umweltorientierte Positionierung glaubwürdiger. Somit ist ein Vorteil für das Unternehmen gegeben.
- die Art der Beziehung zwischen Umweltqualität und den übrigen Qualitätskomponenten,
  Wenn die Umweltqualität als Nutzenkomponente die übrigen Qualitätskomponenten nicht negativ beeinflusst, weist das Unternehmen einen Vorteil auf hinsichtlich umweltorientierter Positionierung.
- die Umweltkompetenz einer Marke,
  Je geringer die Umweltkompetenz der Marke des Unternehmens, desto größer der Nachteil hinsichtlich einer umweltorientierten Positionierung. Daraus leitet sich auch die Frage ab, ob die Nutzung dieser bestehenden nachteiligen Marke fortgeführt und eine umweltorientierte Transformation erreicht werden kann, oder ob eine neue Marke geschaffen werden muss bzw. eventuell eine alte Marke mit höherer Umweltkompetenz erworben werden soll.

- die Möglichkeit der Lizenzangebote für umweltverträgliche Produkte oder Technologien,

    Sind Lizenzangebote vorhanden, kann dies als Vorteil hinsichtlich einer umweltbezogenen Positionierung gewertet werden, da z.B. F&E-Kosten vermieden werden können. Allerdings besteht durch Lizenzmöglichkeiten die Gefahr der Abhängigkeit des Unternehmens von der Forschung und Entwicklung des Konkurrenten und die Gefahr, dass Mitbewerber ebenfalls davon Gebrauch machen.

- die Diskriminierungsgefahr bestehender Produkte und Marken innerhalb der eigenen Produktpalette.

    Die Diskriminierungsgefahr vorhandener Produkte durch eine umweltorientierte Positionierung ist insbesondere bei Großunternehmen mit einer Vielzahl von Produkten bzw. Marken zu berücksichtigen.

Die **wettbewerbsbezogenen Faktoren** sind:

- Umfang und Profilierung von umweltverträglichen Problemlösungen im Konkurrenzumfeld,
- die umweltrelevanten Stärken und Schwächen der Mitbewerber sowie deren Wettbewerbsprofilierung und deren Image durch Betonung der Umweltverträglichkeit,
- die Angreifbarkeit der Produkte durch Wettbewerber,

    Dies bedeutet die Gefahr des Markteintritts neuer Konkurrenten mit neuen, umweltverträglichen Produkten.

- die Marktreife und Wettbewerbsstärke der Substitutionsprodukte, d.h. die Bedrohung durch (umweltverträgliche) Ersatzprodukte,
- das Ausmaß der Konkurrenz der Unternehmen innerhalb einer Branche bei Beschaffung und Absatz,
- die Verhandlungsstärke der Lieferanten und der Abnehmer.

Je

- weiter der Umfang und die Profilierung von umweltverträglichen Problemlösungen im Konkurrenzumfeld bereits fortgeschritten sind,
- weiter die Profilierung der Konkurrenten bezüglich Umweltschutz bereits fortgeschritten ist,
- leichter die Produkte durch Konkurrenten angegriffen werden können,
- weiter die Marktreife und die Wettbewerbsstärke von umweltverträglichen Substitutionsprodukten bereits gediehen sind,[4]
- größer die Konkurrenz innerhalb der Branche in Bezug zu den Beschaffungs- und Absatzmärkten ist,[5]
- stärker die Verhandlungsposition von Lieferanten und Abnehmern ist,

---

[4] Diese Zusammenhänge bedeuten insgesamt, dass die umweltorientierte Positionierung leichter ist, wenn die Markteintrittsbarrieren höher sind.

[5] Je höher der Konkurrenzdruck, desto geringer wird in der Regel die Kooperationsbereitschaft zur gemeinsamen Lösung sein - für das Unternehmen muss dies allerdings nicht zwingend ein Nachteil sein, da es sich bei entsprechender Innovation besonders erfolgreich umweltorientiert positionieren kann.

desto höher wird die Wettbewerbsintensität und umso schwieriger eine umweltorientierte Positionierung und Profilierung des Unternehmens.

Die **handelsbezogenen Faktoren** sind:

- Umweltkompetenz und Umweltimage der Distributionspartner,
    Eine hohe Umweltkompetenz (umweltfreundliches Logistikkonzept, umweltfreundliches Gesamtsortiment etc.) und ein hohes Umweltimage der Distributionspartner verstärken das Image des Unternehmens.
- Kompetenz zur Einbeziehung von Redistribution.
    Insbesondere eine hohe Kompetenz zur Redistribution, v.a. von Gebrauchsprodukten, erleichtern dem Unternehmen die Umsetzung von Maßnahmen der Kreislaufschließung für seine Produkte.

Sind beide Aspekte bezüglich der Handelspartner erfüllt, weist das Unternehmen eine Stärke hinsichtlich einer umweltbezogenen Positionierung auf. Der Handel ist insbesondere auch deshalb einzubeziehen, um dem Vorwurf eines verkürzten umweltorientierten Marketing zu vermeiden (siehe hierzu Kap. 5.3.1.2).

Diese Einflussfaktoren auf das Unternehmen werden allerdings von Einflussfaktoren im Makroumfeld des Unternehmens (mit)beeinflusst. Es sind folgende Komponenten:[6]

1. demographische Komponenten, u.a. schnelles Wachstum der Weltbevölkerung, schwache Geburtenziffern in industrialisierten Ländern, Veränderung der Alterspyramide, Veränderungen der Familienstruktur und Zunahme von Nichtfamilienhaushalten, gestiegenes Bildungsniveau, ethnische Veränderungen der Bevölkerungsstruktur, geographische Bevölkerungsverlagerungen,

2. (volks)wirtschaftliche Komponenten, u.a. Kaufkraft der Bevölkerung, Wirtschaftsentwicklung, Einschätzung der Wirtschaftsentwicklung, Wechselkursschwankungen, Subventionen,

3. technologische Komponenten, u.a. technologischer Fortschritt, insbesondere der Wandel von der Industrie- zur Informationsgesellschaft, Entstehen von neuartigen Technologien und Entwicklungen und damit einhergehend Veränderungen der Berufswelt, wachsende Ausgaben für Forschung und Entwicklung,

4. politisch-rechtliche Komponenten, u.a. Veränderungen in der regionalen und globalen Rechtssituation (internationale Abkommen, nationale und EU-rechtliche Bestimmungen, Steuerrecht), Änderungen des Wettbewerbs- und Kartellrecht, wachsender Einfluss von Interessenverbänden auf die Gesetzgebung (Verbände, Verbraucherschutzbewegungen, Non Governmental Organizations[7] etc.),

5. sozio-kulturelle und psychologische Komponenten, u.a. Normen, Überzeugungen und Wertvorstellungen der Gesellschaft, in der die Menschen aufwachsen, Medienwirkung, Verhältnis der Menschen zu sich selbst und zu ihren

---
[6] Verändert und erweitert nach KOTLER/BLIEMEL, 2001:320f.
[7] Deutsch: Nichtregierungsorganisationen.

Mitmenschen (einschließlich Lifestyle und Image), Verhältnis der Menschen zur Gesellschaft und ihren Institutionen, Verhältnis der Menschen zur Natur und Umwelt, Umweltbewusstsein,[8]

6. **umweltbezogene Komponenten**, u.a. zunehmende Ressourcenverknappung und damit einhergehend schwankende Energie- und Rohstoffpreise, globale Umweltbeeinträchtigungen (Klimawandel, Ozonloch, Artensterben, Wüstenbildung etc.), staatliche und überstaatliche Regelungen hinsichtlich Umweltschutz.[9]

Diese Einflussfaktoren im Makroumfeld sind ebenfalls zu beachten, um die langfristige Unternehmenspositionierung zu entwickeln und sie an die gegebenenfalls veränderten Bedingungen anzupassen. Dies gilt auch für die aus der Positionierung abgeleiteten Strategien.

Die Gesamtabwägung der internen und externen Einflussfaktoren, einschließlich der Wertvorstellungen, und einer Berücksichtigung der Parameter im Makroumfeld ergibt für das Top-Management die Entscheidungsgrundlage hinsichtlich der umweltorientierten Positionierung. Es sind folgende **vier Positionierungen** möglich:[10,11]

- Umweltverträglichkeit wird als Unternehmensziel **nicht berücksichtigt**,
    Diese Positionierung bedeutet eine allenfalls implizite und zufällige Festlegung umweltbezogener Ziele, bei der eine Überprüfung der Zielerfüllung nahezu nicht möglich ist.
- Umweltverträglichkeit wird als Unternehmensziel **flankierend eingesetzt**,
    Die Festlegung umweltbezogener Ziele erfolgt aufgrund gesetzlicher Normen, wobei die umweltrelevanten Anforderungen als ausschließlicher Kostenfaktor begriffen werden.
- Umweltverträglichkeit wird als Unternehmensziel **gleichberechtigt eingesetzt**,
    Es erfolgt eine explizite Festlegung umweltbezogener Ziele. Die Ziele gehen z.T. über die rechtlichen Anforderungen hinaus. Eine Überprüfung der Zielerfüllung ist möglich.
- Umweltverträglichkeit wird als Unternehmensziel **dominant eingesetzt**.
    Umweltbezogene Ziele und deren Erfüllung sind ein wesentlicher Teil des Leistungsprofils des Unternehmens und ein dominanter Bestandteil des Marketing.

Ausgehend von der gewählten Positionierung des Unternehmens bezüglich der Berücksichtigung von Umweltschutz ist eine Strategie zu deren Durchsetzung abzuleiten.

---

[8] Ausführung zum Umweltbewusstsein siehe Kap. 2.1.
[9] Siehe die Aspekte der Nachhaltigkeit, Kap. 2.2.
[10] Verändert nach MEFFERT/KIRCHGEORG, 1998:181.
[11] Diese Positionierungen, wenngleich holzschnittartig, entsprechen gleichzeitig in einer historischen Einordnung dem eintretenden Wandel im Verhalten der Unternehmen gegenüber Umweltschutz (siehe Abb. 1).

5.2 Formulierung einer umweltbezogenen Unternehmensstrategie

Nachdem die Einflussfaktoren untersucht und das Top-Management die umweltbezogene Positionierung, d.h. eine mehr oder weniger stark ausgeprägte Berücksichtigung umweltbezogener Aspekte (bzw. dann umfassender nachhaltiger Aspekte) in den Unternehmenszielen festlegte, ist eine umweltbezogene Unternehmensstrategie im Top-Management zu entwickeln.

Ausgangspunkt für diese Strategieentwicklung ist eine Analyse der Kundenwünsche in den avisierten Zielmärkten. Differenziert nach Zielgruppen werden Positionierungslösungen entwickelt, die die Markt-, Wettbewerbs- und Kundenbedürfnisse und umweltbezogene Aspekte integrieren. Dieses Vorgehen entspricht dem Ansatz, Marketing als **Kernüberlegung des Unternehmens** zu betrachten, und am Marketing die anderen Unternehmensaktivitäten auszurichten.

Vor dem Hintergrund eines umweltorientierten Marketing kann Marketing als „ein Prozess im Wirtschafts- und Sozialgefüge verstanden werden, durch den Einzelpersonen und Gruppen ihre Bedürfnisse und Wünsche befriedigen, indem sie Produkte und andere Dinge von Wert erzeugen, anbieten und miteinander austauschen".[12]

Grundlage für dieses umfassende Marketingverständnis sind **Bedürfnisse** und **Wünsche**. Menschen brauchen Wasser, Nahrung, Kleidung, Schutz, Sicherheit, Luft, Zugehörigkeitsgefühle usw., um leben zu können. Wünsche sind das Verlangen der Menschen nach konkreter Befriedigung dieser Bedürfnisse.[13] Ein Mensch braucht Nahrung und wünscht sich einen „Hamburger" oder „Coca-Cola", er braucht Kleidung und wünscht sich Produkte wie „Levis-Jeans", „Armani-Anzug" oder „Nike-Schuhe". Wünsche werden durch gesellschaftliche und institutionelle Kräfte permanent generiert, erneuert und umgestaltet. Sofern eine entsprechende Kaufkraft mit diesen Wünschen einhergeht, werden diese Wünsche zu Nachfrage.

Marketing kann demgemäß keine Bedürfnisse erzeugen, sondern transformiert Bedürfnisse in Wünsche und Nachfrage. Die Nachfrage richtet sich nach bestimmten Produkten bzw. Leistungen, die dann gekauft werden, um die Wünsche des Käufers zu befriedigen.

Nachfrager treffen ihre Kaufentscheidungen im Hinblick auf den Grad der Wunscherfüllung, den das Produkt bzw. die Dienstleistung erbringen kann. Diesem messen sie einen Nutzen bei. Eine Zufriedenstellung wird dann erreicht, wenn dieser (beigemessene) Nutzen größer ist als die Kosten des Produktes.

Marketing setzt allerdings erst dann ein, wenn sich Menschen entschließen, ihre Wünsche durch Austauschprozesse bzw. Transaktionen zu befriedigen, d.h. wenn für ein Produkt eine (meist monetäre) Gegenleistung angeboten wird. Marketing

---

[12] Vgl. hierzu und zu den folgenden Ausführungen KOTLER/BLIEMEL, 2001:12ff.

[13] Vgl. den hierzu sich deutlich abgrenzenden Ansatz bezüglich der Definition von „Bedürfnis" von GRONEMEYER, 1988.

wirkt aktiv auf diesen Austauschprozess ein und will Menschen zu einer gewissen Verhaltensreaktion veranlassen. Über konstante und wiederholte Austauschprozesse entstehen schließlich Beziehungen und Netzwerke, die sich häufig in Märkten manifestieren. Ein Markt besteht aus allen potentiellen Kunden mit einem bestimmten Bedürfnis oder Wunsch, die willens und fähig sind, durch einen Austauschprozess das Bedürfnis oder den Wunsch zu befriedigen.[14] Dieses Grundschema des Marketing ist in Abbildung 28 dargestellt.

Abbildung 28: Grundkonzeption des Marketing[*]

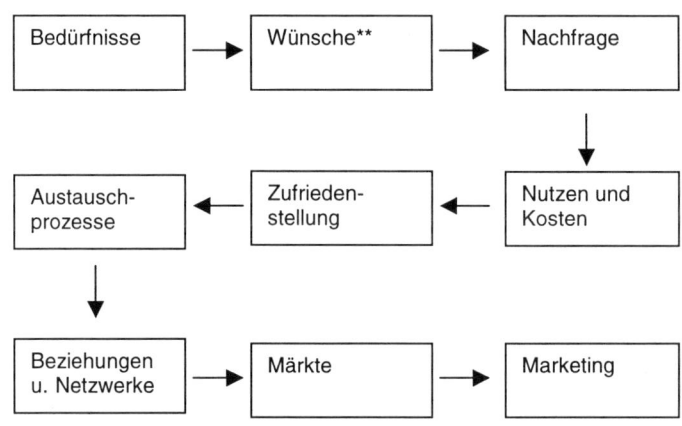

[*] aus KOTLER/BLIEMEL, 2001:12
[**] Wünsche können auch zu Nachfrage werden, wenn ihnen keine Bedürfnisse zugrunde liegen

Umweltorientiertes Marketing[15] setzt am Anfang dieser Marketingkonzeption an. Jeder Mensch braucht als Grundbedingungen seines Seins saubere Luft zum Atmen, sauberes Wasser zum Trinken und eine „saubere" Umwelt zum Überleben. Er wünscht sich eine sichere Zukunft und eine intakte Umwelt. Im globalen, wenn auch nicht im lokalen Maßstab, war bis zu Beginn der Industrialisierung eine überwiegend intakte Umwelt vorhanden. Umwelt (bzw. Natur) als Ressource konnte so die zeitgenössischen Wünsche lange Zeit befriedigen, überwiegend sogar kostenlos. Dies schlug sich letzten Endes in einer Mentalität und Praxis nieder, „Umwelt" unlimitiert zu konsumieren.

Mit zunehmender industrieller Entwicklung und wachsender Bevölkerung ist das Gut „Umwelt" in den vergangenen Jahrzehnten zu einer begrenzten Ressource geworden, die nicht mehr unlimitiert konsumiert werden kann (siehe Kap. 2.2). Der **latente Wunsch nach sauberer Umwelt und Sicherung der Lebensgrundlagen** ist in Zeiten globaler Umweltbeeinträchtigungen und Umweltkatastrophen in konkrete

---

[14] Nach KOTLER/BLIEMEL, 2001:19.
[15] Synonym: **Ökologisches Marketing**, **Öko-Marketing**.

Konsumentscheidungen zu transformieren, wenn er verwirklicht werden soll. Diese Herausforderung ist die wesentliche Aufgabe eines umweltorientierten Marketing.[16]

Wie dargelegt, wird aufbauend auf der vom Top-Management festgelegten umweltbezogenen Positionierung des Unternehmens, d.h. die mehr oder weniger stark ausgeprägte Berücksichtigung umweltbezogener Aspekte, im Top-Management eine **umweltbezogene Unternehmensstrategie** entwickelt, die die Kundenwünsche in den avisierten Zielmärkten berücksichtigt. Die möglichen **Basisstrategien zur Verwirklichung der angestrebten umweltbezogenen Positionierung** und deren Charakterisierung sind in Abbildung 29 aufgeführt.

Die Basisstrategien, die sich aus der beabsichtigten Positionierung „**Umweltverträglichkeit wird in den Zielen nicht berücksichtigt**" ergeben, können als Widerstands- und als Passivitätsstrategien bezeichnet werden. Sie finden vor dem Hintergrund des vorhandenen Umweltbewusstseins in der Gesellschaft immer weniger Rückhalt.[17] Diese Strategie begleitet in der Regel eine desinformierende Kommunikationspolitik. Nachhaltigkeitsaspekte spielen bei dieser Strategie keine Rolle.

Zur Durchsetzung der Positionierung „**Umweltverträglichkeit als gleichberechtigtes Ziel**" ist eine Anpassungsstrategie an die vorhandene Entwicklung, z.B. hinsichtlich Umweltbewusstsein, Gesetze, internationale Regelungen etc., zu wählen. Diese Strategie ist in der Regel noch reaktiv geprägt.

---

[16] Der Konsument kann abhängig von der individuellen Relevanz des Produktnutzens und seiner Persönlichkeitsstruktur, wenn er umweltorientiert agieren möchte, auf umweltschädliche Produkte mit folgenden Handlungsoptionen reagieren, die zu weitreichenden Folgen für einzelne Unternehmen oder Branchen führen können:
- **totaler Konsumverzicht** als die radikalste Form der Konsumentscheidung kommt praktisch ausschließlich bei Produkten zur Anwendung, die keine „essentiellen Bedürfnisse" des Konsumenten befriedigen, u.a. der Verzicht auf „überflüssige" Produkte, wie Schildkrötensuppe, Haifischprodukte, Erdbeeren im Dezember, Pelze etc.,
- **partieller Konsumverzicht** als rationellere Verwendung umweltschädlicher Produkte, z.B. reduzierte Verwendung von Waschmitteln, benzinsparende Fahrweise, gemeinsame Nutzung von Gebrauchsgütern etc.,
- **Substitution von Produkten bzw. selektiver Konsum** bedeutet den Ersatz von umweltschädigenden durch umweltfreundliche Produkte bzw. den selektiven Konsum gewisser Produkte, z.B. Recyclingpapier statt normalem Papier, 3-Liter-Auto, Kauf von Bioprodukten etc. Eine stärkere Form der Substitution ist die **Substitution durch nicht monetäre Eigenleistung**, z.B. Unkrautjäten statt der Verwendung von Herbiziden im Hausgarten, Eigenanbau von Nahrungsmitteln, Verwendung von Fliegenklatschen statt Fliegensprays, Fahrradfahren statt Autofahren.
[17] Widerstandsstrategien können u.a. daran erkannt werden, dass Unternehmen mit der Verlagerung der Produktion in Länder mit geringeren Umwelt- bzw. Sozialstandards „drohen".

Abbildung 29: Kennzeichnung von umweltbezogenen Basisstrategien zur Verwirklichung der angestrebten umweltorientierten Positionierung*

Strategie-merkmale	Basisstrategien zur Verwirklichung der angestrebten umweltorientierten Positionierung				
	Widerstand	Passivität	Rückzug	Anpassung	Innovation/ Antizipation
Berücksichtigung umweltorientierter Ziele	- -	- -	(+)	+	+ +
Verhaltens-bezugsebene	Markt/ Gesellschaft (extern)	Markt/ Gesellschaft (extern)	Unternehmung (intern)	Unternehmung (extern)	Unternehmung/ Markt/Gesellschaft (extern)
Umweltorientierte Anpassungs-intensität	passiv	passiv	adaptiv	adaptiv	innovativ
Zeitpunkt der Strategien-entwicklung/ Maßnahmen-realisierung	i.d.R. reaktiv	i.d.R. reaktiv	i.d.R. reaktiv	reaktiv	proaktiv
Art der Strategien-entwicklung	isoliert	isoliert	isoliert	isoliert	integriert
Durchsetzung der Strategien	i.d.R. kooperativ	individuell/ kooperativ	individuell	individuell/ kooperativ	individuell
Strategienwirkung	i.d.R. kooperativ	individuell/ kooperativ	individuell	individuell/ kooperativ	individuell
Gesellschaftliche Legitimität	- -	-	+/-	+	+ +
Wettbewerbs-strategische Ziele	- (+)	- (+)	+ (- -)	- (+)	+ + (-)

- = nicht   -- = überhaupt nicht
+ = ja   ++ = stark

* ergänzt nach MEFFERT/KIRCHGEORG (1998:203)

Für die Durchsetzung der Positionierung „**Umweltverträglichkeit als dominantes Ziel**" sind Innovations- und Antizipationsstrategien anzuwenden. Diese Strategien basieren auf einem proaktiven Handeln, das das einzelne Unternehmen ohne Abstimmung mit anderen Unternehmen der Branche umsetzt. Nachhaltiges Umweltmanagement bzw. die Umsetzung von Umweltmanagementsystemen ist für diese Unternehmen selbstverständlich, ebenso eine Auseinandersetzung mit den Zielen der Nachhaltigkeit. Wettbewerbliche Aspekte spielen für die Wahl dieser Strategien eine entscheidende Rolle.

Von der gewählten Basisstrategie aus leiten sich die **differenzierten umweltbezogenen Unternehmensstrategien** und deren Maßnahmen ab. Dieser Prozess der Erarbeitung umweltbezogener Unternehmensstrategien ist in Abbildung 30 aufgeführt. Es werden die markenbildenden Faktoren wie Name, Markenzeichen sowie die entsprechenden marktpenetrierenden Maßnahmen festgelegt. Damit wird im Sinne der Gesamtpositionierung des Unternehmens die umweltrelevante Positionierung der einzelnen Produkte bestimmt und darüber hinaus durch die Summe aller imagebildenden Maßnahmen das umweltbezogene Bild des Unternehmens in der Öffentlichkeit.

Abbildung 30: Prozess der Erarbeitung umweltbezogener Unternehmensstrategien[*]

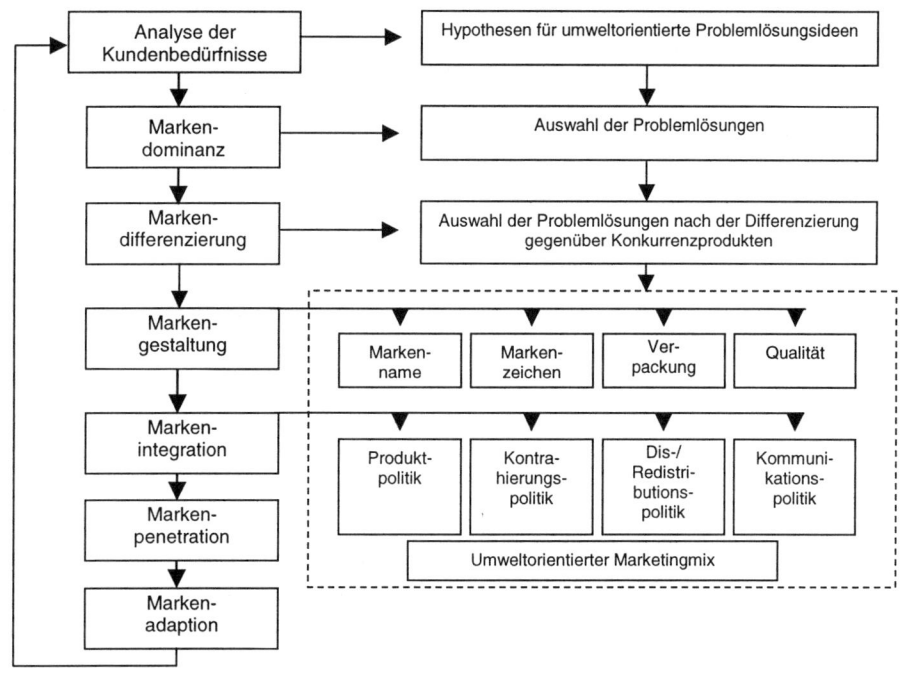

[*] aus ENGELFRIED, 2002:13

Somit wird im Top-Management, ausgehend von der Basisstrategie, die von der beabsichtigten umweltorientierten Positionierung abhängt, der Grad der Berücksichtigung umweltorientierter Aspekte und das nach außen wirksame (gewünschte) Image[18] des Unternehmens durch die Umsetzung einzelner Umweltschutzmaßnahmen festgelegt. Die einzelnen Umweltschutzmaßnahmen sind:

- die Umsetzung des produkt-, produktions- und logistikorientierten Umweltschutzes,

---

[18] Während Umweltverträglichkeit einerseits mit Attributen wie Zukunft, Fortschritt und Verantwortung verbunden ist, besteht andererseits für Unternehmen die Gefahr, in ein „grünes" und eventuell politisch nicht erwünschtes Image abzudriften. Dies ist bei der Positionierung und vor allem aber bei der Gestaltung der Maßnahmen im Kommunikations-Mix zu berücksichtigen.

- die Umsetzung der das Erscheinungsbild des Unternehmens am Markt bestimmenden Maßnahmen, einschließlich der markenbildenden Faktoren wie Markenname, Markenzeichen, Verpackung und Qualität,
- die Maßnahmen des Marketingmix (siehe Abbildung 31).

Flankiert werden diese durch Maßnahmen im Rahmen der Investitions- und Finanzpolitik, der Personalpolitik sowie der Forschungs- und Entwicklungspolitik.

5.3 Instrumente des Umweltmanagements

In diesem Kapitel werden **einzelne Instrumente** im Rahmen des Umweltmanagements umfassend erläutert, die bereits in den Anforderungen an Umweltmanagementsysteme kurz vorgestellt wurden (Kap. 4.1). Auf diese Instrumente wurde in Kap. 4.1 derart hingewiesen, dass zu ihrer Umsetzung **Umweltverfahrensanweisungen als übergeordnete Managementtätigkeiten** zu erstellen sind, z.B. zur externen Kommunikationspolitik, zur Forschungs- und Entwicklungspolitik. Die jeweils zu erstellenden Umweltverfahrensanweisungen sollen die im folgenden aufgeführten Aspekte berücksichtigen.

5.3.1 Marktbezogene Instrumente des Umweltmanagements

Üblicherweise wird das Zusammenspiel der vier Marketinginstrumente Kontrahierungspolitik, Distributionspolitik, Kommunikationspolitik und Produktpolitik als **Marketingmix** bezeichnet.

Soll ein umweltorientierter Marketingmix entstehen, sind diese Instrumente umweltverträglich zu gestalten und zu erweitern: eine umweltorientierte Kontrahierungspolitik, eine umweltverträgliche Distributions- und Redistributionspolitik, eine umweltorientierte Kommunikationspolitik und eine umweltverträgliche Produkt- bzw. Dienstleistungspolitik. Man spricht dann von „**umweltorientiertem Marketing**",[19] definiert als die umweltverträgliche Durchführung aller den Markt berührenden unternehmerischen Maßnahmen.[20] Umweltorientiertes Marketing stellt somit einen Teilbereich des umfassend zu verstehenden Umweltmanagements dar.

In der Marketingliteratur (und auch in der Literatur zum umweltorientierten Marketing) werden die vier Instrumente Kontrahierungspolitik, Distributionspolitik, Kommunikationspolitik und Produktpolitik üblicherweise als **gleichgestellt** aufgeführt.

Wenn Marketing tatsächlich vom Verständnis den Kern aller unternehmerischen Handlungen darstellen soll, indem es die Befriedigung der Kundenwünsche ermöglicht, führt ein Nichterfüllen bzw. ein unvollständiges Erfüllen des Kundenwunsches durch das Produkt (im Rahmen der Produktpolitik) zum Verfehlen des Unternehmensziels mangels Nachfrage. Eine entsprechende Ausgestaltung der anderen drei Marketinginstrumente, v.a. der Kontrahierungspolitik, kann diesen Produktmangel allerdings teilweise kompensieren und trotzdem hohe Absätze ermöglichen.

---

[19] Synonym: **ökologisches Marketing, Öko-Marketing, marktorientiertes Umweltmanagement**.
[20] Nach MEFFERT/KIRCHGEORG, 1998:181.

Deshalb kann die gleichgestellte Sichtweise der einzelnen Instrumente für das „klassische" Marketing akzeptiert werden.

Für ein umweltorientiertes Marketing muss diese gleichberechtigte Stellung dieser vier Marketinginstrumente aufgegeben werden.[21]

Im umweltorientierten Marketing steht im Kern die **umweltverträgliche Wunschbefriedigung**, also das umweltverträgliche Produkt bzw. die umweltverträgliche Dienstleistung.[22] Da in produzierenden Unternehmen das Produkt in der Regel den wesentlichen materiellen Output des Unternehmens darstellt und das Produkt bisher im überwiegenden Fall nach seiner Nutzung „entsorgt" oder nicht wiederverwendet oder wiederverwertet wird und somit Ressourcenverluste und Umweltbeeinträchtigungen eintreten, stehen das Produkt und die Produktpolitik im Mittelpunkt eines umweltorientierten Marketingmix. **Das umweltverträgliche Produkt steht im Kern aller umweltorientierten Marketingmaßnahmen.**

Im Rahmen des umweltorientierten Marketingmix sind diejenigen marktorientierten Aktivitäten des Unternehmens, die nach dem Produkt bzw. der Dienstleistung **direkte** Umweltauswirkungen nach sich ziehen, **primär** zu betrachten: die Distribution bzw. die Redistribution.

Die Kontrahierungspolitik und die Kommunikationspolitik verursachen **indirekte** Umweltauswirkungen. Die mit diesen Instrumenten verbundenen Maßnahmen sollen eine Marktausweitung erreichen, wodurch die Umweltauswirkungen der vorgenannten Aspekte verstärkt werden können.[23]

Da eine umweltorientierte Kommunikationspolitik auch dann nur **glaubwürdig** am Markt umgesetzt werden kann, wenn neben dem Produkt und der Logistik auch die unternehmensinternen Prozesse umweltverträglich durchgeführt werden, sind entgegen der Sichtweise des „klassischen" Marketing auch die Produktion bzw. die Produktionsprozesse marketingrelevant. Nur wenn alle umweltrelevanten Tätigkeiten des Unternehmens umweltverträglich durchgeführt werden, kann eine glaubwürdige Positionierung des Unternehmens durch Kommunikationspolitik erfolgen. Somit bilden ein umweltverträgliches Produkt, eine umweltverträgliche Logistik und eine umweltverträgliche Produktion die Basis für eine umweltorientierte Kommunikations- und Kontrahierungspolitik. Diese Sichtweise ist in Abbildung 31 aufgeführt.

---

[21] Ob nicht generell der Ansatz dieser vier Instrumente aufgegeben werden müsste, kann hier nicht thematisiert werden.
[22] HOPFENBECK (1994:301) fordert vom Marketing der Zukunft die ausschließliche Absatzorientierung um umweltrelevante Aspekte zu erweitern und nennt verschiedene Anforderungen an dieses Marketing. Diese Anforderungen werden durch die Umsetzung der aufgeführten Maßnahmen des nachhaltigen Umweltmanagements (siehe Kap. 4.1) einschließlich der Instrumente in Kap. 5.3 erfüllt.
[23] Zu erwähnen sind auch direkte Umweltauswirkungen im Bereich der Kommunikationspolitik, z.B. durch das Drucken und Verteilen von Prospektmaterial, Postsendungen etc.

Abbildung 31: Elemente eines umweltorientierten Marketingmix

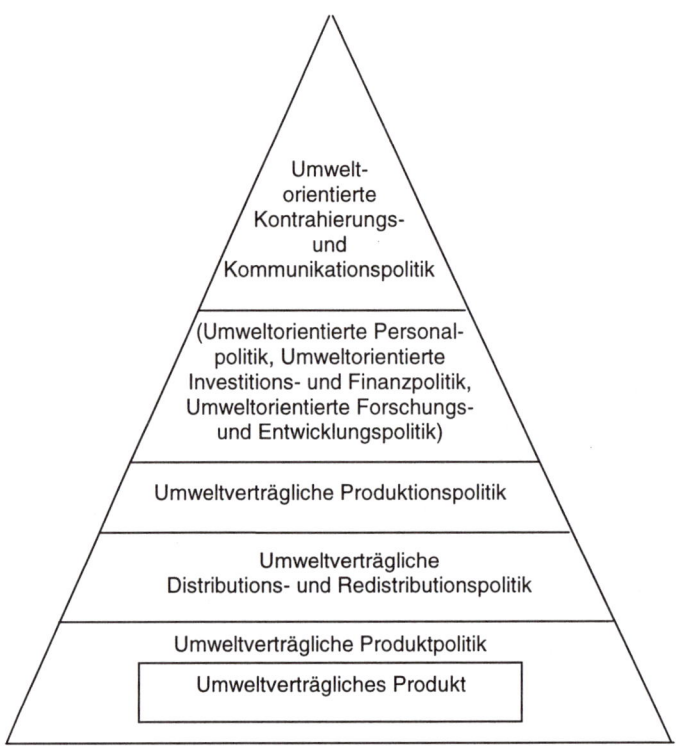

Ein umweltorientiertes Marketing setzt also bei der Konzeption eines umweltverträglichen Produktes an, ergänzt dieses um eine umweltverträgliche Distributions- und Redistributionslogistik[24] und gestaltet die Produktion umweltverträglich („**umweltverträgliche Produktionspolitik**"). Abschließend erfolgt eine umweltorientierte Gestaltung der Maßnahmen im Rahmen der Kontrahierungspolitik und Kommunikationspolitik. Eine umweltorientierte Investitions- und Finanzpolitik, eine umweltorientierte Personalpolitik sowie eine umweltorientierte Forschungs- und Entwicklungspolitik flankieren diese Maßnahmen.

Die Zusammenschau aller dieser Einzelmaßnahmen des Umweltmanagements macht deutlich, dass der Entschluss, Umweltmanagement umzusetzen, zu **weitreichenden Konsequenzen** in nahezu allen Bereichen des Unternehmens führt. Deshalb ist die Entscheidung, ob umweltorientiertes Marketing bzw. Umweltmanagement durchgeführt wird, auf der obersten Managementebene (im Rahmen der

---

[24] Eine umweltverträgliche Distribution bzw. Redistribution ist für den Konsumenten eher „sichtbar" als eine umweltverträgliche Produktion.

Positionierung und der Strategiefestlegung) und nicht in unteren Hierarchieebenen zu treffen.

Bei den vielfältigen Entscheidungen, die ausgehend von der Positionierung und der zu wählenden Strategie im Unternehmen zu treffen sind, kommt dem umweltorientierten Marketing eine Schlüsselstellung im Unternehmen zu. Diese ist in Abbildung 32 verdeutlicht; die Schnittstelle zur Öffentlichkeit bzw. den Märkten ist ebenfalls aufgetragen.

Abbildung 32: Stellung eines umweltorientierten Marketing im Unternehmen und Schnittstellen*

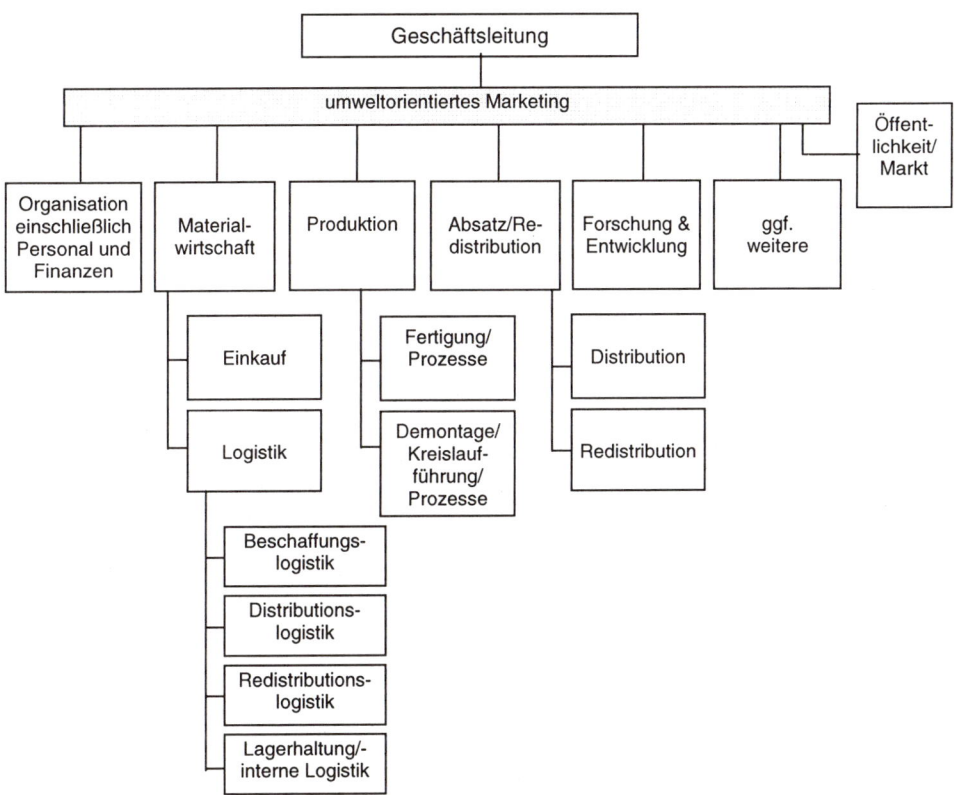

* erweitert nach ENGELFRIED (2002:39)

Ausgehend von der Entscheidung zur Umsetzung von Umweltmanagement des Top-Managements sind in enger Abstimmung mit dem Marketing die weiteren Maßnahmen in allen Organisationsbereichen vorzunehmen. Diese **einzelnen Organisationseinheiten** (auch Unternehmensbereiche) werden im folgenden zur Verdeutlichung der Umsetzung von Umweltmanagement aufgeführt. Die Einzelmaßnahmen und Ziele (siehe Kap. 4.1.3) sind den unten aufgeführten (üblichen) Organisationseinheiten im Unternehmen zuzuordnen und werden hier nicht mehr umfassend erläutert. Die Organisationseinheiten sind:

1. Geschäftsleitung,
Die oberste Managementebene trifft die Entscheidungen zur **Positionierung** und zum Grad der Berücksichtigung von Umweltschutz. Entscheidend ist die zukünftige Positionierung des Unternehmens sowie - allerdings bereits in enger Abstimmung mit dem umweltorientierten Marketing - die Entscheidungen zum Marketing, z.B. zum gewählten Corporate Identity (CI) sowie den Zielgruppen und der Kontrahierungs- und Kommunikationspolitik. Ebenso legt die Geschäftsleitung die **Unternehmensstrategien** fest sowie die Vorgaben für die Investitions- und Finanzpolitik, für die Personalpolitik und für die Forschungs- und Entwicklungspolitik. Wesentlich hinsichtlich der Umweltauswirkungen ist auch die meist in der Geschäftsleitung getroffene **Auswahl des Standorts** für Produktionsanlagen, Lager und Verwaltungsgebäude. Im Zusammenhang mit einer nachhaltigen Unternehmensführung sind weitere Managementaufgaben zu sehen, z.B. das **Informations-** oder das **Genehmigungsmanagement**. Im Bezug zur Änderung des Unternehmens hinsichtlich Nachhaltigkeit ist ein „**Change Management**" sowie ein „**Wissensmanagement**" einzuführen. Letzteres ist in engem Zusammenhang mit der F&E-Abteilung im Rahmen eines „**Innovationsmanagements**", einschließlich eines „**Ideenmanagements**" zu sehen.[25]

2. Produktion/Fertigung und Demontage/Kreislaufführung,
Umweltverträgliche, marktorientierte Maßnahmen sollten wie dargestellt auf einer umweltverträglichen Produktion bzw. auf umweltverträglichen Produktionsprozessen basieren, um die Glaubwürdigkeit des Unternehmens in der Kommunikation zu untermauern. Eine umweltverträgliche Produktion bzw. Fertigung beginnt bereits bei der Standortauswahl, der Gebäudeplanung und der Produktions- bzw. Fertigungsplanung. Die eigentliche Produktion bzw. Fertigung sollte so geplant werden, dass sie den Anforderungen einer nachhaltigen Entwicklung genügt. Hierbei sind im engeren Verständnis die Aspekte des Arbeitsschutzes und der Sicherheitstechnik zu berücksichtigen, im weiteren Sinne die der Qualitätssicherung. Die Produktions- und Fertigungsplanung sollte eng mit der Materialwirtschaft zusammenarbeiten, insbesondere mit dem Einkauf bzw. der Beschaffung.

Im Rahmen der Produktions- und Fertigungswirtschaft ist darauf hinzuweisen, dass bei Rücknahme von Gebrauchsprodukten durch das Unternehmen auch eine **Demontageplanung** und die **Nutzung** der zurückgenommenen, aufgearbeiteten, und wiederverwendeten bzw. wiederverwerteten Materialien bzw. Bauteile, Baugruppen etc. in die neuen Produkte erfolgt. Hierzu sind umfassende Planungen der Produktions- und Fertigungsprozesse notwendig, die eine Verzahnung der bisher stattfindenden Produktion bzw. Fertigung mit einer Demontage und einer Weiterproduktion ermöglichen. Um extern zu behandelnde, restliche Abfälle im Sinne der

---

[25] Basierend auf einem nachhaltigen Umweltmanagement sollte ein „**Balanced Scorecard**"-Ansatz eingeführt werden, in dem Kennzahlen für die **wirtschaftliche Perspektive**, die **Kundenperspektive**, die interne **Prozessperspektive** und die **Lern- und Entwicklungsperspektive** des Unternehmens gebildet werden.

Kreislaufschließung aufzuarbeiten, sind Vorgaben zur umweltorientierten Auswahl der behandelnden Unternehmen zu erstellen.

3. Materialwirtschaft,
Im Rahmen der betrieblichen Materialwirtschaft beeinflusst der **Einkauf** mit der Auswahl und der Beschaffung von Vorprodukten und Hilfsstoffen, einschließlich Energieträger und Wasser, wesentlich die Umweltauswirkungen der Prozesse und des Produktes. Deshalb ist im Rahmen der betrieblichen Materialwirtschaft auf die Auswahl umweltverträglicher Roh- und Hilfsstoffe sowie Vorprodukte besonders zu achten. Hierzu werden in der Regel umweltorientierte **Einkaufsrichtlinien** erarbeitet.

Die umweltverträgliche Gestaltung der **logistischen Prozesse** zur Beschaffung, Distribution, bei Gebrauchsprodukten auch zur Redistribution, ist für alle marktrelevanten Aspekte notwendig. Hierbei sind Konzepte wie Supply Chain Management (siehe z.B. THALER, 1999) zu berücksichtigen.

Weitere Aspekte im Rahmen der Materialwirtschaft sind die umweltverträgliche Gestaltung der **Lagerwirtschaft**, einschließlich Standortwahl, Lagertechnik und Sicherheitstechnik.

4. Absatz/Redistribution,
Im Rahmen des Absatzes und der Redistribution ist insbesondere eine umweltverträgliche Verpackung auszuwählen und eine sorgfältige Auswahl der Handelspartner zu treffen. Diese müssen in der Lage sein, bei Gebrauchsprodukten eine Rücknahme durchzuführen. Eine enge Zusammenarbeit mit der Materialwirtschaft, insbesondere der Logistik, ist notwendig.

5. Forschung & Entwicklung,
Betriebliche Schnittstelle für die Produktions- und Produktgestaltung und die Logistikplanung ist die Forschung und Entwicklung. Von F&E ist systematisch das „umweltorientierte Design" für ein umweltverträgliches Produkt als Kern des umweltorientierten Marketing und für die Prozesse bzw. die Logistik umzusetzen. Hierbei sind die Wechselwirkungen zur Beschaffung zu berücksichtigen, da umweltverträgliche Materialien ausgewählt und nachgefragt werden sollen. Innovation stellt eine wesentliche Komponente von Nachhaltigkeit dar.[26]

6. Organisation einschließlich Personal & Finanzen,
Im Rahmen eines umfassenden Umweltmanagements sind ebenfalls die Organisationsentwicklung und eine umweltorientierte Personalpolitik einzubeziehen. Ebenso sind auch bei vordergründig betriebswirtschaftlich ausgerichteten Disziplinen, wie Investitions- und Finanzplanung (siehe Kap. 5.3.2) oder Controlling und Rechnungswesen, Umweltaspekte zu integrieren.

7. weitere Organisationseinheiten.
Sofern vorhanden, sind **weitere Organisationseinheiten**, die z.T. als Funktionseinheiten ausgewiesen werden, ebenfalls umweltverträglich zu gestalten. Dies sind z.B. Betriebskantinen, in der umweltverträglich produzierte Nahrungsmittel verar-

---

[26] Siehe LÖBEL/SCHRÖGER/CLOSHEN, 2001:46.

beitet werden, Verwaltungsgebäude, die unter Berücksichtigung von Umweltaspekten gebaut werden (z.B. passive Energienutzung, Fassaden- und Dachbegrünung etc.), Fahrzeugflotten usw.

5.3.1.1 Umweltverträgliche Produktpolitik

Umweltverträgliche Produktpolitik wird definiert als alle Ziel- und Maßnahmenentscheidungen zur Forschung, Entwicklung und Anwendung von umweltverträglichen Produkten und Dienstleistungen sowie den damit verbundenen beschaffungslogistischen, distributions- und redistributionslogistischen Konzepten.[27]

Für die Umsetzung einer umweltverträglichen Produktpolitik wurden die wichtigsten Maßnahmen im Rahmen des Umweltmanagements bereits in Kap. 4.1.3.9 beschrieben. Sie sind in der Umweltverfahrensanweisung „umweltorientierte Forschungs- und Entwicklungspolitik" bzw. einer separaten Umweltverfahrensanweisung „umweltverträgliche Produktpolitik" zu berücksichtigen (siehe Kap. 4.1.4.2).

Eine „umweltverträgliche Produktpolitik" ist um soziale und ökonomische Aspekte zu erweitern, um zu einer **„nachhaltigen Produktpolitik"** zu werden.

5.3.1.2 Umweltverträgliche Distributions- und Redistributionspolitik

Umweltverträgliche Distributions- bzw. Redistributionspolitik sind alle Ziel- und Maßnahmenentscheidungen zur umweltverträglichen Distribution und Redistribution[28] der Güter.[29] Die für die Umsetzung einer umweltverträglichen Distributions- und Redistributionslogistik wichtigsten Maßnahmen sind bereits in Kap. 4.1.3.8 beschrieben worden.

Zur Distributions- und Redistributionspolitik und ihren logistischen Fragestellungen gehören auch Fragen der Verpackung der Produkte und die Zusammenarbeit mit dem Handel.

Die **Verpackungen** haben folgende Funktionen zu erfüllen:[30]

1. Schutz bzw. Sicherung des Produktes gegen Mengenverlust, Verunreinigung, Klimaeinflüsse, Beschädigung bei Transport und Lagerung,

2. Schutz der Umwelt vor umweltgefährdenden Produkten,

3. Lager- und Transportoptimierung bzw. -rationalisierung, z.B. beim Verpacken zusammenfassend und einheitenbildend, bei Lagerung und Transport stapelbar, flächen- und raumsparend, bei Einheitenbildung mechanisierbar und automatisierbar. Dadurch werden z.B. die Lager- und Ladeflächen optimal ausgenutzt

---

[27] Erweitert nach GABLER, 1997.
[28] Synonym: **Retrodistribution**.
[29] Verändert nach GABLER, 1997.
[30] Erweitert nach MARTIN (2000:62) und MEFFERT/KIRCHGEORG, 1998:340.

und eine hohe Widerstandsfähigkeit gegen Transport- und Lagerbeanspruchung erreicht.

4. Dimensionierung für den Verkaufsakt als **Verkaufseinheit,**

5. Identifikation und Selbstpräsentation am Point-of-Sale als Medium der Verkaufsförderung, z.B. Kennzeichnung von Art, Menge und Preis, Vorsichtsmarkierung, Gebrauchsanleitung, Werbung (Markenzeichen, Darstellung) und Unterscheidung (optische Verpackungsgestaltung),

6. Ge- und Verbrauchserleichterung als Qualitätsmerkmal für das Produkt sowie als „Bestandteil des Produktes" oder der Marke. Aspekte sind, dass die Verpackung wiederverschließbar, leicht zu öffnen, hygienisch und leicht zu reinigen sein soll.

Eine umweltverträgliche Verpackung erfüllt diese Funktionen optimal. Zudem soll sie ressourcenschonend und emissionsarm hergestellt sein. Die Materialien sollten kreislauffähig, d.h. biologisch abbaubar oder wiederverwertbar sein. Maßnahmen zur Entwicklung und Gestaltung einer umweltverträglichen Verpackung sind **analog eines umweltorientierten Produktdesigns** umzusetzen (siehe Kap. 4.1.3.9).[31]

Ein wesentlicher Aspekt der umweltorientierten Distributions- und Redistributionspolitik des Unternehmens ist die Frage nach der **Wahl des Partners** für den Absatz- und Redistributionskanal - dem Handel. Ihm kommt vor dem Hintergrund zunehmender Verbreitung umweltorientierter Redistributionskonzepte,[32] verbunden mit einer kreislauforientierten Ausrichtung der Produkte und der Unternehmen, eine zunehmend größere Bedeutung zu. Im Rahmen einer umweltverträglichen Distributions- und Redistributionspolitik ist deshalb zu prüfen, ob und inwieweit der Handel Umweltaspekte berücksichtigt. Zur Auswahl des Handelspartners sollten folgende Informationen eingeholt werden:[33]

- Umweltbewusstsein bzw. Einstellung des Handels und die resultierende Grundhaltung gegenüber Umweltschutzaktivitäten des Unternehmens,
- Kooperationsbereitschaft bzw. Wille des Handels zur Mitwirkung bei der Gestaltung umweltverträglicher Problemlösungen,
  Dies umfasst z.B. den Aufbau von Redistributionskanälen für die Rücknahme von Verpackungen und Gebrauchsprodukten und der Einrichtung von Recyclingcentern.
- Wahrnehmung des Handels von umweltinduzierten Konfliktpotentialen zwischen Handel und Unternehmen,
- Umweltauswirkungen des Handels,

---

[31] Eine umweltverträgliche Verpackung stellt für das Unternehmen - wie das Produkt selbst - einen materiellen Bestandteil des bereitzustellenden Konsumentennutzens dar. Der Nutzen für den Konsumenten wird zwar meistens durch das Produkt erzielt, die Verpackung nimmt aber bei bestimmten Produkten immer mehr einen gleichwertigen bzw. markenbildenden Teil ein, z.B. der Flacon bei Parfüms oder auch die „Lilaverpackung" bei Schokolade.
[32] Auch z.T. rechtlich vorgeschriebener Pfand- und Rücknahmepflichten.
[33] Siehe MEFFERT/KIRCHGEORG, 1998:140.

Neben der Umsetzung von kreislauforientierten Lösungen sind im Handel selbst auch alle anderen Aspekte zur Reduzierung der Umweltauswirkungen umzusetzen (siehe Kap. 4.1.3).
- Betroffenheit des Handels durch Umweltgesetze, z.B. Verpackungsverordnung, Gefahrstoffverordnung,
- Betroffenheit des Handels durch verändertes Nachfrageverhalten der Konsumenten,
- Umweltkompetenz des Handels bei der Gestaltung umweltverträglicher Problemlösungen,

  Dies bedeutet die Umsetzung einer umweltverträglichen Sortimentspolitik, d.h. eine konsequent umweltorientierte Ausrichtung der angebotenen Waren und Dienstleistungen. Es schließt eine kompetente Vorauswahl[34] der Produkte einschließlich einer Auslistung umweltschädlicher Produkte ein. Hinzu kommt eine entsprechende Positionierung umweltverträglicher Produkte auf den Handelsflächen. Da Kunden in zunehmenden Maße über die Umweltqualität der Waren informiert und beraten werden wollen, ist eine diesbezügliche Beratungs- und Informationsqualität bereitzustellen, einschließlich des Know-how zum Umweltschutz seitens der Beschäftigten.
- Bereitschaft des Handels für ausreichende Listungszeiträume für umweltverträgliche Produkte.[35]

Je

- höher das Umweltbewusstsein des Handels,
- positiver seine Grundhaltung gegenüber Umweltschutzaktivitäten des Unternehmens,
- höher seine Kooperationsbereitschaft,
- sensibler die Wahrnehmung von umweltinduzierten Konfliktpotentialen,
- geringer seine eigenen Umweltauswirkungen,
- geringer die rechtlichen Auflagen,
- stärker die Betroffenheit des Handels von umweltorientiertem Nachfrageverhalten,
- höher seine Umweltkompetenz,
- höher seine Bereitschaft zur Bereitstellung von ausreichenden Listungszeiträumen,

umso besser ist der Handel als Partner des Unternehmens für die Umsetzung einer dominanten umweltorientierten Positionierung geeignet.

Im Rahmen eines ummweltorientierten Marketing hat sich deshalb in der jüngeren Zeit ein **vertikales Marketing** herausgebildet. Hierbei treten Hersteller und Groß- bzw. Einzelhändler nicht mehr als eigenständige Wirtschaftssubjekte auf, sondern als ein gemeinsames System mit einer durchgängigen Marketingstrategie.[36]

---

[34] Dieser Warenvorselektion kommt im Hinblick auf eine umweltorientierte Konsumentenlenkung eine große Rolle zu.
[35] Die detaillierte Ausformulierung dieser Aspekte stellt die zentralen Inhalte im Umweltmanagement von Handelsunternehmen dar.
[36] Vgl. hierzu auch KOTLER/BLIEMEL, 2001:1106ff.

Hinsichtlich der umweltverträglichen Distributions- und Redistributionspolitik wurden die wesentlichen Maßnahmen im Rahmen des Umweltmanagements bereits ausführlich beschrieben (siehe Kap. 4.1.3.8). Die hier aufgeführten Aspekte sind ergänzend zu berücksichtigen. Alle Aspekte sind in der Umweltverfahrensanweisung „umweltorientierte Forschungs- und Entwicklungspolitik" bzw. einer separaten Umweltverfahrensanweisung „umweltverträgliche Distributions- und Redistributionspolitik" zu berücksichtigen (siehe Kap. 4.1.4.2).

Die so zu beschreibende „umweltverträgliche Distributions- und Redistributionspolitik" wird durch Einbeziehung sozialer und ökonomischer Aspekte zu einer **„nachhaltigen Distributions- und Redistributionspolitik"**.

5.3.1.3 Umweltverträgliche Produktionspolitik

Wie oben dargestellt, muss zur Glaubwürdigkeit der marktbezogenen Maßnahmen auch eine umweltverträgliche Produktion umgesetzt werden.

Unter einer **umweltverträglichen Produktionspolitik** werden alle Ziel- und Maßnahmenentscheidungen zur Forschung, Entwicklung und umweltverträglichen Durchführung der Produktion bzw. der Produktionsprozesse verstanden.

Für die Umsetzung einer umweltverträglichen Produktionspolitik wurden die wesentlichen Maßnahmen im Rahmen des Umweltmanagements bereits in Kap. 4.1.3.1 bis Kap. 4.1.3.7 beschrieben. Sie sind in der Umweltverfahrensanweisung „umweltorientierte Forschungs- und Entwicklungspolitik" bzw. einer separaten Umweltverfahrensanweisung „umweltverträgliche Produktionspolitik" zu berücksichtigen (siehe Kap. 4.1.4.2).

Um von der „umweltverträglichen Produktionspolitik" zu einer **„nachhaltigen Produktionspolitik"** zu gelangen, sind soziale und ökonomische Aspekte einzubeziehen.

5.3.1.4 Umweltorientierte Kontrahierungspolitik

Unter **umweltorientierter Kontrahierungspolitik** werden alle Ziel- und Maßnahmenentscheidungen zur umweltorientierten vertraglichen Absicherung der Transaktionsbedingungen verstanden. Hierzu zählen v.a. die **umweltorientierte Preispolitik**, die **umweltorientierte Absatzfinanzierungspolitik** und die **umweltorientierte Konditionenpolitik**.[37]

Im Mittelpunkt der **umweltorientierten Preispolitik** steht die Festlegung der Preise neuer umweltverträglicher Produkte, die Bestimmung eines optimalen Preisverhältnisses von umweltverträglichen zu umweltbelastenden Produkten sowie die Festlegung von Preisänderungen, die durch Nachfrage-, Wettbewerbs- oder Kostenverschiebungen durch die Einführung umweltverträglicher Produkte bedingt sind.

---

[37] Verändert nach GABLER, 1997.

Wie bei allen Produkten wird die Preisbildung für umweltverträgliche Produkte durch das Spannungsfeld von Nachfrage, Kosten und Wettbewerb begründet. Aufgrund von gesetzlichen Umweltauflagen, aufwändigeren Produktionsmethoden und geringeren Absatzzahlen spielen damit die in der Regel höheren Herstellungskosten eine besondere Rolle.[38] Diese Mehrkosten können vom Unternehmen ganz, teilweise oder gar nicht an die Nachfrager weitergegeben werden. Entscheidend für absatzrelevante Reaktionen ist dabei die Preiselastizität der Nachfrage, d.h. die durch Preisänderungen induzierte Änderung der Nachfrage.

In der Regel ist damit zu rechnen, dass Preiserhöhungen für umweltfreundliche Produkte bzw. Produktvariationen einen entsprechenden Nachfragerückgang zur Folge haben. Werden die Mehrkosten für umweltverträgliche Produkte nicht oder nur unvollständig weitergegeben, muss der jetzt geringere Deckungsbeitrag durch eine entsprechend höhere Nachfrage ausgeglichen werden. Dieser positive Nachfrageeffekt ist jedoch in wettbewerbsbestimmten Märkten in der überwiegenden Zahl nicht zu erwarten. Unternehmen müssen deshalb nach alternativen Methoden suchen, um den Deckungsbeitragsverlust durch umweltverträgliche Produkte auszugleichen.

Ein möglicher Ansatz ist dabei die Mischkalkulation zugunsten umweltverträglicher Produkte, bei der die Preise anderer Produkte des Unternehmens leicht erhöht werden. Ein weiterer Ansatz besteht in der Preisdifferenzierung, wobei in umweltsensiblen Marktsegmenten ein höherer Preis verlangt wird, als in anderen Segmenten. In der Praxis stehen Preiserhöhungen und Mischkalkulationen im Vordergrund, wobei umweltorientierte Innovatoren aufgrund ihres „first-mover"-Vorteils in der Regel einen höheren Preisspielraum für umweltverträgliche Produkte ausnutzen können. Umweltorientierte Nachahmer hingegen wählen meist das Instrument der Mischkalkulation, um durch niedrigere Preise günstig in den Markt zu gelangen.

Wesentliche Bedingung für eine Weitergabe der Kosten ist die Bereitschaft der Konsumenten, höhere Preise für umweltverträgliche Produkte zu bezahlen. Hier zeigt sich in der Realität die Divergenz zwischen Umweltbewusstsein und Käuferverhalten. Vor allem bei langlebigen Produkten mit höheren Investitionskosten präferieren Konsumenten oftmals preiswertere, kurzlebige Produkte gegenüber teuren umweltverträglichen Alternativen. Dieses Verhalten zeigt sich oftmals auch dann, wenn das umweltverträgliche Produkt über die gesamte Nutzungsdauer gesehen die preiswertere Alternative darstellt.[39] Gründe für dieses Käuferverhalten liegen in Unsicherheiten des Konsumenten hinsichtlich von Umweltauswirkungen, Produkteigenschaften, Qualität und Glaubwürdigkeit des Herstellers, sowie einer vorhandenen tendenziellen Investitionsaversion.

Im Zusammenhang mit der Preisfestsetzung bei umweltverträglichen Produkten kommt deshalb der Markenprofilierung innerhalb des umweltorientierten Marketing besondere Bedeutung zu. Für die Preispositionierung sind dabei neben der umweltrelevanten Nutzendimension die hiermit verbundenen Wettbewerbsvorteile zu

---

[38] Zwei wesentliche Gründe für die meist höheren Preise sind auch, dass die Knappheit von nicht regenerativen Ressourcen in der Preiskalkulation bisher nicht berücksichtigt wird und dass die Unternehmen einen Teil ihrer Kosten externalisieren und diese somit nicht in den Produktpreis einbeziehen (müssen).

[39] Beispiele sind Energiesparlampen oder energieeffiziente Kühlgeräte.

berücksichtigen. Sind die Wettbewerbsvorteile temporärer Art und wird der Umweltnutzen zum Standard, empfiehlt sich unter Umständen eine Preisdifferenzierungsstrategie. Dabei kann durch anfangs hohe Preise die Mehrzahlungsbereitschaft umweltorientiert eingestellter Konsumenten abgeschöpft werden. Die Alternative besteht in einer Penetrierungspolitik, bei der durch niedrige Einführungspreise eine schnelle Marktdurchdringung und dadurch eine Sicherstellung von Wettbewerbsvorteilen erreicht wird.[40]

Vor dem Hintergrund des aus Sicht der Nachhaltigkeit notwendigen Kreislaufprinzips wird im Zusammenhang mit der Preispolitik zunehmend der Übergang vom Verkauf zu Leasing- oder Mietkonzepten diskutiert. Durch die Rücknahme der Gebrauchsprodukte durch den Hersteller, durch Rücknahme- oder Rückgabeverpflichtungen initiiert und mit Redistributionskonzepten umgesetzt, erfährt der „Verkauf" eines Gutes dann zunehmend den Charakter einer zeitweisen Nutzenüberlassung an den Kunden - der Verkaufspreis wird zu einem „Nutzungspreis". Auf die Festsetzung des Nutzungspreises sind die aufgeführten Ansätze zu übertragen.

Hinsichtlich der **umweltorientierten Konditionenpolitik** sind die herkömmlichen Maßnahmen, z.B. Rabattgewährung und Payback, Finanzierungsangebote, Verbundangebote etc., durch ihre umweltorientierte Gestaltung zur Markteinführung und Marktdurchsetzung zu wählen.

Im Rahmen des Umweltmanagements ist eine Umweltverfahrensanweisung zur umweltorientierten Kontrahierungspolitik zu erstellen, die hinsichtlich der aufgeführten Aspekte und deren Berücksichtigung eindeutige Vorgaben macht (siehe auch Kap. 4.1.2).

Die so verstandene Kontrahierungspolitik wird bei Einbeziehung sozialer Aspekte zu einer „**nachhaltigen Kontrahierungspolitik**".

5.3.1.5 Umweltorientierte Kommunikationspolitik

Umweltorientierte Kommunikationspolitik kann definiert werden als alle Ziel- und Maßnahmenentscheidungen zur umweltorientierten Gestaltung der Marktkommunikation.[41] Die interne Kommunikation wird im Zusammenhang mit der Personalpolitik diskutiert (siehe Kap. 5.3.3).

Zentrales Merkmal der Kommunikation ist die Übermittlung von Informationen und Bedeutungsinhalten zum Zweck der Steuerung von Meinungen, Einstellungen, Erwartungen und Verhaltensweisen innerhalb bestimmter Zielgruppen.

Neben der allgemeinen Kommunikationsaufgabe hat die umweltorientierte Kommunikationspolitik je nach der vom Unternehmen verfolgten Intention im wesentlichen drei Grundfunktionen zu erfüllen:

---

[40] Dies bedeutet eine zeitliche Staffelung des Preises.
[41] Vereinfacht nach GABLER, 1997.

- den Konsumenten in der avisierten Zielgruppe zur Kaufentscheidung des umweltverträglichen Produktes zu veranlassen,
- das vom Unternehmen avisierte Umweltimage zu transportieren und zu festigen,
- das Erhöhen der Umweltkenntnisse, des Umweltbewusstseins und des umweltorientierten Verhaltens in der Gesellschaft.

Die umweltorientierte Kommunikationspolitik setzt deshalb ein **generelles Umweltbewusstsein** und das „**Allgemeinwissen**" **um die Umweltproblematik** voraus. Damit das generell vorhandene Umweltbewusstsein (siehe Kap. 2.1) und das „Allgemeinwissen" tatsächlich zur Veränderung des individuellen Konsums und der Lebensgewohnheiten führen und somit zur Nachfrage der vom Unternehmen angebotenen umweltverträglichen Produkte, müssen dem Konsumenten die umweltrelevanten Konsequenzen seines Konsumverhaltens und seiner Lebensgewohnheiten bewusst sein.

Doch erst wenn dieses Informiertsein den Konsumenten zu einer **Einsicht** und einer entsprechenden **Handlungsbereitschaft** führt, kann das generelle Umweltbewusstsein in ein entsprechendes umweltverträgliches Verbraucherverhalten transformiert werden. Eine wesentliche Voraussetzung für umweltverträgliches Verhalten ist damit ein **hoher Informationsgrad** und eine **hohe Markttransparenz** hinsichtlich umweltrelevanter Fragestellungen. Für ein umfassendes umweltverträgliches Verbraucherverhalten ist damit ein tiefgreifendes, spezifisches Umweltbewusstsein erforderlich, das in seiner Tiefe das „allgemein vorherrschende" Umweltbewusstsein deutlich übertrifft. Während letzteres eher eine Verbraucherhaltung determiniert, ist für ein konkretes spezifisches Handeln ein deutlich längerer kognitiver Entscheidungsweg erforderlich. Der Konsument muss bei seiner Kaufentscheidung nicht nur die Gebrauchs- und Verbrauchseigenschaften der Produkte kennen, sondern darüber hinaus auch über die umweltrelevanten Produkteigenschaften sowie die Produktions-, Logistik-, Recycling- und Entsorgungskonsequenzen informiert werden.[42]

Allerdings greift das Informationskriterium als alleiniger Erklärungsansatz für die umweltorientierte Konsumentscheidung - und auch für eine Konsumdiskrepanz - zu kurz. Vielmehr treffen Individuen ihre Konsumentscheidungen auf Basis einer Vielzahl von Einflussfaktoren, die bereits bei der Diskussion des Unternehmensumfeldes dargestellt wurden (siehe Kap. 5.1). Diese Einflussfaktoren sind bei der Gestaltung der Maßnahmen im Rahmen der Kommunikationspolitik unbedingt zu berücksichtigen.[43] Zudem ist zu berücksichtigen, dass der unterschiedliche Differen-

---

[42] Die im Rahmen der Kommunikation notwendige Produktdeklaration, d.h. die Angabe z.B. der Inhaltsstoffe des Produktes, der Gefahrenhinweise beim Umgang, der Kreislauffähigkeit und der Regenerationsfähigkeit der Materialien etc., muss allerdings so einfach wie möglich gestaltet werden, damit sie für den Konsumenten zum einen verständlich bleibt und zum anderen eine eindeutige, kaufentscheidungsrelevante Unterscheidung zwischen umweltverträglichem und umweltschädlichem Produkt zulässt.

[43] Zur Erleichterung seiner Konsumentscheidung wird der Konsument oftmals eine bewusste oder unbewusste Kosten-Nutzen-Relation heranziehen. Dabei kommt es aus einer umweltorientierten Gesamtsicht nicht immer zu einer optimalen Konsumentscheidung. Wird zum Beispiel ein umweltschädlich produziertes Produkt erworben, das dann „umweltgerecht" recycelt wird, hat der Konsument zwar die für ihn optimale Konsumentscheidung getroffen und durch das Recycling des Produktes gleichzeitig ein umweltbewusstes Verhalten gezeigt, die negativen Umweltauswirkungen bei der Produktion des Produktes werden aber in Kauf genommen.

zierungsgrad von Umweltbewusstsein das Verbraucherverhalten typisiert, wobei länderspezifisch unterschiedliche Konsumententypen hinsichtlich umweltorientiertem Konsum zu unterscheiden sind.

Um die Ziele der Kommunikationspolitik zu erreichen, werden die folgenden wesentlichen **Instrumente** eingesetzt:[44]

- **Werbung**,
    Jede bezahlte Form der nicht-persönlichen Präsentation und Promotion von Ideen, Waren oder Dienstleistungen, z.B. Anzeigen in Print, Funk und Fernsehen, Internet, Verpackung, Packungsbeilagen, Kinowerbung, Plakate, Zeichen, Symbole, Reklameschilder.
- **Verkaufsförderung**,
    Kurzfristige, zeitlich gezielte Anreize zum Kauf oder Verkauf eines Produktes oder einer Dienstleistung, z.B. Preisausschreiben, Gewinnspiele, Lotterien, Verkaufssonderprogramme, Werbegeschenke und Zugaben, Muster und Kostproben, Ausstellungen, Vorführungen, Gutscheine, Rabatte, Finanzierungsangebote, Unterhaltungs- und Bewirtungsangebote, Rabattmarken und Payback, Verbundangebote.
- **Persönlicher Verkauf**,
    Unmittelbarer Kontakt in Form eines Verkaufsgesprächs mit dem Ziel, bei einem oder mehreren Käufern einen Vertragsabschluß auszulösen, z.B. Verkaufspräsentationen, Verkaufskonferenzen, Telefonverkauf, Bemusterung, Fachmessen und -veranstaltungen.
- **Direktmarketing**,
    Gezielte Kommunikation mit ausgewählten Kunden bzw. Kaufinteressenten mit dem Ziel der Kaufauslösung, z.B. mit Katalogen, Handzetteln, Postwurfsendungen, Telemarketing, Werbegeschenken, TV-Direktverkauf, Telefon/Handy, E-mail etc.
- **Umweltsponsoring**,[45]
    Unternehmen stellen dabei den Sponsoring-Partnern Geld oder Sachmittel zur Verfügung, um deren Umweltschutzaktivitäten zu unterstützen.
- **Public Relations**,
    Möglichkeiten, das Image eines und das Vertrauen in ein Unternehmen und seiner Produkte im Bewusstsein der Öffentlichkeit zu fördern, z.B. Pressemappen, Reden und Vorträge, Veröffentlichungen, Seminar- und Kongressveranstaltungen, Lobbyismus, Geschäfts- und Umweltberichte, Spenden, Event-Marketing, Pflege der Beziehungen zur Öffentlichkeit, Durchführung von Begutachtungen und Erhalt von Zertifikaten und Labeln.
- **dialogorientierte Instrumente**.
    Anhand dieser Instrumente soll das Image des Unternehmens gesteigert werden. Die Öffentlichkeit soll in Entscheidungsprozesse des Unternehmens einbezogen werden, z.B. bei Standortentscheidungen für neue Unternehmensstandorte, bei Standortausweitungen etc.[46] Hierzu zählen z.B.

---

[44] Erweitert nach KOTLER/BLIEMEL, 2001:882; siehe auch LEVINSON/GODIN, 2000.
[45] Synonym: **Öko-Sponsoring**.
[46] Diese Instrumente werden üblicherweise bei Vorhaben mit großem öffentlichen Konfliktpotential eingesetzt.

Mediationsverfahren, Konsensuskonferenzen, Zukunftswerkstätten, Agenda-Prozesse.

Der Einsatz des entsprechenden umweltorientierten **Kommunikations-Mix**, d.h. die Anwendung dieser unterschiedlichen Maßnahmen, richtet sich vor allem nach der gewählten Positionierung und der gewählten Strategie des Unternehmens und dem damit verbundenen vorgesehenen Dominanzgrad der Umweltdimension.

Den Konsumenten in der avisierten Zielgruppe zur Kaufentscheidung für das umweltverträgliche Produkte zu veranlassen, erfolgt überwiegend mit den Mitteln Werbung, Verkaufsförderung, persönlicher Verkauf oder Direktmarketing. Die zentralen **Inhalte von Werbekonzeptionen** sind:

- Entscheidungen über die Werbeziele,
- die Festlegung der Zielgruppen,
- die Formulierung einer zentralen Werbebotschaft.

Für Werbebotschaften mit einer umweltbezogenen Komponente ist die **Glaubwürdigkeit** von maßgeblicher Bedeutung. Um die Anforderungen der Konsumenten hinsichtlich der Umweltrelevanz zu erfüllen und vorhandene Kaufbarrieren zu überbrücken, muss das umweltbezogene Leistungspotential des Produktes ausreichend sein und in der Werbekampagne glaubhaft dargestellt werden. Hierzu kann das Verkaufsargument „Umweltverträglichkeit" durch die bereits dargestellten Formen der Zertifizierung und Kennzeichnung bekräftigt werden. Dabei sind in der Regel auch die weiteren (primären) Produkteigenschaften in die Werbebotschaft zu integrieren. Die unterschiedliche Gewichtung richtet sich wiederum nach der angestrebten Unternehmenspositionierung.

Ziel der Werbebotschaft sollte in der Regel sein, dass der Käufer bzw. Nutzer des Produktes mit dem Ge- oder Verbrauch des Produktes einen positiven Umweltbeitrag verbindet.

Im Hinblick auf die zu erreichenden Zielgruppen zeichnen sich umweltbewusste Konsumenten oftmals durch überdurchschnittliches Bildungsniveau und umweltrelevantes Wissen aus. Dies könnte darauf schließen lassen, dass eine argumentative und eher rationale Darstellung der umweltrelevanten Eigenschaften eines Produktes die Akzeptanz der Werbeaussage erhöhen kann, was für eine eher sachliche Darstellung und neutrale Informationsbereitstellung im Werbemedium spricht. Untersuchungen in den vergangenen Jahren zeigen jedoch eine zunehmende Emotionalisierung der umweltbezogenen Werbeaktivitäten. Dies äußert sich sowohl im Inhalt bzw. der Formulierung der Werbebotschaften, als auch in der medialen Umsetzung.

Beim Einsatz der Werbemedien und der gezielten Ansprache des umweltfreundlichen Käufersegments sind die informationsrelevanten Nutzungsgewohnheiten dieser Gruppe zu beachten. So wird Werbung in elektronischen Medien von dieser umweltorientierten Zielgruppe oftmals eher unterdurchschnittlich oft gesehen und zum Teil negativ beurteilt. Die Auswahl der Sendungen bzw. der Printmedien ist deshalb in diesem Zusammenhang besonders zu beachten.

Ein wirkungsvoller Aspekt innerhalb des umweltorientierten Marketingmix bietet das **„Umweltsponsoring"**. Um als Sponsor eines Umweltengagements glaubwürdig zu erscheinen, sollten Unternehmen folgende Anforderungen erfüllen:[47]

- Verankerung des Umweltschutzes in den Unternehmensgrundsätzen,
- intensive Bemühung um nachhaltige Lösungen bei Produktion, Produkten, Logistik und Unternehmenskonzepten,
- innerbetriebliche Motivation zum Umweltschutz,[48]
- Umweltsponsoring als langfristiges Engagement,
- offene Identifikation mit den Zielen des Sponsoring-Partners.

Als **Sponsoring-Partner** bieten sich vor allem bekannte Umweltschutzorganisationen an. Bei der Auswahl des Sponsoring-Partners können allerdings verschiedene Verbindungslinien gesehen werden. Es sind Verantwortungsbezug, Regionalbezug, Produktbezug, Imagebezug, Zielgruppenbezug und Know-how-Bezug (MEFFERT/KIRCHGEORG, 1998:329).

Besonders wirkungsvoll sind Sponsoring-Aktivitäten, wenn sie sowohl inhaltlich als auch zeitlich in das gesamte Marketing- und Kommunikationskonzept des Unternehmens integriert sind. Eine neue und innovative Form des Umweltsponsorings ist das Festlegen einer festen Gewinn- oder Umsatzabgabequote zugunsten von Umweltschutzprojekten als Bestandteil der Unternehmensphilosophie bzw. eine Kopplung des Absatzes von Produkten und Dienstleistungen mit Umweltschutzmaßnahmen.[49]

Zum Erreichen des avisierten Unternehmensimages werden meist **Public Relations-Aktivitäten** eingesetzt. Hier zeichnen sich Medienberichte in Print, Funk und Fernsehen durch eine hohe Glaubwürdigkeit in der Öffentlichkeit aus. So stellen insbesondere vermeintlich „umweltschädigende" Branchen den Umweltaspekt in ihren Pressemitteilungen besonders heraus, um damit das Image eines verantwortungsvoll handelnden Unternehmens zu transportieren. Dabei wird auf Anfrage auch umfangreiches Informationsmaterial an interessierte Konsumenten und Organisationen verschickt. Im weiteren Sinne zählen auch angestrebte und erhaltene Umweltzertifizierungen, also nach EMAS oder DIN EN ISO 14001, oder Produktlabel zu dieser Strategie.[50] Auch das öffentliche Engagement, z.B. in Artenschutz- oder Regenwaldprojekten, sind Public Relations-Maßnahmen, die das Ziel verfol-

---

[47] Nach MEFFERT/KIRCHGEORG, 1998:331.
[48] Diese drei Aspekte erfüllt das Unternehmen, wenn es ein nachhaltiges Umweltmanagement umsetzt.
[49] Weil diese Strategie bisher in der Literatur nicht ausführlich dokumentiert wurde, zwei Beispiele hierfür: die Brauerei Krombacher schützt seit dem Frühjahr 2002 für jeden verkauften Kasten Bier einen Quadratmeter tropischen Regenwald. Eine konsequente Umsetzung dieses Ansatzes findet sich bei **www.nexxt.ag**, einem Internetunternehmen, das ein Metaportal anbietet. Dieses Unternehmen legt eine achtzigprozentige Gewinnabgabequote seinem Geschäftsmodell zugrunde und unterstützt mit den abgegebenen Gewinnen Umweltschutz- und Entwicklungshilfeprojekte.
[50] Signal- und Reputationswirkung sowie Profilierung, Legitimierung und Differenzierung sind die wesentlichen nach außen gerichteten Wirkungen von Zertifikaten bzw. Labeln (siehe z.B. bei MEFFERT/KIRCHGEORG, 1998:311).

gen, die Umweltkompetenz des Unternehmens zu betonen und die umweltbezogene Problemlösungsfähigkeit des Unternehmens darzustellen.[51]

Im Rahmen der Public Relation-Maßnahmen als externer Kommunikation sind im Unternehmen einzelne Verfahren umzusetzen und im Umweltmanagementsystem zu integrieren, durch die ein offener Dialog mit unterschiedlichen Interessengruppen geführt werden soll (siehe auch Kap. 4.1.4.2). Diese Verfahren betreffen u.a.:

- die Entgegennahme, Dokumentation und Beantwortung von relevanten Mitteilungen und von Stellungnahmen/Anfragen der Bevölkerung,
- die Beratung der Kunden über die Verwendung, Behandlung und Beseitigung des Produktes,
- den Umgang mit Behörden,
- die Vorgehensweise zur Kommunikation bei Betriebsstörungen und Störfällen.

Zu bedenken sind bei der externen Kommunikation auch ihre **direkten Umweltauswirkungen**. Diese sind im Bereich der elektronischen Werbemedien wie Fernsehen, Rundfunk, Internet und E-mail praktisch zu vernachlässigen.[52] Demgegenüber sind die Umweltauswirkungen verschiedener **Direktmarketingmethoden** wie Postsendungen, Kataloge, Handzettel etc. kritisch zu betrachten (u.a. hoher Papiereinsatz und Transportbedarf). Insgesamt ist innerhalb einer Werbekonzeption auch in dieser Hinsicht auf ein durchgängiges und schlüssiges Gesamtkonzept zu achten.[53]

Im Rahmen des Umweltmanagements ist eine Umweltverfahrensanweisung zur umweltorientierten Kommunikationspolitik zu erstellen, die hinsichtlich der aufgeführten Aspekte und deren Berücksichtigung eindeutige Vorgaben macht (siehe auch Kap. 4.1.2). Dabei sind auch Ziele der Kommunikation festzulegen, auch wenn das Erreichen dieser Ziele, sofern sie sich nicht in steigender Nachfrage äußern, teilweise schwer messbar und somit eine Kontrolle schwer durchführbar ist.

Die diese Aspekte umfassende umweltorientierte Kommunikationspolitik wird bei Einbeziehung sozialer und ökonomischer Aspekte zu einer **„nachhaltigen Kommunikationspolitik"**.

5.3.2 Umweltorientierte Investitions- und Finanzpolitik

Insbesondere bei der Einführung von Umweltmanagement und bei der Umsetzung von einzelnen Umweltschutzmaßnahmen, z.B. als Prozessumstellungen oder Produktentwicklungen zur Reduzierung des Energieeinsatzes oder zur Abfallver-

---

[51] Dies setzen z.B. Energieunternehmen um, die Energiesparmaßnahmen aufzeigen oder Autohersteller, die über eine benzinsparende Fahrweise aufklären.
[52] Wenn man davon ausgeht, dass die Kommunikationsmittel wie Fernsehgeräte etc. beim Konsumenten ohnehin vorhanden sind. In letzter Zeit erkannte Probleme, wie z.B. Sendemasten und deren Strahlung u.a. bei Werbemassnahmen mit dem Kommunikationsmittel „Handy", können noch nicht abschließend bewertet werden.
[53] Neben einem schlüssigen Gesamtkonzept sind diese Werbematerialien – als „Produkt" - ebenfalls umweltverträglich zu gestalten (siehe Kap. 4.1.3.9).

meidung, fallen in der Regel Kosten an. Deshalb sind Investitions- und Finanzierungsfragen zu klären.

Umweltorientierte Investitions- und Finanzpolitik kann definiert werden als alle Ziel- und Maßnahmenentscheidungen zur umweltorientierten Planung und Durchführung von Investitionen und Finanzierungen.

Eine Umweltverfahrensanweisung im Rahmen des Umweltmanagements für den Bereich „**Investitions- und Finanzplanung**" hat zum Inhalt, die Rahmenbedingungen für eine umweltorientierte Investitions- und Finanzplanung festzulegen.

Um bei **Investitionsentscheidungen** - nicht nur im Umweltbereich - zu einer sorgfältigen, auch betriebswirtschaftlich begründbaren Abwägung zu gelangen, ist eine Gegenüberstellung der Kosten der Investitionsmaßnahme mit möglichen Rückflüssen in Form von Einsparungen bzw. Umsatzerhöhungen vorzunehmen. Überwiegend wird diese Entscheidung im Rahmen von **Investitionsrechnungen** zu treffen sein.[54]

Meistens ist im Ergebnis bei produktions- und produktintegrierten Umweltschutzmaßnahmen von einem positiven Kapitalwert auszugehen, was insbesondere unter Einbeziehung strategischer Aspekte für eine Einführung von Umweltmanagement bzw. für die Umsetzung der Einzelmaßnahme spricht.[55]

Im Rahmen einer Investitionsentscheidung kann unterstützend eine Amortisationsrechnung durchzuführen sein. Insbesondere bei Umweltschutzinvestitionen (oder auch umweltorientierter F&E) zeigt sich eine vergleichsweise lange Amortisationszeit.[56]

Die Unternehmensleitung hat in der Umweltverfahrensanweisung deshalb festzulegen, welche Amortisationszeiten angestrebt werden sollen bzw. toleriert werden können. An dieser Stelle wird das Verhältnis von Umweltschutzzielen zu ökonomischen Zielen sehr deutlich sichtbar, ebenso der Ansatz der proaktiven Umweltschutzstrategie.

Auch wenn die Investitionsrechnungen für eine Umsetzung sprechen, kann die Umsetzung der Investition in Umweltschutzmaßnahmen z.B. durch **mangelnde Liquidität** gefährdet sein. Um diesem Problem zu begegnen, kann das Unternehmen folgende Möglichkeiten zur Bereitstellung der Finanzmittel erwägen:

- Umverteilung finanzieller Ressourcen im Unternehmen,
- Einsparungen im betrachteten oder in anderen Unternehmensbereichen,
- Kapitalbeschaffung.
    Hierbei sind die üblichen Methoden der Fremdfinanzierung anzuwenden. Besondere Beachtung sollten hierbei auch die sehr vielfältigen Programme

---

[54] Eine Übersichtsdarstellung gibt STREIT, 2000; es wird auf die allgemeine Literatur zum Thema Investition und Finanzierung verwiesen.
[55] Viele Beispiele hierzu sind bei GEGE, 1997, aufgeführt.
[56] Als Beispiel kann die Investition in Energiesparlampen oder energiesparende Kühlgeräte gelten, bei der einem positiven Kapitalwert eine lange Amortisationszeit gegenübersteht.

zur Förderung von Umweltschutz auf kommunaler, nationaler und europäischer Ebene finden.

Im Rahmen des Umweltmanagements ist eine Umweltverfahrensanweisung zur umweltorientierten Investitions- und Finanzpolitik zu erstellen, die hinsichtlich der aufgeführten Aspekte und deren Berücksichtigung eindeutige Vorgaben macht (siehe Kap. 4.1.2).

Unter Berücksichtigung sozialer Aspekte entsteht aus der so verstandenen Investitions- und Finanzpolitik eine „**nachhaltige Investitions- und Finanzpolitik**".

5.3.3 Umweltorientierte Personalpolitik

Umweltorientierte Personalpolitik kann definiert werden als alle Ziel- und Maßnahmenentscheidungen für ein umweltorientiertes Personalmarketing, eine umweltorientierte Personalführung und eine umweltorientierte Personalentwicklung.

Bei der Umsetzung von Umweltmanagement kommt den **handelnden Personen** im Unternehmen die entscheidende Rolle zu. Sie sind auf allen Hierarchieebenen mit Umweltmanagement konfrontiert, von der Entscheidungsfindung bezüglich Unternehmenspositionierung über die Entscheidung zur strategischen Umsetzung von Umweltmanagement im Topmanagement bis hin zu den einzelnen umweltrelevanten Tätigkeiten in den verschiedenen Unternehmensbereichen.

Deshalb werden die Maßnahmen im Rahmen der **umweltorientierten Personalpolitik**,[57] die teilweise bereits in Kap. 4.2.4.2 beschrieben wurden, hier erweitert. Die umweltorientierte Personalpolitik wird dabei bestimmt durch die (umweltorientierte) Strategieentwicklung und die umweltorientierte Organisationsentwicklung (siehe SCHINDLER, 1999:127ff).

Einer **umweltorientierten Organisationsentwicklung** liegt die Initiierung eines umweltbezogenen **organisationalen Lernprozesses** zugrunde. Dieser ist vor allem durch die Einführung des Umweltmanagementsystems und der damit verbundenen Identifizierung von Entwicklungspotentialen geprägt. Dadurch, dass das Unternehmen Umweltschutz in Form eines Umweltmanagementsystems nicht nur umsetzt, sondern ihn in Form einer **Unternehmenskultur**[58] auch „lebt", kann es sich ständig weiterentwickeln.

---

[57] Synonym: Personalmanagement.
[58] Eine **umweltorientierte Unternehmenskultur** bestimmt sich durch:
- **Artefakte**, d.h. tatsächlich umgesetzte Umweltschutzmaßnahmen, z.B. umweltverträgliche Produkte, Produktion und Logistik, baubiologische Architektur und Arbeitsplatzgestaltung, neue Formen der Öffentlichkeitsarbeit und des Dialogs mit der Öffentlichkeit, Anreizsysteme für umweltverträgliches Verhalten im Unternehmen etc. (siehe Kap. 4.1 und Kap. 5.3),
- **Werte**, d.h. die Einbeziehung des Umweltschutzes in Unternehmensgrundsätze und die internalisierten umweltbezogenen Werte bei Beschäftigten auf allen Unternehmensebenen,
- **Grundannahmen**, z.B. Umweltschutz als verantwortungsethisches Anliegen, anthroposophisches Menschenbild.
Dabei ist zu berücksichtigen:
- der **Verankerungsgrad**, d.h. das Ausmaß, in dem die Werte des Unternehmens in die Wertegefüge der Organisationsmitglieder eingegangen sind,

Die allgemeine Unternehmensstrategie hinsichtlich Aufbau, Wachstum oder Konsolidierung des Unternehmens und die umweltorientierte Strategie hinsichtlich der Berücksichtigung der Umweltaspekte bestimmen die **Maßnahmen zum Personalmanagement**. Dabei sind zu berücksichtigen:[59]

- **Personalbestands- und Personalbedarfsanalyse**, u.a. hinsichtlich fachlicher, umweltbezogener und sozialer Qualifikation,

    Der sich aus der Analyse ergebende Aus- und Weiterbildungsbedarf und Schulungsbedarf der Beschäftigten hinsichtlich der fachlichen Qualifikation ist um die Fragen des Verantwortungsbewusstseins gegenüber der Umwelt und der Sensibilität gegenüber möglichen Umweltgefährdungen zu erweitern. Ebenso ist die Wichtigkeit von präventivem, proaktivem und sorgfältigem sowie eigenverantwortlichem Handeln zu vermitteln. Zudem sind Inhalte, die im Rahmen der Implementierung eines Umweltmanagements eingeführt werden, zu vermitteln. Dies kann bei der Durchführung von Maßnahmen zur Anpassung der fachlichen Qualifikation der Beschäftigten an neue Anforderungen erfolgen.

- **Personalfreisetzung und Personalveränderung**,
- **Personaleinsatzplanung**,
- **Personalkostenmanagement**, d.h. Kostenerfassung und -prognose, inklusive der Abschätzung der Kosten für Umweltschutz-Know-how,
- **Personalinformationsmanagement**,

    Im Vordergrund steht die Einführung von Verfahren der internen Kommunikation. Die notwendige umweltorientierte Information für die Beschäftigten bezieht sich auf:
    - Bedeutung der Konformität mit der Umweltpolitik und den dazugehörigen Verfahren mit den Forderungen des Umweltmanagementsystems,
    - Information über die tatsächlichen oder potentiellen Umweltauswirkungen der Tätigkeiten sowie den Nutzen für die Umwelt aufgrund verbesserter persönlicher Leistung,
    - Erläuterung und Bewusstmachen der Aufgaben und Verantwortlichkeiten zum Erreichen der Konformität mit der Umweltpolitik und den Verfahren sowie mit den Forderungen an das Umweltmanagementsystem einschließlich Notfallvorsorge und Notfallmaßnahmenbedarf,
    - Erläuterung der möglichen Folgen eines Abweichens von festgelegten Arbeitsabläufen.

    Zudem zählen zu einem Personalinformationsmanagement insbesondere das Führen von Beschäftigten- und Arbeitsplatzdateien, Reise- bzw. Fahrtenkoordination, Hauszeitschriften, Beschäftigtengespräche etc.

- der **Übereinstimmungsgrad**, d.h. der Grad der Homogenität individueller und gruppenbezogener Werte im Unternehmen,
- die **Systemvereinbarkeit**, d.h. die Beziehung zwischen den unternehmerischen Werten und den formalen Instrumenten der Unternehmensführung,
- die **Strategievereinbarkeit**, d.h. die Übereinstimmung der unternehmerischen Werte mit der Positionierung des Unternehmens (nach MEFFERT/KIRCHGEORG, 1998:422/423).

[59] Erweitert nach SCHINDLER, 1999:127ff; weitere diesbezügliche Ausführungen finden sich in Kapiteln zur „Personalpolitik" bzw. zum „Personalwesen" in den meisten sonstigen Lehrbüchern zum herkömmlichen Umweltmanagement.

- **Personalmarketing**,

  Personalmarketing bedeutet die Entwicklung, Einführung und Evaluation von Konzepten zur umweltorientierten
    - Personalbeschaffung bzw. Personalakquisition (extern, intern), bei der z.B. in Stellenausschreibungen umweltspezifische Qualitätsanforderungen aufgeführt sind,
    - Personalauswahl, bei der die Werthaltung und Interessen des Bewerbers zu umweltpolitischen Themen und sein persönliches Umweltverhalten identifiziert werden, wobei die Umweltperspektive in die Personalauswahlverfahren zu integrieren ist, z.B. bei der Analyse des Lebenslaufs und der Qualifikation,
    - Personalbetreuung.

- **Personalentwicklung**,

  Personalentwicklung bedeutet die Entwicklung, Einführung und Evaluation von umweltorientierten Konzepten zur Optimierung des Arbeitsverhaltens hinsichtlich:
    - Berufsausbildung, z.B. Ergänzung des Ausbildungsplanes um die umweltrelevanten Aspekte des Unternehmens,
    - Aus-/Weiterbildung, z.B. Teilnahme an Umweltzirkeln, Workshops, Konferenzen, Lehrgängen,
    - Karriereentwicklung.

  Dabei erfolgt, ausgehend von der Kenntnis des umweltorientierten Qualifikationsniveaus, die Ermittlung des Aus- und Weiterbildungsbedarfs und des Schulungsbedarfs und anschließend die Anpassung der Qualifikation der Beschäftigten an neue Anforderungen. Dies ist insbesondere für Beschäftigte unerlässlich, deren Tätigkeit in Zusammenhang mit Umweltauswirkungen von erheblicher Bedeutung steht. Eine Auswahl von Maßnahmen zur Erhöhung der umweltrelevanten Qualifikation ist im Anhang, Kap. 10.7, aufgeführt.

- **Personalführung**,

  Personalführung bedeutet die Entwicklung, Einführung und Evaluation von Konzepten zur umweltorientierten
    - Personalbeurteilung, d.h. die Beurteilung des umweltorientierten Handelns des Beschäftigten,
    - Personalhonorierung, wobei eine Kombination von materiellen und immateriellen Anreizsystemen berücksichtigt werden sollte. Hierzu zählen bei Erfüllung bzw. Übererfüllung von Kriterien zur umweltorientierten Leistungsbeurteilung z.B. Bonussysteme, umweltorientiertes Ideenmanagement bzw. Vorschlagswesen, Karriereanreize bzw. Beförderungen, Auszeichnungen wie Umweltpreise, Einbeziehung in die umweltorientierte Unternehmensplanung (z.B. in Umweltausschüssen), Teilnahme an umweltorientierten Lehrgängen oder Bildungsausflügen etc.,
    - Personalpflege, d.h. die Gesunderhaltung der Beschäftigten. Dieser Aspekt ist bereits durch die Berücksichtigung von Arbeitsschutz- und Sicherheitsmaßnahmen im Umweltmanagementsystem berücksichtigt. Er sollte auch die Vermeidung psychologischer Beeinträchtigungen am Arbeitsplatz enthalten.

Im Rahmen des Umweltmanagements ist eine Umweltverfahrensanweisung zur umweltorientierten Personalpolitik zu erstellen, die hinsichtlich der aufgeführten Aspekte und deren Berücksichtigung eindeutige Vorgaben macht (siehe auch Kap. 4.1.2).

Aus der so verstandenen Personalpolitik wird unter Berücksichtigung sozialer und ökonomischer Aspekte eine **„nachhaltige Personalpolitik"**.

5.3.4 Umweltorientierte Forschungs- und Entwicklungspolitik

Die umweltorientierte Forschung und Entwicklung nimmt eine Sonderstellung in den betrieblichen Bereichen ein.

Umweltorientierte Forschungs- und Entwicklungspolitik kann definiert werden als alle umweltorientierten Ziel- und Maßnahmenentscheidungen zur Forschung und Entwicklung umweltverträglicher Produktionsprozesse, Produkte und Dienstleistungen sowie umweltverträglicher Logistikprozesse.

Die Forschung und Entwicklung beeinflusst alle zukünftigen Umweltauswirkungen des Unternehmens, insbesondere verursacht vom Produkt, der Produktion und der Logistik. Die Vorgaben, die an die F&E-Tätigkeiten zu stellen sind, sind deshalb an den Zielen der Nachhaltigkeit zu orientieren. Diese sind umfassend in Kap. 4.1.3 aufgeführt. Insbesondere gilt:

- Anwendung neuester Methoden und Erkenntnisse in der Beurteilung der Umweltverträglichkeit vorhandener Prozesse, Produkte und Logistik,
    Dies sind z.B.:
    - Weiterentwicklung der Methoden „Ökobilanz", „Produktlinienuntersuchung" etc.,
    - wissenschaftliche Ergebnisse aus einzelnen Fachdisziplinen wie Klimaforschung, Toxikologie etc., die z.B. zu einer Neubewertung der Wirkung von Substanzen führen können,
    - neue technische Entwicklungen und deren Möglichkeiten zur Reduzierung der Umweltauswirkungen, z.B. neue Werkstoffe.
- Anwendung von Forschung und Entwicklung zur Reduzierung der Umweltauswirkungen in allen betrieblichen Abläufen,
    Dies sind insbesondere:
    - Produkte und deren Nutzungsphase,
    - Verpackungen und deren Nutzungsphase,
    - Produktionsprozesse,
    - Logistikprozesse,
    - Materialauswahl,
    - Rückführungs-, Wiederverwendungs- und Wiederverwertungsprozesse für Altprodukte,
    - Wiederverwendungs- und Wiederverwertungsprozesse für Prozessabfälle.

- Orientierung von neuen Produkten, Produktions- und Logistikprozessen an den Zielen der Nachhaltigkeit, z.B. hinsichtlich Ressourceneinsatz, Emissionen, Risikominimierung etc. (siehe Kap. 4.1.3.9),
    Dies bedeutet u.a.:
    - Anwendung von „umweltorientiertem Design" für die Produkte,
    - Anwendung von „umweltorientiertem Design" für die Verpackungen.
- Beurteilung der Umweltverträglichkeit für alle Forschungs- und Entwicklungsergebnisse,
    Dies gilt für:
    - Einführung neuer Technologien,
    - Änderung und Umbau von Produkten, Prozessen, Logistik, Gebäuden etc.,
    - Neuanschaffungen.
- Einführung eines umweltorientierten Ideenmanagements bzw. Vorschlagswesens.[60]

Im Rahmen des Umweltmanagements ist eine Umweltverfahrensanweisung zur umweltorientierten Forschungs- und Entwicklungspolitik zu erstellen, die hinsichtlich der aufgeführten Aspekte und deren Berücksichtigung eindeutige Vorgaben macht, sowie die Vorgaben an eine umweltverträgliche Produktion, umweltverträgliche Produkte bzw. Dienstleistungen und eine umweltverträgliche Distributions- und Redistributionslogistik enthält (siehe Kap. 4.1.3 und auch Kap. 4.1.4.2).

Unter Einbeziehung sozialer und ökonomischer Aspekte wird aus der so verstandenen Forschungs- und Entwicklungspolitik eine **„nachhaltige Forschungs- und Entwicklungspolitik"**.

---

[60] Dies wird auch als „kontinuierlicher Verbesserungsprozess" bzw. „KaiZen" bezeichnet.

6 Ausblick

Im **Medien- und Internetzeitalter** sind vielfältige und verschiedenste Informationen über das Umweltverhalten von Unternehmen verfügbar. Im Zuge der **Globalisierung**, bei der Umweltschutzorganisationen und weitere sog. Non Governmental Organizations („NGO´s")[1] global vernetzt Daten über Unternehmen sammeln und veröffentlichen, sind diese Informationen weltweit umfassend und schnell abrufbar.

Zunehmend wird dabei die **Glaubwürdigkeit der Unternehmen** bzw. der Marken kritisch hinterfragt. Diese Glaubwürdigkeit der Unternehmen besteht darin, dass die Kommunikations- und Kontrahierungspolitik auch tatsächlich auf umweltverträglichen Produkten, einer umweltverträglichen Produktion und einer umweltverträglichen Distribution bzw. Redistribution basiert. Hinzu kommen insbesondere bei Global Playern die besonders kritisch beachteten Fragen der sozialen Standards.

Diejenigen Unternehmen, deren Kommunikationsverhalten eine **Diskrepanz** zu ihren tatsächlichen Umweltleistungen aufzeigt und die international unterschiedliche Umwelt- und Sozialstandards realisieren, werden schnell einer breiten Öffentlichkeit bekannt und ihr Image, ihre Glaubwürdigkeit und somit letztlich ihr wirtschaftlicher Erfolg kann (erheblich) beeinträchtigt werden.

Für Unternehmen eröffnet dies die glaubwürdige und vorbeugende Strategie, Umweltmanagement umzusetzen und anschließend die Kommunikationspolitik auf die erreichten Erfolge abzustimmen. Für global agierende und produzierende Unternehmen bedeutet es zudem, **unterschiedliche Umweltstandards** (und Sozialstandards) an ihren verschiedenen Produktionsstandorten zu vermeiden und Umweltmanagement auf **höchstem Standard** global umzusetzen und danach die Kommunikationspolitik auszurichten.

Umweltmanagement und Umweltmanagementsysteme beginnen sich auf breiter Basis in Unternehmen durchzusetzen. Ihre Funktionsfähigkeit als Bestandteil einer umweltorientierten Unternehmensführung ist nachgewiesen, wenn auch in den Unternehmen teilweise nur einzelne der erwarteten positiven Effekte eingetreten sind und die Unternehmen nur einzelne Vorteile der Umweltmanagementsysteme realisieren.

Das bisherige in den Unternehmen umgesetzte und auf der Basis der Regelungssysteme EMAS und DIN EN ISO 14001 vorgeschlagene Umweltmanagement bzw. die Umweltmanagementsysteme sind im Sinne der vorliegenden Arbeit hinsichtlich einer nachhaltigen Entwicklung weiterzuentwickeln.

Zu dieser **Weiterentwicklung** sind im ersten Schritt insbesondere die Umweltziele und die Umweltprogramme an den umweltbezogenen Zielen einer nachhaltigen Entwicklung auszurichten, um zu einem nachhaltigen Umweltmanagement zu gelangen.

---

[1] Einige siehe Anhang, Kap. 10.1.

Im **Kern eines nachhaltigen Umweltmanagements** und dessen Zielen gilt es heute Produkte herzustellen und zu vermarkten, die die Begrenztheit der Ressourcen und die Belastbarkeit unserer Umwelt berücksichtigen und die den Bedürfnissen der Menschen nach Sicherung ihrer Lebensgrundlagen nachkommen. Kurz: es gilt, **umweltverträgliche Produkte in einer umweltverträglichen Produktion herzustellen und mit einer umweltverträglichen Logistik zu distribuieren und zu redistribuieren**, um Produkt- und Materialkreisläufe zu schließen. Das Unternehmen hat zukünftig die Aufgabe, an der umweltverträglichen Gestaltung der gesamten Produktlinie mitzuwirken, einschließlich der dem Unternehmen vor- und nachgelagerten Bereiche, u.a. Herkunft der Rohstoffe, Produktion der Vorprodukte, Behandlung der Abfälle und Umgang mit den Produkten nach der Nutzungsphase.

Diese Maßnahmen zur umweltverträglichen Gestaltung der Produkte, der Produktion und der Logistik sind um die marktbezogenen Maßnahmen einer umweltorientierten Kommunikationspolitik und einer umweltorientierten Kontrahierungspolitik zu ergänzen. Intern flankieren Maßnahmen einer umweltorientierten Investitions- und Finanzpolitik, einer umweltorientierten Personalpolitik und einer umweltorientierten Forschungs- und Entwicklungspolitik die Umsetzung der marktorientierten Maßnahmen.

Werden die Instrumente „umweltverträgliche Produktpolitik", „umweltverträgliche Distributions- und Redistributionspolitik", „umweltverträgliche Produktionspolitik", „umweltorientierte Personalpolitik" und „umweltorientierte Forschungs- und Entwicklungspolitik" um soziale und ökonomische Aspekte, die Instrumente „umweltorientierte Kontrahierungspolitik" und „umweltorientierte Investitions- und Finanzpolitik" um soziale Aspekte erweitert, entstehen „**nachhaltige Produktpolitik**", „**nachhaltige Distributions- und Redistributionspolitik**", „**nachhaltige Produktionspolitik**", „**nachhaltige Personalpolitik**", „**nachhaltige Forschungs- und Entwicklungspolitik**", „**nachhaltige Kontrahierungspolitik**" und „**nachhaltige Investitions- und Finanzpolitik**". Dieses sind Instrumente einer nachhaltigen Unternehmensführung.

Unternehmen, die die strategische Ausrichtung von nachhaltigem Umweltmanagement erkennen, werden diese vorgeschlagene Umsetzung ohne gesetzliche Vorgaben vornehmen. Dieser auf **freiwilliger Basis** aus der Einsicht in die Handlungsnotwendigkeit heraus erfolgte Umsetzungsschritt bietet für diese Unternehmen immense Vorteile. Kosteneinsparungen durch die prozess- und logistikorientierten Umweltmanagementansätze, Unabhängigkeit der Produktion von begrenzten Ressourcen, Umsatzerhöhungen durch umweltverträgliche Produkte und die flankierenden glaubwürdigen Kommunikations- und Kontrahierungsmaßnahmen werden die Wettbewerbsfähigkeit der Unternehmen dauerhaft erhöhen.

Wenn das beschriebene nachhaltige Umweltmanagement von Unternehmen umgesetzt wird, ist in der Folge auch zu erwarten, dass sich analog des Umsetzungsstandes beim Qualitätsmanagement auch für nachhaltiges Umweltmanagement **ein Umsetzungsdruck** z.B. für kleine und mittlere Unternehmen in der Zuliefererkette herausbilden wird. Dadurch wird eine breite Umsetzung beschleunigt.

Um von einem nachhaltigen Umweltmanagement, wie es hier dargestellt wurde, zu **einer nachhaltigen Unternehmensführung** zu gelangen, ist die Vorgehensweise bei den Umweltaspekten bzw. beim Umweltmanagement analog auf die sozialen und ökonomischen Aspekte zu übertragen. Es gilt:

- die im Rahmen der betrieblichen Umweltpolitik bereits angedeuteten Leitlinien bezüglich der Sozial- und Wirtschaftspolitik zu erweitern,
- die Sozialpolitik in einem Sozialprogramm zu präzisieren und zu quantifizieren,
- die Wirtschaftspolitik in einem Wirtschaftsprogramm zu präzisieren und zu quantifizieren.

Anschließend sind auch diese beiden Programme in die Managementstruktur einzubeziehen, einschließlich Sozialprüfung und Sozialprüfungsverfahren sowie Wirtschaftsprüfung und Wirtschaftsprüfungsverfahren zur Bestimmung der IST-Ausgangssituation.

Ebenso sind Sozialbetriebsprüfung und ein Sozialbetriebsprüfungsverfahren und eine Wirtschaftsbetriebsprüfung und ein Wirtschaftsbetriebsprüfungsverfahren in die Abläufe zu integrieren.

Abschließend sind eine Sozialerklärung und eine Wirtschaftserklärung vorzulegen. Es ist allerdings anzumerken, dass bezüglich der wirtschaftsbezogenen Aspekten mit den Vorgaben zur bisherigen externen Wirtschaftsprüfung (bzw. Wirtschaftsbetriebsprüfung)[2] und hinsichtlich der Erstellung von Geschäftsberichten bereits Schritte in diese Richtung umgesetzt sind, die nur entsprechend erweitert werden müssen.

Die Umwelterklärung, die Sozialerklärung und die Wirtschaftserklärung werden als **„Nachhaltigkeitserklärung"** zusammengefasst und veröffentlicht.

Diese Erweiterung der umweltorientierten Unternehmensführung zu einer **nachhaltigen Unternehmensführung** ist anhand des **St. Gallener-Umweltmanagementmodells** in Abbildung 33 verdeutlicht. Obwohl die Entscheidung zur Erstellung einer „Nachhaltigkeitspolitik" eine normative Entscheidung bedeutet, bedeutet die konkrete Ausformulierung dieser Politik bzw. der drei Teilpolitiken „Umwelt-", „Sozial-" und „Wirtschaftspolitik" aber in jedem Fall eine strategische Entscheidung.

---

[2] Analog Umweltmanagement eigentlich „Valdierung" bzw. „Zertifizierung".

Abbildung 33: Erweiterung des St. Gallener Umweltmanagementmodells*

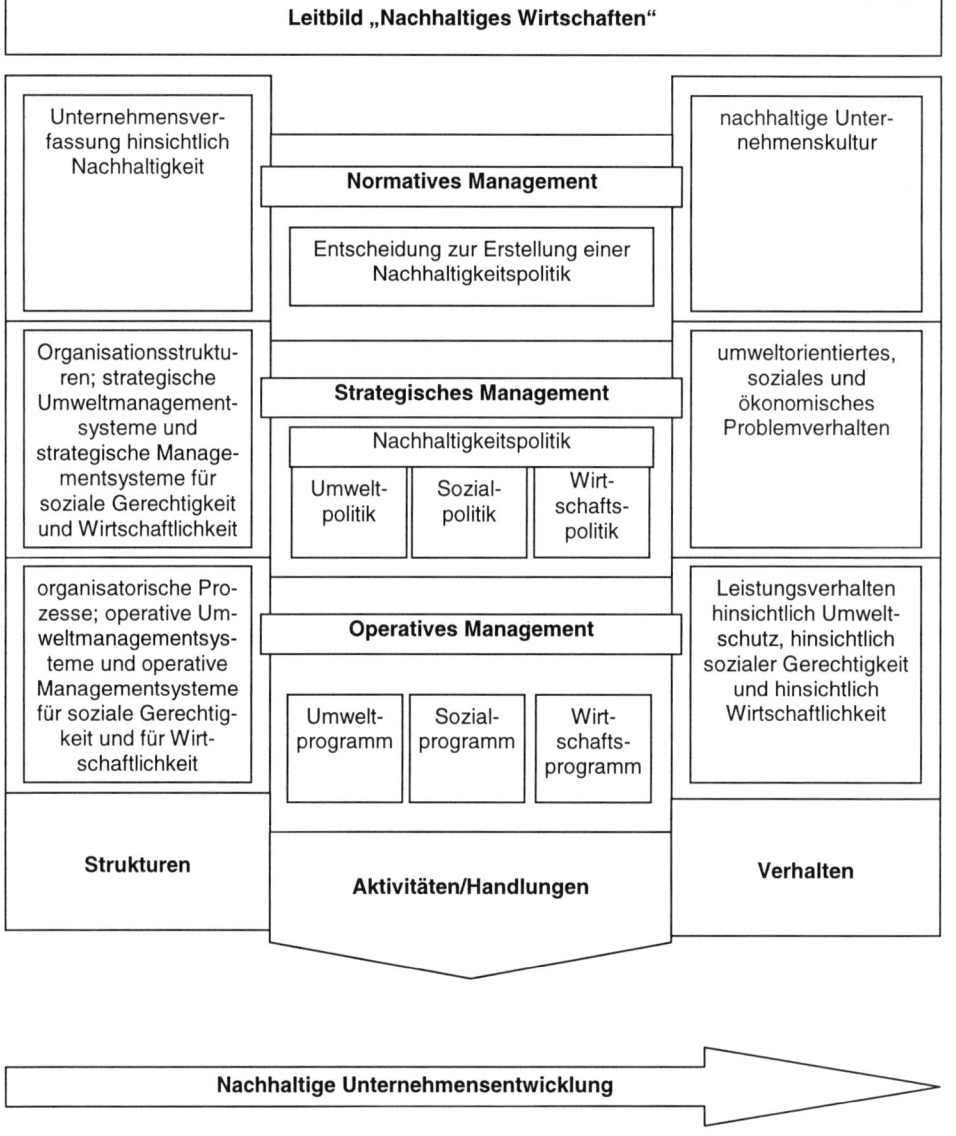

* erweitert nach DYLLICK/HAMSCHMIDT (2000:109) und nach verschiedenen Veröffentlichungen zu diesem Managementmodell, u.a. in MEFFFERT/KIRCHGEORG (1998:74)

Der **Politik**, sowohl auf nationaler als auch auf internationaler Ebene, wird vorgeschlagen, für die Umsetzung von Managementsystemen der sozialen und der ökonomischen Aspekte Systeme analog EMAS zu entwickeln und zu etablieren, an denen die Unternehmen auf freiwilliger Basis teilnehmen können. Den **nationalen und internationalen Normungsgremien** wird empfohlen, ein der DIN EN ISO 14001 angelehntes System für die beiden Aspekte zu entwickeln und vorzulegen.

Mit der Umsetzung dieser drei Aspekte in einem **nachhaltigen Managementsystem**, das aufbauend auf einen nachhaltigen Umweltschutz die sozialen und ökonomischen Aspekte einbezieht und in ihren Abläufen vereinheitlicht, kann eine **nachhaltige Unternehmensentwicklung** erreicht werden.

Im Sinne der dringenden Lösung lokaler und globaler Umweltprobleme und sozialer Probleme und sich möglicherweise daraus ergebender sozialer Konflikte ist zu wünschen, dass die Unternehmen schnell die vorgeschlagenen Schritte hinsichtlich nachhaltiger Unternehmensführung umsetzen.

7 Übungsaufgaben für Studierende

Dieses Kapitel beinhaltet **Übungsaufgaben** für Studierende. Sie richten sich an alle am Thema Interessierten, die dieses Lehrbuch studiert haben.

Die Übungsaufgaben lehnen sich an die betrieblichen Fragestellungen hinsichtlich der Unternehmensstrategie und der Implementierung von Umweltmanagement an. Sie sollen Ansatzpunkte liefern zum Eindenken in unternehmerisches Handeln und die betrieblichen Fragestellungen bei der Umsetzung von Umweltmanagement beleuchten. Aus den Übungsaufgaben sollen sich die Studierenden weiterführende Hinweise und Ideen zum Thema „Umweltmanagement" erarbeiten. Die angemessene Bearbeitungszeit für die einzelnen Aufgaben wird am Ende der Aufgabe angegeben.

Die **Lösungen für die Übungsaufgaben** bestehen nicht bzw. nicht ausschließlich in der Wiedergabe der Inhalte des Lehrbuches, sondern übertragen zum einen die Inhalte auf die betriebliche Situation, zum anderen fordern sie die Anwendung von fachlichen Kenntnissen. Deshalb werden für einige Aufgaben auch keine Lösungen aufgezeigt, sondern nur in Stichworten **Lösungswege** beschrieben - für diese Aufgaben sind weiterführende Recherchen notwendig. Auch werden für die Beantwortung einiger Fragen allgemeine fachliche Grundlagen vorausgesetzt. Studierende mit betriebswirtschaftlich-technischen Vorkenntnissen können die Aufgaben deshalb schneller bewältigen als Studierende anderer Disziplinen.

Abschließend werden zwei Übungsaufgaben aufgeführt, die über die Inhalte des Lehrbuches hinausgehen (Kap. 7.18 und Kap. 7.19). Bei diesen Übungsaufgaben ist die exakte Bearbeitung und Ausformulierung nicht wesentlich - entscheidend ist die Reflexion über das Thema „Umweltschutz" bzw. „Umweltmanagement" in einem erweiterten Kontext.

7.1 Einfluss der nachhaltigen Entwicklung auf Branchen

Eine nachhaltige Entwicklung wird Veränderungen in allen Wirtschaftsbereichen nach sich ziehen. Durch die Notwendigkeit der deutlichen Einsparung von Ressourcen und der Verminderung von Emissionen wird es innerhalb einzelner Branchen zu Veränderungen kommen. Es ist auch zu erwarten, dass eine Umstrukturierung ganzer Branchen, wie sie sich z.B. im Kohlenbergbau bereits vollzieht, eintreten wird.

Überlegen Sie, für welche Tätigkeiten und Branchen sich ökonomische Chancen bei einer nachhaltigen Entwicklung ergeben (können), und auf welche Branchen besondere Risiken zukommen (können). (Bearbeitungszeit: ca. 2 h)

Lösung: Die im folgenden aufgeführte Liste soll vor allem Hinweise zum Nachdenken liefern. Sie ist keinesfalls als abschließend zu betrachten, zudem flossen

Einschätzungen des Verfassers ein. In einer nachhaltigen Wirtschaftsweise ergeben sich **Chancen** insbesondere für:

- lokal angepaßten, flexibel einsetzbaren öffentlichen Personennahverkehr bzw. ein Angebot von Mobilitätsdiensten sowie ein umweltverträgliches Gütertransport- und Transfersystem „Schiene/Straße" bzw. andere Transporttechnologien,
- Contracting-Modelle im Bereich der Energieversorgung und -nutzung („Energiedienstleistungen"), einschließlich Maßnahmen/Technologien zur Energieeinsparung und zur Nutzung regenerativer Energien für öffentliche Gebäude, Haushalte und Industrie,
- Umwelttechnologien in den Bereichen Wassereinsparung, Abfallvermeidung, Emissionsvermeidung und spezifische Umwelttechnologien der Abwasser- und Abluftbehandlung, der Abfallwiederverwendung bzw. -wiederverwertung sowie der Abfallbehandlung,
- lokale Bürgerberatung bezüglich der Umsetzung einer nachhaltigen Entwicklung, z.B. Energieeinsparungsberatung, Beratung für wasser- und energiesparende Haushaltsgeräte,
- umweltverträgliche Landbewirtschaftung (Landwirtschaft/Gartenbau etc.) und regionale und saisonale Vermarktung einschließlich der Weiterverarbeitung im Lebensmittelgewerbe sowie Behandlung der Abfälle aus lebensmittelverarbeitender Industrie, Großkantinen etc.,
- lokale und regionale Kreisläufe einer auf ökologischer Forstwirtschaft basierenden Holzwirtschaft,
- lokale und regionale Kreisläufe für Klärschlamm bzw. Kompost,
- regionenbezogene Tourismus- und Naherholungskonzepte (Wellness etc.),
- „klassischer" Dienstleistungssektor, d.h. Umweltorientierung von Banken, Handel etc., „humanitäre Dienstleistungen" und Sicherheitsdienste,
- kulturelle Angebote,
- neue Medien und neue Kommunikationsdienste,
- einzelne Branchen im „klassischen" Sinne mit dem Ziel, Produktion, Produkte (und Logistik) umweltverträglich zu gestalten,
- Service-Konzepte für Gebrauchsprodukte (Produktrücknahme, Demontage, Reparatur etc.),
- Sharing-Konzepte sowie Tauschringe für Gebrauchsprodukte,
- Reparatur- und Renovierungswirtschaft in Industrie und Handwerk,
- lokale bzw. regionale Produktion, Weiterverarbeitung sowie Nutzung nachwachsender Rohstoffe aus ökologischer Landbewirtschaftung,
- lokale und regionale Kreisläufe für Baumaterialien wie Sand, Kies, Beton etc., einschließlich Baustoffwiederverwendung bzw. -wiederverwertung,
- neue Materialien, Werkstoffe und Technologien,
- Biotechnologie, eventuell Gentechnologie.[1]

Besondere Risiken sind vor allem in Branchen bzw. Tätigkeiten zu erwarten, die mit hohem „Umweltverbrauch" wirtschaften und die Chancen für die Weiterentwicklung hinsichtlich Nachhaltigkeit nicht nutzen, u.a. Bergbau, „klassische" Energiever-

---

[1] Diese Auflistung basiert auf ENGELFIED (1997).

sorgungstechnik, Abfallentsorgungstechnik, konventionelle Landwirtschaft, Tourismus.

7.2 Informationsbeschaffung für die Erläuterung von Umweltauswirkungen

Sie werden beauftragt, der Unternehmensleitung die wesentlichen Umweltauswirkungen des Unternehmens zu erläutern.

Überlegen Sie, wo Sie möglichst schnell gesicherte Informationen über die relevanten Umweltauswirkungen Ihres Unternehmens recherchieren können. (Bearbeitungszeit: ca. 3 h)

Lösung: Die wesentlichen Informationsquellen und Arten der Informationsbeschaffung zur Bearbeitung dieser sehr praxisnahen Fragestellung sind im Anhang, Kap. 10.1 und Kap. 10.2, aufgeführt. Wählen Sie die für Ihre Branche spezifischen Quellen und Arten, ergänzen Sie diese und führen Sie anschließend die Recherche durch.

7.3 Anwendungsbereiche von „Ökobilanzen"

„Ökobilanzen" bzw. „Produktlinienuntersuchungen" werden für sehr vielfältige Zielstellungen verwendet.

Überlegen Sie, zu welchem Zweck Ökobilanzen Verwendung finden könnten

1. im Unternehmen (Bearbeitungszeit: ca. 1 h),

2. in der Politik bzw. der Verwaltung (Bearbeitungszeit: ca. 1 h).

Lösung zu 1.: **In Unternehmen** dienen „Ökobilanzen" als Grundlage für Entscheidungen hinsichtlich der Unternehmensstrategie, der Wahl des Produktionsverfahren, oder der Produktwahl. Sie dienen als System zur Beschaffung von umweltrelevanten Informationen und Kenntnissen. „Ökobilanzen" stellen meist die Grundlage für die Ableitung von spezifischen Kennzahlen dar, die u.a. in **Benchmarking-Vergleichen** Verwendung finden. Die aus „Ökobilanzen" abgeleiteten Kennzahlen dienen auch zur:

- Betriebskontrolle und somit in der Folge zur Ermittlung von Kosteneinsparungspotentialen,
- Festlegung von Forschungs- und Entwicklungszielen,
- Verringerung des Betriebsrisikos, Verringerung der Versicherungspolicen und Erhöhung der Rechtssicherheit,
- zur Ermittlung von Schwachstellen.

Die Durchführung von „**Ökobilanzen**" kann zur Erhöhung des internen Umweltbewusstseins und der Motivation von Beschäftigen führen. Sie können in der umweltorientierten Schulung eingesetzt werden. Zunehmend werden „Ökobilanzen" in der externen Kommunikation und der Werbung eingesetzt, insbesondere zur Erhöhung des Images und der Glaubwürdigkeit in der Öffentlichkeit, sowie zur Information von Verbrauchern, Kunden und Lieferanten und zur Verbesserung des Kontaktes zu Behörden. „Ökobilanzen", insbesondere wenn sie methodisch nicht sauber durchgeführt werden, werden aber von Unternehmen auch „missbraucht", um ihre Umweltleistung zu beschönigen.

Lösung zu 2.: **In Politik bzw. Verwaltung** können „Ökobilanzen" zur Festlegung von Produktsteuern oder -abgaben oder zur Subventionierung von Produkten bzw. Prozessen eingesetzt werden, im Extremfall zur Festlegung von Produktverboten. Sie können auch unterstützend bei der Erstellung von Prognosen für zukünftige Entwicklungen eingesetzt werden. Sie finden Berücksichtigung bei der Vergabe von „Labels" und dienen somit im überwiegenden Sinne der Nachfragelenkung bei Konsumenten. Selbstverständlich sollten sie auch Grundlage der Nachfrageentscheidungen in der Beschaffung für den öffentlichen Sektor sein.

7.4 Vergleich von Umweltauswirkungen verschiedener Unternehmen

Vergleichen Sie die Umweltauswirkungen eines produzierenden Unternehmens (z.B. Maschinenbauunternehmen) mit denen eines „klassischen" Dienstleistungsunternehmens (z.B. Bank). (Bearbeitungszeit: ca. 1 h)

Lösungsweg: Die Umweltauswirkungen des **produzierenden Unternehmens** (z.B. des Maschinenbauunternehmens) werden insbesondere verursacht durch die eingesetzten Materialen (Energieeinsatz, Rohstoffabbau und Rohstoffbereitstellung, Hilfsstoffe, Transporte), die Produktionsprozesse (Energieeinsatz, Abfälle, evtl. Gefahrstoffeinsatz, evtl. durch Emissionen z.B. bei Lackierung) und durch die Produkte (Energieeinsatz, Wirkungsgrade, Möglichkeit zur Kreislaufschließung nach Ende der Nutzungszeit).

Bei dem **„klassischen" Dienstleistungsunternehmen** (z.B. der Bank) werden die Umweltauswirkungen vor allem durch das Verwaltungsgebäude (Energieeinsatz, Büroinfrastruktur und Büromaterialien, Gebäudematerialien), die Dienstreisen der Beschäftigten sowie die „Bankprodukte" verursacht. Insbesondere in den letzten Jahren sind die Bankprodukte verstärkt in die Diskussion um Umweltmanagement dieser Unternehmen einbezogen worden aufgrund der immensen „Hebelwirkung", die diese Produkte ausüben, z.B. bei zinsgünstiger Kreditvergabe in umweltfreundliche Branchen oder bei der Investition in umweltorientierte Fonds.

Um detaillierte Aussagen zu treffen, sind exemplarisch zwei bis drei Unternehmen der Maschinenbaubranche und der Bankbranche auszuwählen und deren Umweltauswirkungen zu vergleichen. Gehen Sie dabei so vor, dass Sie sich von den ausgewählten Unternehmen die Umwelterklärungen zusenden lassen und stellen Sie dann den Vergleich an. Vielleicht ist es möglich, aus den beiden Umwelterklärungen Umweltkennzahlen abzuleiten, anhand derer ein objektiver Vergleich möglich ist.

7.5 Forschung und Entwicklung im Unternehmen

Ein wesentlicher Aspekt für die Zukunft der Unternehmen liegt in der Forschung und Entwicklung.

Begründen Sie, weshalb der Forschung und Entwicklung bzw. der F&E-Abteilung eine derart entscheidende Rolle zukommt. (Bearbeitungszeit: ca. 1 h)

Lösung: Die Stellung der Forschung und Entwicklung ist deshalb von herausragender Bedeutung, weil auf der Grundlage von Forschungs- und Entwicklungsentscheidungen die Weichen für die Zukunft des Unternehmens selbst und für die Auswirkungen des Unternehmens auf die Umwelt gestellt werden.

In der F&E-Abteilung werden zukünftige Produkte entwickelt, was über den Absatz der Produkte und durch das eventuelle Schaffen neuer Märkte dann erheblich umweltbeeinflussend werden kann. Ebenso können Prozessänderungen oder -neugestaltungen, die in der F&E-Abteilung vorbereitet werden, Umweltauswirkungen verursachen. Im engen Zusammenhang mit F&E erfolgt auch die Materialbeschaffung, einschließlich der Auswahl der Lieferanten, was die vorgelagerte Prozesskette und deren Umweltauswirkungen beeinflusst und auch die nachgelagerten Prozesse wie Abfallbehandlung beeinflussen kann. In der F&E-Abteilung werden also die zukünftigen Prozesse und Produkte des Unternehmens „gestaltet".

Es ist somit bereits **im Vorfeld der Technikumsetzung** darauf zu achten, dass die Kriterien einer nachhaltigen Entwicklung auf die zukünftigen Prozesse, Produkte und Logistik übertragen werden. Dadurch, dass dies nach einer generellen Managemententscheidung im Rahmen der Unternehmenspositionierung für nachhaltiges Umweltmanagement in der F&E-Abteilung erfolgt, entsteht deren herausragende Stellung.

Anzumerken ist, dass diese neuen und umweltverträglichen Produkte und Prozesse auch ein erhebliches Innovationspotential bieten und somit langfristig die Sicherung des Unternehmens bedeuten können.

7.6 Auswahl eines Lieferanten unter Einbeziehung von Umweltaspekten

Ihr Unternehmen hat ein neues Produkt entwickelt und kreislauffähige Materialien dafür vorgesehen. Im Rahmen des Umweltmanagements sollen sie einen umweltorientierten Lieferanten am Markt auswählen.

Beschreiben Sie, welche Methode Sie zur Auswahl treffen und wenden Sie diese auf den vorgegebenen Sachverhalt an. (Bearbeitungszeit: ca. 3 h)

Lösung: Bei Ihrer Auswahl eines umweltorientierten Lieferanten müssen Sie selbstverständlich nicht nur dessen „Umweltverträglichkeit" berücksichtigen, sondern auch noch andere Kriterien wie Lieferkonditionen, Preis, Termintreue etc.

Als Methode zur Auswahl des insgesamt „besten" Lieferanten kommt die sog. **„Nutzwertanalyse"** zur Anwendung. Sie ist eine Methode zum Treffen von Entscheidungen, insbesondere bei komplexen Entscheidungsvoraussetzungen. Die Nutzwertanalyse wird hier vorgestellt und auf das Beispiel der Lieferantenauswahl übertragen.

Im **ersten Schritt** erfolgt die Definition der zu vergleichenden Alternativen und die Festlegung der Bewertungskriterien, die in die Nutzwertanalyse einzubeziehen sind. In unserem Beispiel soll es drei Lieferanten (drei Alternativen) A, B und C geben, die in der Lage sind, die nachgefragten Materialien bereitzustellen.

Die Kriterien zur Auswahl der Lieferanten sind sehr vielfältig, v.a. Kriterien der Beurteilung der Lieferungen und der Leistungen des Lieferanten (z.B. Qualität, Preis, Konditionen, Lieferzuverlässigkeit, Liefertreue, Nebenleistungen), Kriterien zur Beurteilung des Lieferanten selbst (Rechtsform, finanzieller Status, Kostenstruktur, Marktanteil/-entwicklung, Struktur/Qualität des Managements, Qualitätsfähigkeit, Forschungs-/Entwicklungsintensität, Ruf bei Wettbewerbern, Kooperationsbereitschaft, Bereitschaft zu Gegengeschäften, umweltorientierte Produktionsbedingungen, Beschaffung) und Kriterien zur Beurteilung des Umfeldes des Lieferanten (z.B. Bevölkerung, Ökologie, Volkswirtschaft, Währung/Geld/Kapital, Staat/Gesellschaft). Für das aufgeführte Beispiel werden 5 Kriterien ausgewählt: Preis, Liefertreue, Qualität, Umweltverträglichkeit der Produktion und der Ruf des Lieferanten.

Im **zweiten Schritt** erfolgt die Konkretisierung des Bewertungsverfahrens. Im Konkretisierungsschritt wird **erstens** die Gewichtung der einzelnen Kriterien festgelegt. Diese Festlegung der Gewichtungsfaktoren (auch als Zielgewichte bezeichnet) erfolgt subjektiv durch Expertenabwägung oder anhand der (weniger subjektiven) Methode der „Halbmatrix". Bei beiden Ansätzen ist die Wahl der Gewichtung in jedem Fall zu begründen. Die Summe der Gewichtungsfaktoren muss in jedem Fall 100% ergeben.

Beim Verfahren der **„Halbmatrix zur Festlegung der Gewichtungsfaktoren"** wird jedes Kriterium mit jedem verglichen - daraus ergibt sich die Darstellung als Halbmatrix. Wenn das Kriterium der Y-Achse wichtiger ist, wird dieses Kriterium (seine Zahl) in das Feld eingetragen, wenn das der X-Achse wichtiger ist, wird diese Zahl in das Feld eingetragen. Werden beide Kriterien als gleich wichtig eingestuft, wird keine Zahl in das Feld eingetragen, die Zahl der Nennungen erniedrigt sich dann aber. Die Nennungen in allen Feldern werden für jedes Kriterium summiert und diese absolute Zahl wird in die dafür vorgesehene Spalte in der entsprechenden Zeile eingetragen. Diese absolute Zahl für jedes Kriterium wird dann bezogen auf die Summe der Vergleichspaare (hier insgesamt 15 Nennungen, d.h. 15) als relative Zahl angegeben und in der vorgesehenen Spalte in der entsprechenden Zeile eingetragen. Diese relative Zahl ist der Gewichtungsfaktor für das Kriterium. Dieser Gewichtungsfaktor wird dann in der Nutzwertanalyse weiterverwendet. Eine Halbmatrix ist beispielhaft in Abbildung 34 aufgetragen.

Abbildung 34: Halbmatrix zur Bestimmung der Zielgewichte bei der Nutzwertanalyse zur Lieferantenauswahl (beispielhaft)

Kriterium	Nr.	1	2	3	4	5	absolut	relativ
Preis	1	1	1	1	1	1	5	0,33
Liefertreue	2		2	3	4	2	2	0,13
Qualität	3			3	3	3	4	0,27
Umweltverträgliche Produktion	4				4	4	3	0,2
Ruf	5					5	1	0,07
Summen							15	1

Im aufgeführten Beispiel wird der Preis als das wichtigste Auswahlkriterium angesehen. Liefertreue ist untergeordnet,[2] der Ruf des Lieferanten spielt keine große Rolle. Die Kriterien Qualität und umweltverträgliche Produktion nehmen eine Mittelstellung ein.

Im **zweiten Schritt** werden **zweitens** die Bewertungsmaßstäbe, d.h. die mögliche Ausprägung, innerhalb jedes Kriteriums festgelegt. Diese Bewertungsmaßstäbe sollten objektiv, nachvollziehbar und skalierbar sein, wobei immer die jeweils geringste Ausprägung die schlechtesten Erfüllungsgrade innerhalb des jeweiligen Kriteriums bedeutet.

Im **dritten Schritt** erfolgt die Ermittlung der Ausprägung für die einzelnen Kriterien für jede Alternative. Dieser Schritt ist objektiv und nachvollziehbar. In unserem Beispiel wird eine dreiteilige Skala für alle Kriterien gewählt, wobei für die geringste Ausprägung 1 Punkt, die mittlere Ausprägung 3 und die höchste Ausprägung 5 Punkte vergeben werden. Es wären auch normierte Skalen bezogen auf die jeweils niedrigsten und höchsten Absolutwerte möglich. Die ermittelten Ausprägungen sind in Abbildung 35 aufgeführt.

Abbildung 35: Ermittelte Ausprägungen (beispielhaft)

Kriterium	Alternative		
	A	B	C
Preis[1]	5	3	1
Liefertreue[2]	1	3	5
Qualität[3]	5	1	3
Umweltverträglichkeit der Produktion[4]	1	3	5
Ruf[5]	1	3	5

[1] geringster Preis = höchste Ausprägung
[2] höchste Liefertreue = höchste Ausprägung
[3] beste Qualität = höchste Ausprägung
[4] geringste Umweltauswirkungen = höchste Ausprägung
[5] bester Ruf = höchste Ausprägung

---

[2] Diese Bewertung kann bei anderen Bedingungen, z.B. bei JiT-Produktion, abweichend ausfallen.

Im **vierten Schritt** wird die Multiplikation der jeweiligen Ausprägung mit dem jeweiligen Gewichtungsfaktor vorgenommen. Man erhält dann den gewichteten Wert, der auch als Teilnutzwert bezeichnet wird (siehe Abb. 36).

Im **fünften Schritt** erfolgt eine Addition der einzelnen Teilnutzwerte zu einer Gesamtkennzahl, dem Nutzwert. Sie ist in Abbildung 36 zu sehen.

Abbildung 36: Nutzwertanalyse bei der Lieferantenauswahl (beispielhaft)

Kriterium	Nutzwertfaktor	Alternative		
		A	B	C
Preis	33	5* (165)**	3 (99)	1 (33)
Liefertreue	13	1 (13)	3 (39)	5 (65)
Qualität	27	5 (135)	1 (27)	1 (27)
Umweltverträglichkeit der Produktion	20	1 (20)	3 (60)	5 (100)
Ruf	7	1 (7)	3 (21)	5 (35)
Nutzwert	(100)	340	246	260

* Ausprägung
** Wert in Klammern = Teilnutzwert; er ergibt sich durch Multiplikation der Ausprägung mit dem Nutzwertfaktor

Im abschließenden **sechsten Schritt** wird ein Vergleich der Nutzwerte der einzelnen Alternativen durchgeführt. Diejenige Alternative mit dem höchsten Nutzwert wird ausgewählt. In dem gewählten Beispiel erhält Alternative A mit 340 Punkten der höchsten Nutzwert. Der Lieferant A wird ausgewählt. Somit ist die Aufgabe „Auswahl eines Lieferanten unter Einbeziehung von Umweltaspekten" rein formal gelöst - Lieferant A erhält den Auftrag, obwohl er im Vergleich der Alternativen bezogen auf das Kriterium „Umweltverträglichkeit der Produktion" am schlechtesten abschneidet.

Wie hätte diese Lieferantenbeurteilung und -auswahl durchgeführt werden sollen, wenn das Unternehmen ein „nachhaltiges Umweltmanagement" umsetzt?

7.7 Umweltverträgliche Produktpolitik

Wählen Sie eine Produktgruppe aus (z.B. Büromöbel, Lebensmittel, Reinigungsmittel, Kommunikationstechnik (PC, Drucker, Handys etc.), Kleidung/Textilien, Automobile etc.) und erarbeiten Sie ein Kurzreferat im Umfang von ca. 10 bis 15 Minuten zur „umweltverträglichen Produktpolitik". (Bearbeitungszeit: ca. 10 h)

Lösungsweg: Bei der ausgewählten Produktgruppe sollten Sie folgende Aspekte beachten:

1. Führen Sie eine kurze Beschreibung der Produktgruppe durch, insbesondere hinsichtlich Branchenstruktur, Umsatz, Marktführern etc.,

2. Beschreiben Sie die Umweltauswirkungen der Produkte bzw. der Produktion, v.a. Energieeinsatz, Materialeinsatz und Emissionen,

3. Ermitteln Sie Umweltkennzeichnungen bzw. „Öko-Labels" für die Produkte, möglicherweise „Umweltengel", „Europäische Blume", andere spezielle Labels wie „delphinsicher" etc.,

4. Geben Sie Beispiele umweltorientierter Produkte innerhalb der Branche, d.h. besonders ressourcenschonende Produkte, Produkte die kreislauffähig sind und in technischen oder biologischen Kreisläufen verbleiben können, Produkte mit zeitlosem Design etc. Gibt es bereits „umweltverträgliche" Produkte?

7.8 Umweltverträgliche Produkte und deren Präsentation im Handel

Analysieren Sie einen Lebensmittelhandel und einen Möbelhandel unter dem Aspekt der Präsentation von umweltverträglichen Produkten. (Bearbeitungszeit: ca. 3 h)

Lösungsweg: Besuchen Sie ein Einkaufszentrum, in dem mehrere verschiedene Handelsunternehmen untergebracht sind. Wählen Sie einen Lebensmittelhandel und einen Möbelhandel aus. Gehen Sie durch die Regale und achten Sie auf die Stellung von umweltverträglichen Produkten im Regal, u.a.:

- welche Produkte sind es?
- in welcher Menge werden sie angeboten?
- wie sind sie platziert, z.B. Sichthöhe, Isoliertheit?
- sind umweltbezogene Kennzeichnungen und/oder spezielle Auszeichnungen sichtbar?
- gibt es spezielle Informationstafeln?
- sind Sonderverkaufsflächen vorhanden?

7.9 Umweltaspekte in der externen Unternehmenskommunikation

Ziehen Sie drei aktuelle Wochenzeitschriften heran und betrachten Sie zwei Tage bewusst Fernsehspots.

Werden Umweltaspekte (oder sogar Aspekte der Nachhaltigkeit) in der Kommunikation herausgestellt und wenn ja, wie? (Bearbeitungszeit: ca. 3 h)

Lösungsweg: Untersuchen Sie zuerst, in welchem Umfang Werbespots- oder Werbeanzeigen auftreten, die umweltrelevante Werbeinhalte aufweisen.

Wenn Sie Spots oder Anzeigen mit umweltrelevanten Inhalten finden, untersuchen Sie, wie die Werbebotschaft vermittelt wird - zentral oder flankierend, aggressiv oder eher unterschwellig, emotional oder sachlich-rational. Betrachten Sie auch genau die verwendeten Bilder und Motive der Spots bzw. der Anzeigen.

Ist der Spot oder die Anzeige produktbezogen oder unternehmensbezogen, d.h. bewirbt er einzelne Produkte oder ist er Teil einer Imagekampagne des Unternehmens?

7.10 Umweltmanagement im Versandhandel

Vergleichen Sie große Versandhandelsunternehmen hinsichtlich der Berücksichtigung von Umweltaspekten. (Bearbeitungszeit: ca. 4 h)

Lösungsweg: Besorgen Sie die Kataloge der großen Versandhandelsunternehmen. Folgende Aspekte sind dabei wichtig:

1. Schätzen oder ermitteln Sie den Anteil umweltverträglicher Produkte am Gesamtsortiment,

2. Untersuchen Sie die Platzierung und Hervorhebung der umweltverträglichen Produkte im Sortiment: eingestreut bei den jeweiligen Konkurrenzprodukten oder aufgeführt unter einer Rubrik „umweltverträgliche Produkte"?

Welche Preisrelationen zwischen den konventionellen und den umweltverträglichen Produkten liegen vor?

Gibt es Erläuterungen und Informationen zur Umweltverträglichkeit der Produkte?

Gibt es Produktrücknahmeangebote für nicht mehr genutzte Produkte?

3. Versuchen Sie, das Angebot an umweltverträglichen Produkten in den jeweiligen Versandkatalogen und die Positionierung der Unternehmen in der Öffentlichkeit einzuschätzen. Rechtfertigt das Angebot die entsprechende Positionierung? Ziehen Sie dabei auch andere Informationen über die Versandhäuser heran als den Katalog.

4. Stellen Sie den großen Unternehmen ein kleines, umweltorientiertes und auf umweltverträgliche Produkte spezialisiertes Versandhandelsunternehmen gegenüber und ziehen Sie Vergleiche. Achten Sie dabei auf Informationen zu den Produkten, auf mögliche Rabatte etc.

7.11 Umweltmanagement in Hochschulen

Gehen Sie mit „offenen Augen" über Ihren Hochschulcampus.

Überlegen Sie auf der Grundlage Ihrer Kenntnisse hinsichtlich der Umweltprüfung und der Umweltauswirkungen, wo Ihr Campus offensichtliche Mängel hinsichtlich einer „umweltverträglichen Hochschule" aufweist. (Bearbeitungszeit: ca. 2 h)

Lösungsweg: Achten Sie auf Aspekte der Energieeinsparung, z.B.: sind die Gebäude gedämmt, wie wird gelüftet, wann brennen welche Lichter etc.?

Hinsichtlich der Flächeninanspruchnahme sollten Sie auf die Parkplatzsituation achten, u.a.: gibt es Parkhäuser, sind die Parkplätze versiegelt; in welchem Maße erfolgt eine Anbindung an das öffentliche Nahverkehrssystem, wie wird dieses genutzt etc.?

Beobachten Sie, wie mit den Abfällen auf dem Campus umgegangen wird, u.a.: existieren mehrere „Tonnen", werden die Abfälle getrennt, was passiert mit den Abfällen/Abwässern aus den Chemiepraktika etc.?

Untersuchen Sie, inwieweit der Umweltschutzgedanke in der Lehre verankert ist, u.a. in Pflichtveranstaltungen (Vorlesungen, Seminare, Praktika etc.), als freiwilliges Angebot etc.

Welche Aspekte müsste die Hochschule zudem noch erfüllen, um sich von einer „umweltverträglichen" Hochschule zu einer „nachhaltigen Hochschule" zu entwickeln?

7.12 Umweltmanagement in Kommunen

Auch Kommunen sollen eine nachhaltige Entwicklung umsetzen.

Übertragen Sie die Herangehensweise zur Implementierung von „Umweltmanagement" in Unternehmen auf Kommunen. (Bearbeitungszeit: ca. 3 h)

Lösung: Gehen Sie dabei wie folgt vor:

1. Listen Sie systematisch die Unterschiede zwischen Unternehmen und Kommunen auf, die für die Umsetzung von Umweltmanagement relevant sein können,

2. Bewerten Sie diese Unterschiede hinsichtlich ihrer Vor- und Nachteile zur Umsetzung von Umweltmanagement gegenüber Unternehmen.

Eine Übersicht über wesentliche Unterschiede zwischen Unternehmen und Kommunen ist in Abbildung 37 aufgetragen. Bei einigen Unterscheidungskriterien sind bereits vergleichende Bewertungen in der Abbildung aufgeführt.

Im Unterschied zu Unternehmen sind insbesondere die Willensbildung im Rahmen kommunaler Entscheidungen und die daraus folgenden Entscheidungsprozesse relevant. Aufgrund **politischer Entscheidungen** bezüglich des Führungspersonals durch Wahlen sind Abwägungs- und Kompromiss- und Konsensprozesse in der Regel schwerfälliger als in Unternehmen. Dies beeinflusst insbesondere die Festlegung der Umweltpolitik, des Umweltprogramms und der Maßnahmen zum Erreichen der Ziele. Auch werden die mit Umweltschutz verbundenen Kosteneinsparungspotentiale bisher in Kommunen weniger wahrgenommen als in Unternehmen.

Der **Implementierungsprozess ist prinzipiell vergleichbar**; allerdings liegen innerhalb einzelner Elemente Unterschiede vor. Zum Beispiel ist bei Kommunen die

Umweltprüfung aufgrund des i.d.R. größeren Standorts mit mehr Beschäftigten[3] komplexer, was sich auch auf die Durchführung der Umweltprüfung, der Umweltbetriebsprüfung und der Implementierung des Umweltmanagementsystems auswirkt.

Bezogen auf die Vorgaben für Umweltmanagementsysteme gelten keine Unterschiede. Seit der Weltumweltkonferenz 1992 können aber Kommunen in einen Prozess der sogenannten „Lokalen Agenda 21" eintreten, in dem unter Bürgereinbeziehung politische Leitlinien, Ziele und Umsetzungsmaßnahmen für eine nachhaltige Kommunalentwicklung diskutiert und vorbereitet werden. Dieser Prozess ist deshalb hier als Möglichkeit zur Umsetzung von Umweltmanagement aufgeführt. Er hat aber bisher überwiegend keinen, der Validierung bzw. Zertifizierung vergleichbaren, verbindlichen Charakter.

---

[3] Mit Ausnahme von Großunternehmen.

Abbildung 37: Wesentliche Unterschiede für die Umsetzung von Umweltmanagement in Unternehmen und Kommunen

Kriterium	Unternehmen	Kommune
Organisationsform	wirtschaftliche Gestaltungseinheit	Verwaltungseinheit
Ziele des Handelns	Erhalt der Wettbewerbsfähigkeit und Gewinnerwirtschaftung	Bereitstellung von Lebensqualität und Umsetzung des Wählerwillens
Inhalte des Handelns	Erzeugung von Produkten bzw. Dienstleistungen	Verwaltungstätigkeit und direkte Nachfrage
Führungsgremium	Geschäftsführung bzw. Vorstand	(Ober-)Bürgermeister/in und Kommunalparlament
Motivation zur Erstellung der Umweltpolitik	freiwillig	Wählerwille zur Erhöhung der Lebensqualität und Sicherung der Zukunft
Erstellung der Umweltpolitik	Vorgaben der Unternehmensleitung	Wählerwille
Umweltprogramm	innerbetriebliche Abwägung	Wählerwille/Kompromiss zwischen Anspruchsgruppen bzw. lokalen Gegebenheiten und sozialen öffentlichen (politischen) Abwägungen
Motivation zum vorsorgenden Umweltschutz	Erkennen von Kosteneinsparungspotential und Eigenverantwortung	Vorsorgeprinzip im Umweltschutz
Motivation zur Reparatur von Umweltschäden/Altlastensanierung	rechtliche Vorgaben	Initiative bzw. Wählerwille
Finanzierung	Einnahmen/Eigen-/Fremdkapital	Steuern/Abgaben/Gebühren
Finanzplanung	Budgetplanung	Haushaltsplanung
Arbeitsprinzipien der Organisation	Wirtschaftlichkeit und Effizienz prinzipiell vergleichbar, jedoch Umsetzung der Kostenminimierung in Kommunen bisher untergeordnet	
Besetzung des Führungspersonals	Eigentümer/Personalauswahl	Wählerwillen
Qualifikation des Führungspersonals	fachliche Qualifikation	politische Qualifikation
Voraussetzung für Karrierechancen	Leistung	Dienstalter/-zeit
Auswahl des Personals	Leistung/Persönlichkeit/Qualifikation prinzipiell vergleichbar	
Weiterqualifikation des Personals	Weiterqualifikationsmaßnahmen prinzipiell vergleichbar	
Verhalten gegenüber der Umweltgesetzgebung	Einhaltung der Rechtsnormen prinzipiell vergleichbar (Rechtsstaatlichkeit), aber Kommunen können Rechtsnormen setzen	
Umweltmanagementsystem	EMAS/DIN EN ISO 14001	EMAS/DIN EN ISO 14001/Lokale Agenda 21
Umsetzung des Umweltmanagementsystems	Umsetzung und Implementierungsprozess prinzipiell vergleichbar, allerdings liegen Unterschiede in einzelnen Elementen vor	
Beeinflussung der Tätigkeiten	Unternehmen erhalten von der Kommune Vorgaben; Umweltmanagement der Unternehmen wird vom Umweltmanagement der Kommunen beeinflusst	

7.13 Beurteilung der umweltbezogenen Unternehmenspositionierung hinsichtlich "nachhaltiger Entwicklung"

Beurteilen Sie die aufgeführten Möglichkeiten der umweltorientierten Unternehmenspositionierung und die daraus abzuleitenden Strategien hinsichtlich der Umsetzung einer nachhaltigen Wirtschaftsentwicklung. (Bearbeitungszeit: ca. 2 h)

Lösung: Unter den aufgeführten Positionierungsmöglichkeiten können die Positionierungen „**Umweltschutz nicht berücksichtigt**" und „**Umweltschutz flankierend berücksichtigt**" nicht als förderlich hinsichtlich einer nachhaltigen Entwicklung eingeschätzt werden, ebensowenig die sich daraus ableitenden Strategien, die auf Widerstand bzw. Passivität beruhen. Die Strategie des Rückzugs aus den Märkten kann allerdings - wenn auch für das Unternehmen problematisch - durchaus nachhaltig wirken, wenn z.B. umweltschädliche Produkte vom Markt genommen oder umweltbelastende Prozesse stillgelegt werden.

Bei der Positionierung, die „**Umweltverträglichkeit als gleichberechtigtes Unternehmensziel**" bewertet, kommt es auf die explizite Festlegung umweltbezogener Ziele an und darauf, inwieweit diese an den Zielen einer nachhaltigen Entwicklung orientiert sind.

Wird Umweltverträglichkeit in der Positionierung **dominant** eingesetzt, ist davon auszugehen, dass das Unternehmen große Anstrengungen unternimmt, um umweltverträgliche Produkte, eine umweltverträgliche Produktion und eine umweltverträgliche Logistik umzusetzen. Die aus dieser Positionierung abgeleiteten Strategien „Anpassung" an Bestrebungen zum Erreichen einer nachhaltigen Entwicklung und „Innovation/Antizipation" sind als Strategien hinsichtlich „Nachhaltigkeit" geeignet.

7.14 Analyse von umweltrelevanten unternehmensinternen Faktoren

Analysieren Sie die unternehmensinternen Stärken und Schwächen gegenüber umweltbezogenen Herausforderungen jenes Unternehmens, in dem Sie Ihr studienbegleitendes Praktikum absolviert haben. (Bearbeitungszeit: ca. 4 h)

Lösungsweg: Sie sollten in Ihrem Praxisunternehmen die Aufgeschlossenheit und Flexibilität gegenüber umweltrelevanten Fragestellungen bzw. externen Einflüssen beurteilen, insbesondere diesbezügliche Einstellungen, Ansichten und Meinungen der Geschäftsleitung sind von Interesse. Ebenso ist das allgemeine umweltrelevante Know-how und die Kompetenz der Geschäftsleitung (und aller Beschäftigten), z.B. hinsichtlich Umweltschutztechnik und anderen umweltrelevanten Fragen zu beurteilen. Auch die Kontakte des Unternehmens zu Behörden, Umweltverbänden und der Politik sind beachtenswert.

Die bisherige umweltbezogene Grundausrichtung des Unternehmens und die Marketingstrategie sind hinsichtlich der Einbeziehung von Umweltaspekten im

Leistungsprogramm des Unternehmens und bezüglich deren Nähe zu Umweltschutzmärkten zu beurteilen.

Generell sollten Sie prüfen, welche Höhe die Umweltauswirkungen sowie der Ressourcenverbrauch des Unternehmens im Vergleich zu Branchenkonkurrenten aufweist und ob das Unternehmen bereits umweltverträgliche Produkte herstellt. Achten Sie dabei auf den Beschaffungs-, Produktions- und Absatzprozess und, bezogen auf die Umweltverträglichkeit der Produkte, auch auf Recycling- und Kreislaufrückführungseigenschaften sowie Entsorgungseigenschaften.

Wenn Sie einen Einblick in die Finanzlage des Unternehmens haben, dann ist die Höhe der zur Verfügung stehenden finanziellen Mittel für umweltbezogene Maßnahmen ein Kriterium, das für das schnelle Umsetzen von Umweltschutz ausschlaggebend sein kann.

Abschließend ist zu untersuchen, inwieweit umweltrelevante Unternehmensfaktoren in der Öffentlichkeit wahrgenommen werden.

7.15 Analyse von umweltrelevanten unternehmensexternen Faktoren

Übertragen Sie unternehmensexterne Faktoren, von denen die strategische Positionierung hinsichtlich „Umweltschutz" abhängt, auf das Unternehmen, in dem Sie Ihr studienbegleitendes Praktikum absolviert haben. (Bearbeitungszeit: ca. 4 h)

Lösungsweg: Zur Bearbeitung dieser Frage sind die in Kap. 5.1 detailliert aufgeführten Einflussfaktoren aus dem Unternehmensumfeld heranzuziehen und auf Ihr Praxisunternehmen zu übertragen. Es sind:

- **konsumenten- bzw. marketingbezogene Faktoren**, u.a. das Umweltbewusstsein im Nachfragesegment, die Wahrnehmbarkeit von „Umweltverträglichkeit" als Nutzenkomponente der Produkte oder der Prozesse und das Verhältnis der Umwelteigenschaften zu den „klassischen" Produkteigenschaften, das Vorhandensein möglicher Zielkonflikte der mit Umweltschutz konkurrierenden Ziele, das Kritikpotential am Unternehmen, umweltrechtliche Vorschriften/Verbraucheranforderungen, die bisherige umweltorientierte Unternehmenskommunikation, der Grad des Widerspruchs von Unternehmensaktivitäten zu gesellschaftlichen Normvorstellungen sowie der Beitrag des Unternehmens zur Wohlfahrt der Gesellschaft,
- **produkt- bzw. programmbezogene Faktoren**, v.a. die Sicherung der Rohstoffversorgung sowie die Sicherung der erforderlichen Ressourcenqualität für die Produktherstellung bzw. den Produktvertrieb, die Gefährdung von Standorten des Unternehmens aus ökologischen Gründen, die Verfügbarkeit besserer Produkt-, Prozess- und Logistiktechnologien, finanzielle Fördermöglichkeiten, Dauerhaftigkeit, Einzigartigkeit und Bestimmtheitsgrad des Umweltnutzens, die Erfüllung einer umfassenden umweltverträglichen Problemlösung, die Art der Beziehung zwischen Umweltqualität und den übrigen Qualitätskomponenten, die Umweltkompetenz einer Marke, die Möglichkeit der Lizenzangebote für umweltver-

trägliche Produkte oder Technologien, die Diskriminierungsgefahr bestehender Produkte und Marken innerhalb der eigenen Produktpalette,
- **wettbewerbsbezogene Faktoren**, dies sind Umfang und Profilierung von umweltverträglichen Problemlösungen im Konkurrenzumfeld sowie die umweltrelevanten Stärken/Schwächen der Mitbewerber einschließlich deren Wettbewerbsprofilierung und Image durch Hervorhebung der Umweltverträglichkeit, die Angreifbarkeit der Produkte durch Wettbewerber, die Marktreife und Wettbewerbsstärke der Substitutionsprodukte, Bedrohung durch (umweltverträgliche) Ersatzprodukte, Ausmaß der Betroffenheit und Konkurrenz der Unternehmen innerhalb einer Branche bei Beschaffung und Absatz, Verhandlungsstärke der Lieferanten sowie die Verhandlungsstärke der Abnehmer,
- **handelsbezogene Faktoren**, u.a. die Umweltkompetenz und das Umweltimage sowie die Kompetenz der Handelspartner zur Einbeziehung von Redistribution und der damit verbundenen Möglichkeit ihres Unternehmens, technische Kreisläufe für Gebrauchsprodukte zu schaffen und zu schließen.

Mit der Untersuchung dieser Faktoren und deren Bewertung können Sie die Chancen und/oder Risiken für Ihr Unternehmen, die sich aus dem Unternehmensumfeld ergeben, einschätzen.

7.16 Umweltorientierte Investitionsplanung

Ihr Unternehmen will im Zuge der Umsetzung von Umweltmanagement die Umweltbelastungen senken. Dazu hat es die Möglichkeit, eine werkseigene Kläranlage zu bauen und zu betreiben oder den Hauptproduktionsprozess derart umzustellen, dass der Abwasseranfall vermieden wird.

Stellen Sie die grundlegenden betriebswirtschaftlichen Überlegungen im Rahmen dieser Investitionsentscheidung in die End-of-pipe-Technologie „Kläranlage" und in die produktionsintegrierte Technologie „Prozessumstellung mit Schaffung geschlossener Wasserkreisläufe" dar. Diskutieren sie dies anhand statischer und dynamischer Investitionsrechnungen. (Bearbeitungszeit: ca. 3 h)

Lösung: Bei dieser Frage handelt es sich um eine **exemplarische, praxistypische Fragestellung**, die auch auf Fragen der Abfallvermeidung durch Prozessumstellung zu übertragen ist. Prinzipiell kann die Vorgehensweise zur Lösung dieser Frage auch z.B. auf Energieeinsparung durch Anschaffung effizienter Maschinen oder Gebäudedämmung übertragen werden.

In einer **Kostenvergleichsbetrachtung** stehen den fixen Kosten als Investitionskosten für die Kläranlage als End-of-pipe-Technologie die Investitionskosten für die Prozessrestrukturierung (einschließlich eventueller Produktionstechnik) als produktionsintegrierte Technologie gegenüber. Diese Kostenbetrachtung ist in Abbildung 38 aufgetragen.

Bezüglich der Kläranlage fallen variable Kosten in Form von Betriebskosten und Abfallentsorgungskosten an, da die Schadstoffe im Abwasser in fest vorliegende Abfälle überführt werden. Die beim integrierten Umweltschutz anfallenden variablen

Kosten sind dagegen von der jetzigen Kostenhöhe und der Art der Prozessumstrukturierung abhängig - eventuell können höhere Betriebskosten und höhere Abfallbehandlungs- bzw. -entsorgungskosten anfallen; diese Kosten können sich aber auch verringern. Die Abwassergebühren entfallen in diesem Beispiel. Da die End-of-pipe-Technologie vom Unternehmen i.d.R. nicht selbst hergestellt wird, sondern über einen Anlagenbauer nachgefragt wird, fallen keine oder nur geringe weitere Kosten an, z.B. für Lieferantenauswahl oder kleinere technische Arbeiten mit geringem F&E-Aufwand. Demgegenüber stehen bei der prozessintegrierten Technologie F&E-Kosten in teilweise erheblichem Umfang, da eventuell auch externes Know-how für die Neukonzeption der Prozesse nachgefragt werden muss.

Abbildung 38: Generelle Kostenbetrachtung für den Vergleich von End-of-pipe-Technologien und produktionsintegriertem Umweltschutz

Kostenart	End-of-pipe-Technologie	Produktionsintegrierter Umweltschutz
Fixe Kosten	Investitionskosten/a	Restrukturierungskosten/a
Variable Kosten	Betriebskosten/a	keine (eventuell Differenz)
	Abfallentsorgungskosten/a	keine (eventuell Differenz)
	Gebühren bzw. Abgaben/a	keine (eventuell Differenz)
	keine (eventuell geringe)	F&E-Kosten/a
Kosteneinsparung	keine direkten	Rohstoffkosten/a Energiekosten/a Wasserkosten/a etc.
	eventuell Abfallentsorgungskosten/a	Abfallentsorgungskosten/a (eventuell Differenz)
	eventuell Gebühren bzw. Abgaben/a	Gebühren bzw. Abgaben/a (eventuell Differenz)
(Erlöse)	keine (eventuell/a)	keine (eventuell/a)

Bei genauer Betrachtung sind aber auch **Kosteneinsparungen** zu berücksichtigen, insbesondere bei der prozessintegrierten Technologie. Diese zeigen sich allgemein in Form verringerter Rohstoff-, Energie-, Wasser- und Abfallentsorgungskosten sowie reduzierten Gebühren bzw. Abgaben. Bei der End-of-pipe-Technologie ergeben sich keine direkten Kosteneinsparungen, eventuell durch Veränderung der Abfälle und der Abwässer geringere Kosten hinsichtlich Abfallentsorgung und Gebühren bzw. Abgaben.

Würden die beiden Technologien anhand einer **Kostenvergleichsrechnung** verglichen, wäre ein **fehlerhaftes Ergebnis** zu erwarten. Die Ausführungen zeigen somit, dass für derartige Praxisfragen statische Methoden der Investitionsrechnung nicht brauchbar sind, weil insbesondere die mit der prozessintegrierten Umweltschutztechnologie verbundenen Kosteneinsparungen nicht berücksichtigt werden - am gewählten Beispiel in Form von Einsparung an Kosten für das Frischwasser und reduzierte Abwassergebühren. Üblicherweise ist bei einer solchen Fragestellung die **Kapitalwertmethode** anzuwenden, in Verbindung mit einer Berechnung der **Amortisationszeit**.

7.17 Zusammenführung von Managementsystemen

Prinzipiell kann die Zusammenführung bzw. die gemeinsame Einführung von Umweltmanagementsystem (einschließlich Sicherheits- und Arbeitsschutz) und Qualitätsmanagementsystem positive Effekte gegenüber den einzelnen Systemen bzw. der separaten Einführung von zwei (oder mehreren) getrennten Systemen aufweisen.

Überlegen Sie aus Ihren Kenntnissen hinsichtlich Organisation, Abläufen und Dokumentation, wo sich Möglichkeiten zur Reduzierung der Kosten und des generellen Aufwands der Erstellung und Implementierung einzelner Systeme durch die Zusammenführung bzw. die gemeinsame Einführung von Umweltmanagement und Qualitätsmanagement erreichen lassen. (Bearbeitungszeit: ca. 3 h)

Lösung: Da viele Gemeinsamkeiten und Überschneidungen dieser Systeme vorliegen, können Synergien bei der Konzeption und der Implementierung genutzt werden. Die sich hieraus ergebende Reduzierung von Kosten ist v.a. begründet durch:

- die gemeinsame Konzeption der beiden Managementsysteme kann zur Neuplanung und Vereinheitlichung von Abläufen führen,
    Dies deckt Schwachstellen in den Abläufen auf und kann durch deren Behebung zu Kosteneinsparungen führen.
- die gemeinsame Konzeption von Bestandteilen beider Systeme kann den Kostenaufwand für die Erstellung reduzieren,
    Dies zeigt sich insbesondere in der gemeinsamen Erstellung von Leitlinien und Verfahrensanweisungen, bei der Gestaltung der Verantwortungsmatrices und der Dokumentenlenkung, d.h. den Dokumentenmatrices.
- gemeinsame Schulungen hinsichtlich Umwelt- und Qualitätsmanagement können Schulungskosten reduzieren,
- die Zusammenführung der beiden Handbücher zu einem Handbuch kann Verwaltungs- und Druckkosten reduzieren,
- ein schnelleres und übersichtlicheres Zurechtfinden in den Dokumenten kann Arbeitskosten reduzieren, da nicht immer zwei Handbücher bearbeitet und durchgesehen werden müssen.

7.18 Persönlicher Lebensstil und Umweltschutz

Eine Entwicklung zur Nachhaltigkeit wird auch durch umweltverträgliches „Verhalten", d.h. den Lebensstil des/der Einzelnen, beeinflusst.

1. Erstellen Sie eine Übersicht über die wesentlichen „persönlichen Umweltauswirkungen" Ihres Lebensstils.

2. Erstellen Sie anschließend eine „persönliche Umweltpolitik" und leiten Sie ein „persönliches" Umweltprogramm ab.
(Bearbeitungszeit: insgesamt ca. 4 h)

Lösungshinweis zu 1.: Ihr persönlicher Lebensstil ist u.a. geprägt von ihren Konsumeigenschaften, ihrem Freizeitverhalten und ihren Lebensverhältnissen (Wohnung, Pendeln zum Arbeitsplatz etc.).

Die Herangehensweise zur Erarbeitung Ihrer „persönlichen Umweltauswirkungen" entspricht der betrieblichen Vorgehensweise einer „**Umweltprüfung**". Dabei ist das „Umweltprüfungsverfahren" selbstverständlich vom Unternehmen zu unterscheiden, da Sie üblicherweise z.B. kein Team für die Bearbeitung dieser Aufgabe zusammenstellen werden. Inhaltlich entspricht das Vorgehen dem einer **betrieblichen „Ökobilanz"**, d.h. Sie beschreiben im ersten Schritt, welche „Teile" Ihres Lebensstils Sie zuerst (oder überhaupt) untersuchen werden[4], im zweiten Schritt erfassen Sie die von Ihnen verursachten Stoff- und Energieströme und im dritten Schritt die damit verbundenen Umweltauswirkungen. Im vierten Schritt nehmen Sie eine Bewertung dieser Umweltauswirkungen vor.

Bei dieser Bewertung sollten Sie insbesondere Vergleiche zum Lebensstil Ihrer Freunde und Bekannten, aber auch zum durchschnittlichen Lebensstil in anderen Industrienationen und Entwicklungsländern ziehen.

Lösungshinweis zu 2.: Eine persönliche Umweltpolitik gibt in diesem Fall Ihre persönlichen Leitlinien und Ziele wieder. Sie wird sehr wesentlich von Ihren persönlichen ethisch-moralischen Vorstellung geprägt sein, im Gegensatz zu einer betrieblichen Umweltpolitik. Aus diesen Formulierungen heraus leiten sich dann die einzelnen Ziele und Maßnahmen (vergleichbar dem Umweltprogramm) zur Verringerung Ihrer persönlichen Umweltauswirkungen ab.

7.19 Nationale und internationale Umweltpolitik und betriebliches Handeln

Die nationale Umweltpolitik in Deutschland und die internationalen Ansätze, z.B. zum Klimaschutz, zum Meeresschutz oder zum Artenschutz, beeinflussen auch das betriebliche Handeln.

1. Vergleichen Sie das nationale umweltpolitische Vorgehen mit dem Vorgehen zur Einführung von betrieblichem Umweltmanagement.

2. Welche politischen Möglichkeiten sehen Sie, die Umsetzung von nachhaltigem Umweltmanagement in den Unternehmen durch die Politik zu beschleunigen?
(Bearbeitungszeit: insgesamt ca. 4 h)

Lösungshinweis zu 1: Das betriebliche Vorgehen ist im Gegensatz zum politischen Vorgehen weit weniger von Konsensstreben geprägt. Dies gilt insbesondere auf

---

[4] Selbstverständlich ist zur Bearbeitung der Aufgabe der gesamte Lebensstil zu beurteilen, d.h. alle Teile sind in die Analyse einzubeziehen.

nationaler Ebene bei Vorhaben, die innerhalb einzelner Fraktionen oder Parteien umstritten sind und/oder die der Zustimmung des Bundesrates bedürfen, und auf internationaler Ebene bei Vorhaben, die nur mit der Zustimmung verschiedener Länder und somit Interessen umgesetzt werden können. Deshalb sind im Gegensatz zum unternehmerischen Handeln üblicherweise keine schnellen und umfassenden Maßnahmen durchführbar.

Das Vorgehen zur Formulierung von **umweltpolitischen Leitlinien** (also im eigentlichen Sinne der „Umweltpolitik") ist prinzipiell zwischen Unternehmen und Politik vergleichbar, wie z.B. die Umweltprogramme der jeweiligen Bundesregierungen zeigen. Ein gravierender Unterschied liegt in der Formulierung der aus diesen Leitlinien abzuleitenden konkreten Ziele und Maßnahmen.

Es finden sich im politischen Vorgehen kaum quantifizierbare Ziele, an denen die Politik dann - im Rahmen einer Überprüfung vergleichbar der Umweltbetriebsprüfung - hinsichtlich erfolgreicher Arbeit überprüft werden könnte. Erst in der parlamentarischen Umsetzung der Vorhaben werden detaillierte Maßnahmen diskutiert und festgelegt, obwohl die Zielformulierung meist unkonkret bleibt (z.B. Staubemissionen senken durch Festlegung eines Grenzwertes für Staub in der Abluft von Holzheizkraftwerken).

Zur Umsetzung der Umweltpolitik und des Umweltprogramms wird in den Unternehmen ein Umweltmanagementsystem implementiert; in der Politik würde dies durch die Umweltverwaltung erfolgen. Die **Überprüfung der Leistungsfähigkeit** des Unternehmens bzw. des Managements anhand der Umweltbetriebsprüfung findet jedoch in der Politik kaum Anwendung; wenn doch, ohne die Schlussfolgerungen und Maßnahmen, die Unternehmen ableiten (können), z.B. sofortige Neustrukturierung, Austausch des Managements etc. Gerade die im Rahmen der unternehmerischen Umweltbetriebsprüfung ermittelten Erkenntnisse ermöglichen es, schnelle Entscheidungen zu treffen und zu realisieren, auch wenn dafür kurzfristig Nachteile in Kauf genommen werden müssen.

Abschließend wird vom Unternehmen eine Umwelterklärung (bei EMAS) erstellt - die Politik (z.B. die Bundesregierung) veröffentlicht ähnliche Berichte hinsichtlich der Fortschritte ihrer Umweltschutzarbeit, allerdings ohne eine externe Validierung.

<u>Lösungshinweis zu 2:</u> Zur Bearbeitung dieser Aufgaben sollten Sie Kenntnisse aus der **Volkswirtschaftslehre** heranziehen. Die zukünftige Politik wird - und muss - weiterhin versuchen, die externen Kosten der Produktion, der Produkte und der Logistik auf die einzelnen Verursacher zurückzuverlagern, d.h. sie zu internalisieren. Dazu können von staatlicher Seite **nicht-fiskalische Instrumente** eingesetzt werden, u.a.:

- Umweltauflagen (Ge-/Verbote),
- umweltplanerische Instrumente (gesamtplanerisch (Raumordnung, Landesentwicklung, Regional- und Bauleitplanung), fachplanerisch (Verkehrs-, Abfallplanung, Wasser-, Luftreinhalteplanung, Energie- und Ressourcenplanung), UVP),

- umweltbedeutsame Änderungen der (eigentums)rechtlichen Rahmenbedingungen (kostenlose Vergabe von Umweltlizenzen),
- Privatisierung von umweltrelevanten Gütern (v.a. Bodeneigentum, Bodenschätze, Jagd-/Pachtrechte),
- Vergabe exklusiver Verfügungsrechte an der Umwelt,
- Verbesserung der Umweltkontrolle/-überwachung/-berichterstattung
- Ausweitung der privatrechtlichen Umwelthaftung und Umwelthaftpflichtversicherungen.

Auch **freiwillige Selbstverpflichtungen** der Wirtschaft sind denkbar, wenn sie den Kriterien der Nachhaltigkeit genügen.[5]

Neben den nicht-fiskalischen Instrumenten können fiskalisch wirksame Instrumente, d.h. Instrumente, die mit staatlichen Ausgaben und Einnahmen verbunden sind, eingesetzt werden.

Instrumente mit staatlichen Ausgaben sind z.B.:

- umweltverbessernde Aktionen öffentlich-rechtlicher Institutionen (direkter öffentlicher Umweltschutz durch Gebühren- und Beitragsfinanzierung, v.a. im Abfall- und Abwasserbereich),
- Steuerfinanzierung z.B. für Lärmschutz und andere umweltverbessernde Maßnahmen (ÖPNV-Förderung, Infrastrukturmaßnahmen etc.),
- staatliche Beschaffungspolitik,
- Induzierung umweltverbessernder privatwirtschaftlicher Aktivitäten, z.B. Umweltschutzsubventionen durch Zuschüsse, Darlehen etc., Steuervergünstigungen und Kompensationszahlungen,
- Forschungs- und Entwicklungsförderung,
- Finanzierung des institutionellen Umweltschutzes, d.h. der Durchführung, Überwachung und Kontrolle der Umweltpolitik,
- Förderung von Personen bzw. Organisationen und Aufklärung der Bürger (Induzierung von Nachfrageänderungen etc.).

Instrumente, die mit Einnahmen für den Staat verbunden sind, sind u.a.:

- Umweltabgaben (Steuern, Gebühren, Abgaben; Finanzierungs- bzw. Anreizfunktion),
- Vergabe von Umweltlizenzen (= Umweltzertifikate).

Alle genannten Instrumente sind **prinzipiell** in der Lage, zu einer nachhaltigen Entwicklung beizutragen. Ihr (möglicher) Beitrag zur nachhaltigen Entwicklung ist von der jeweiligen Ausformulierung abhängig, z.B. bei Ge- und Verboten von der Höhe der festzulegenden Grenzwerte, oder dem Maß, in dem die Instrumente auf die Preisbildung einwirken. Die Instrumente weisen aber jeweils Vor- und Nachteile auf. Diskutieren Sie diese Instrumente z.B. hinsichtlich:

---

[5] Siehe deren ausführliche Formulierung bei ENGELFRIED/FUCHSLOCH, 1997.

- volkswirtschaftlicher Kosten-Effizienz,
- Wirkung bezüglich Vorsorge- oder Kompensationsprinzip,
- staatlicher Einnahmen/Ausgaben,
- umweltrelevanter bzw. ressourcenbezogener Wirksamkeit (mengenmäßig, zeitlich, räumlich),
- der Ansatzstelle im Produktionsprozess („Input-/Kosten-" bzw. „Output-/Erlöse-Orientierung"),
- Praktikabilität, rechtlich („Umsetzbarkeit"), administrativ („Umsetzbarkeit"), technisch („Machbarkeit") und psychologisch („Akzeptanz"),
- politischer Realisierbarkeit („Durchsetzbarkeit", „Akzeptanz"),
- Flexibilität („Möglichkeit zur Änderung des Instrumentes"),
- Anreizfunktion in Unternehmen für weitergehende Umweltschutzmaßnahmen.

Zudem sollten Sie diese Instrumente auf ihre **Vereinbarkeit mit den anderen gesamtwirtschaftlichen Zielen** überprüfen, um zu einer Gesamtabwägung zu gelangen: Schaffung und Erhalt von Arbeitsplätzen, Wirtschaftswachstum, Preisstabilität, außenwirtschaftliches Gleichgewicht, Vermeidung von Wettbewerbsverzerrungen, internationale Wettbewerbsfähigkeit und soziale Gerechtigkeit („Einkommens- und Vermögensverteilung").

8 Zusammenfassung

Die Einbeziehung von Umweltmanagement in die betriebliche Praxis nimmt mit zunehmender Umweltproblematik, mit steigender Sensibilität der Konsumenten und mit der Verschärfung des nationalen und internationalen Wettbewerbs eine immer wichtigere Rolle ein.

Das vorliegende Lehrbuch beschreibt daher **nachhaltiges Umweltmanagement** und dessen **Implementierung** sowie die Einbeziehung von Umweltmanagement in die Unternehmenspositionierung und Unternehmensstrategie. Das Lehrbuch schliesst die Lücke der Arbeiten zur Theorie der Nachhaltigkeit und der umfassend vorliegenden Literatur zum Thema „Einführung von Umweltmanagement" sowie „marktorientiertes Umweltmanagement", die ausschließlich die Implementierung oder überwiegend die strategischen Fragen der Unternehmensausrichtung für den Markt darstellen.

Die im Rahmen dieses Buches vorgenommene Betrachtung des Umweltmanagements geht über die bisher nach EMAS und DIN EN ISO 14001 formal geforderten Ansprüche an Umweltmanagementsysteme hinaus: **das Umweltmanagement richtet sich an den qualitativen und quantitativen Erfordernissen einer nachhaltigen Entwicklung aus**.

Deshalb erfolgt zunächst eine Beschreibung der **Entwicklung des Umweltbewusstseins** in Deutschland und der Ansätze einer nachhaltigen Entwicklung, wie sie derzeit auf breiter öffentlicher, politischer und wissenschaftlicher Ebene diskutiert werden. Diese beiden Aspekte stellen die wesentlichen Hintergründe zukünftigen (umweltorientierten) wirtschaftlichen Handelns dar.

Anschließend erfolgt die **Definition von Umweltmanagement** sowie die Auflistung von **Vor- und Nachteilen von Umweltmanagement** für die Unternehmen.

Der erste umfassende Teil des Lehrbuchs beschreibt die **Implementierung von Umweltmanagement** im Unternehmen.

Er beschreibt zunächst die Erstellung einer Umweltpolitik im Unternehmen. Im Fokus der weiteren Implementierung von Umweltmanagement stehen dann die vom Unternehmen zu formulierenden Umweltzielsetzungen und Umwelteinzelziele. Das im Rahmen von EMAS zu formulierende Umweltprogramm bzw. die im Rahmen von DIN EN ISO 14001 zu formulierenden Umweltziele müssen sich strikt qualitativ und quantitativ an den Erfordernissen einer nachhaltigen Entwicklung orientieren.

Anschließend werden die weiteren Elemente zur Implementierung von Umweltmanagement im Rahmen von EMAS bzw. DIN EN ISO 14001 beschrieben: Umweltprüfung und Umweltprüfungsverfahren, Umweltmanagementsystem und Umweltmanagementhandbuch, Umweltbetriebsprüfung und Umweltbetriebsprüfungsverfahren, Umwelterklärung sowie die notwendigen Schritte bei einer Validierung bzw. Zertifizierung.

Die Vorgehensweise zur Umsetzung dieser Elemente erfolgt anhand von **kommentierten Checklisten**, die der Praxis ermöglichen, schnell ein nachhaltiges Umweltmanagement im Unternehmen zu integrieren.

Bei allen dargestellten Aspekten findet eine Erweiterung auf die Notwendigkeiten einer nachhaltigen Unternehmensführung statt, deren Kern ein nachhaltiges Umweltmanagement ist, aber um ein „Sozialmanagement" und ein „Wirtschaftsmanagement" zu ergänzen ist.

Des weiteren werden in diesem Teil des Lehrbuchs ein **Vergleich der Bezugsgrundlagen** von Umweltmanagementsystemen, EMAS und DIN EN ISO 14001, vorgenommen, **Kosten/Nutzen-Überlegungen** von Umweltmanagement beschrieben und **Wechselwirkungen zu anderen Managementsystemen** zugleich mit möglichen Ansätzen zu deren Vereinheitlichung dargestellt. Dabei wird deutlich, dass die Auswahl der Bezugsgrundlage und der zu realisierende Nutzen bzw. die zu tragenden Kosten bei einer Einführung von Umweltmanagement nur vor dem **Hintergrund einer umweltbezogenen Unternehmenspositionierung und Unternehmensstrategie** zu diskutieren sind.

Im zweiten umfassenden Teil des Lehrbuchs erfolgen eine Einbeziehung von Umweltmanagement in die Unternehmenspositionierung und **Unternehmensstrategie** und die Diskussion der damit verbundenen Aspekte der Marketingausrichtung, einschließlich der Instrumente des Marketingmix. Zudem werden die Instrumente „umweltorientierte Investitions- und Finanzpolitik", „umweltorientierte Personalpolitik" und „umweltorientierte Forschungs- und Entwicklungspolitik" erörtert.

Hinsichtlich der **Marketingausrichtung** macht das Lehrbuch deutlich, dass durch die Erkenntnis von Umweltmanagement als **strategischem Erfolgsfaktor** im Kern der betrieblichen Umweltschutzaktivitäten das **umweltverträgliche Produkt** steht. Zudem sind die **Produktion** und die **Logistik** umweltverträglich zu gestalten. Erst wenn Produkt, Produktion und Logistik ein hohes Maß an Umsetzungsgraden hinsichtlich Umweltverträglichkeit erfüllen, ist dem Unternehmen eine **offensive umweltorientierte Kommunikations- und Kontrahierungspolitik** zu empfehlen. Erfolgt ohne diese Grundbedingungen eine umweltorientierte Kommunikationspolitik und werden die vom Unternehmen beim Konsumenten geweckten Erwartungen hinsichtlich Umweltverträglichkeit nicht erfüllt, sind ein Abwenden des Konsumenten von den Produkten und Dienstleistungen des Unternehmens, meist verbunden mit Negativ-Werbung, negative Imagebeeinflussung und in dessen Folge Umsatzrückgänge zu erwarten.

Auf der anderen Seite ergeben sich für Unternehmen, die nachhaltiges Umweltmanagement als strategische Positionierung umsetzen, erhebliche **Wettbewerbsvorteile**, u.a. Kosteneinsparungen durch die prozess- und logistikorientierten Umweltmanagementansätze, durch die Unabhängigkeit der Produktion von begrenzten Ressourcen und durch Umsatzerhöhungen durch umweltverträgliche Produkte, die, flankiert durch eine umweltorientierte Kommunikationspolitik, realisiert werden können.

Um für Studierende einen Einstieg und tieferen Einblick in die betrieblichen Fragestellungen hinsichtlich „Umweltmanagement" zu geben, enthält das Lehrbuch **Übungsaufgaben**. Die Fragen und deren Lösungen sind aus dem Studium des Lehrbuches heraus zu beantworten, gehen aber teilweise auch über dessen Inhalt hinaus. Lösungen bzw. Lösungswege sollen die Studierenden neben der Anwendung und Reflexion des Gelernten vor allem auch zum Ein- und Weiterdenken bezüglich „Umweltschutz" anregen.

Im **Ausblick** erfolgt eine Einordnung des nachhaltigen Umweltmanagements in eine nachhaltige Unternehmensführung.

Das **Literatur- und Quellenverzeichnis**, einschließlich weiterer **Literaturhinweise** sowie **Internetadressen**, unter denen auch die Gesetzes- und Verordnungstexte als download erhältlich sind, schliessen sich an.

Um Unternehmen und Studierenden, die sich bisher wenig mit der Thematik „Umweltschutz und Umweltmanagement" auseinandersetzten, einen schnellen Zugang zu ermöglichen, werden abschließend im Anhang eine **Liste wesentlicher Informationsquellen** und **Arten der Informationsbeschaffung** aufgeführt.

Es erfolgt im Anhang auch eine Auflistung der wesentlichen für Unternehmen geltenden **Gesetze und Verordnungen**, die im Rahmen der Umweltprüfung hinsichtlich der Genehmigungsvoraussetzungen und ihrer Einhaltung geprüft werden müssen. Zudem finden sich im Anhang **Vorschläge zur Gestaltung von Checklisten und Interviewleitfäden**, die zur Dokumentation des Implementierungsfortschrittes dienen bzw. im Rahmen der Umweltprüfung und der Umweltbetriebsprüfung Anwendung finden. Ebenso ist eine Liste von möglichen Maßnahmen zur **Erhöhung des umweltrelevanten Know-how** der Beschäftigten aufgeführt.

9 Literatur- und Quellenverzeichnis

9.1 Literatur und Quellen (verwendet)

BMUNR: Bundesministerium für Umwelt, Naturschutz und Reaktorsicherheit (Hrsg.) (1992) Umweltpolitik: Konferenz der Vereinten Nationen für Umwelt und Entwicklung im Juni 1992 in Rio de Janeiro, Dokumente: Agenda 21, Bonn

BMUNR: Bundesministerium für Umwelt, Naturschutz und Reaktorsicherheit (Hrsg.) (1994) Umwelt 1994: Politik für eine nachhaltige, umweltgerechte Entwicklung. Deutscher Bundestag, 12. Wahlperiode. Drucksache 12/8451, 6.9.1994, Bonn

BMU/UBA: BUNDESUMWELTMINISTERIUM/UMWELTBUNDESAMT (Hrsg.) (1997) Leitfaden Betriebliche Umweltkennzahlen, Bonn/Berlin

BUND/MISEREOR (Hrsg.) (1996) Zukunftsfähiges Deutschland, Studie des Wuppertal Instituts, Birkhäuser Verlag, Basel/Boston/Berlin

BUTTERBRODT D, TAMMLER U (1996) Techniken des Umweltmanagements, Die Umweltverträglichkeit umfassend verbessern; Carl Hanser Verlag, München

DFG: Deutsche Forschungsgemeinschaft (Senatskommission zur Prüfung gesundheitsschädlicher Arbeitsstoffe) (2002) MAK- und BAT-Werte-Liste 2002, Mitteilung 38, WILEY-VCH Verlag, Weinheim

DIN EN ISO: siehe Kap. 9.2

DORN D (Deutsches Institut für Normung e. V., Hrsg.) (2001) EMAS-Vergleich, Umweltmanagement und Umweltbetriebsprüfung. EMAS II im Vergleich mit EMAS I und DIN EN ISO 14001. EMAS I im Vergleich mit EMAS II und DIN EN ISO 14001, Beuth Verlag, Berlin/Wien/Zürich

DYLLICK T, HAMSCHMIDT J (2000) Wirksamkeit und Leistung von Umweltmanagementsystemen, vdf Hochschulverlag AG an der ETH Zürich, Zürich

EMAS I/EMAS II: siehe Kap. 9.2

ENGELFRIED J (1994) Dienstleistung als methodische Grundlage von Produktlinienuntersuchungen: Bewertungsprobleme beim Vergleich von Dienstleistungen aus Naturfasern und Polypropylen; JF Lehmanns Verlag, Köln

ENGELFRIED J (1997) Fachliche Stellungnahme zur Erstellung des „Leitbildes Wirtschaft - Arbeiten" für die Stadt Günzburg im Hinblick auf eine nachhaltige Entwicklung, Endfassung, Institut UPK, 23.1.1997, Ulm, unveröffentlicht

ENGELFRIED J (2002) Grundlagen des Ökomarketing, Studienbrief 2-804-0301, Fernstudienagentur des Fachhochschul-Fernstudienverbundes der Länder Berlin, Brandenburg, Mecklenburg-Vorpommern, Sachsen, Sachsen-Anhalt und Thüringen (FVL) (Sitz: FHTW Berlin), Berlin

ENGELFRIED J, FUCHSLOCH N (1997) Punkt für Punkt - Umweltbezogene Selbstverpflichtungen für eine nachhaltige Entwicklung müssen bestimmte Kriterien erfüllen in: Müllmagazin, Nr. 2/1997, S. 36-37

ENGELFRIED J, WILHELM R (2004) Der Prozessgedanke im Qualitäts- und Umweltmanagement, Veröffentlichung in Vorbereitung

ENQUETE-KOMMISSION „Schutz des Menschen und der Umwelt" (1994) Die Industriegesellschaft gestalten: Perspektiven für einen nachhaltigen Umgang mit Stoff- und Materialströmen, Economica Verlag, Bonn

ENQUETE-KOMMISSION „Schutz des Menschen und der Umwelt" (1998) Konzept Nachhaltigkeit. Vom Leitbild zur Umsetzung (Abschlußbericht), Drucksache 13/11200 des Deutschen Bundestages, 13. Wahlperiode, 26.6.1998, Berlin

FRIEDERICI I (2002) Musterdokumentation eines integrierten Managementsystems, expert-Verlag, Renningen

GEGE M (Hrsg.) (1997) Kosten senken durch Umweltmanagement, Verlag Franz Vahlen, München

GRONEMEYER M (1988) Die Macht der Bedürfnisse, Reflexionen über ein Phantom, rowohlts enzyklopädie/kulturen und ideen, Rowohlt Taschenbuchverlag, Juli 1988, Reinbek bei Hamburg

GÜNTHER K (1992) Praktische Umsetzung des Umweltmanagements - Die umweltorientierte Organisationsentwicklung in: GLAUBER H, PFRIEM R (Hrsg.) (1992) Ökologisch wirtschaften, Fischer Taschenbuch Verlag, Frankfurt a.M., S. 131-142

HEIJUNGS R (Ed.) (1992a) Environmental life cycle assessment of Products, Guide - October 1992, Centrum voor Milieukunde, No. 9266, Leiden, The Netherlands

HEIJUNGS R (Ed.) (1992b) Environmental life cycle assessment of Products, Backgrounds - October 1992, Centrum voor Milieukunde, No. 9267, Leiden, The Netherlands

HOLZBAUR U, KOLB M, ROSSWAG H (Hrsg.) (1996) Umwelttechnik und Umweltmanagement – Ein Wegweiser für Studium und Praxis, Spektrum, Akademischer Verlag, Heidelberg/Berlin/Oxford

HOPFENBECK W (1994) Umweltorientiertes Management und Marketing, 3. Auflage, verlag moderne industrie, Landsberg

ICC: International Chamber of Commerce (Internationale Handelskammer) (1989) (Hrsg.) Umweltschutz Audits, Positionspapier des Executive Board des ICC, Köln

ISOE: Institut für sozial-ökologische Forschung (Hrsg.) (1993) Sustainable Netherlands, deutsche Ausgabe, Frankfurt (Original: Milieudefensie (friends of the earth) Sustainable Netherlands, Amsterdam)

KAMISKE G, BUTTERBRODT D, JUHRE D, TAMMLER U (1999) Management des betrieblichen Umweltschutzes, Ein Leitfaden für kleine und mittlere Unternehmen, Verlag Franz Vahlen, München

KORTE F (Hrsg.) (2001) Lehrbuch der ökologischen Chemie, Grundlagen und Konzepte für die ökologische Beurteilung von Chemikalien, Thieme Verlag, Stuttgart/New York

KOSTKA S, HASSAN A (1997) Umweltmanagementsysteme in der chemischen Industrie, Springer Verlag, Berlin etc.

KOTLER P, BLIEMEL F (2001) Marketing-Management: Analyse, Planung und Verwirklichung, 10., überarb. und akt. Auflage, Schäffer-Poeschel Verlag, Stuttgart

LÖBEL J, SCHRÖGER H-A, CLOSHEN H (2001) Nachhaltige Managementsysteme, Erich Schmidt Verlag, Berlin

MEFFERT H, KIRCHGEORG M (1998) Marktorientiertes Umweltmanagement, 3., überarb. und erw. Auflage, Schäffer-Poeschel Verlag, Stuttgart

MÜLLER-CHRIST G (2001) Umweltmanagement, Verlag Franz Vahlen, München

NACE-Code: siehe Kap. 9.2

OBERRATH J-D, HAHN O (2000) Kompendium Umweltrecht: ein Leitfaden für Studium und Praxis, 2., neu bearb. Aufl., Boorberg Verlag, Stuttgart

PARLAR H, ANGERHÖFER D (1995) Chemische Ökotoxikologie, 2. Auflage, Springer Verlag, Berlin etc.

PISCHON A (1999) (LIESEGANG D G (HRSG.)) Integrierte Managementsysteme für Qualität, Umweltschutz und Arbeitssicherheit, Springer Verlag, Berlin etc.

RÖTZEL-SCHWUNK I, RÖTZEL A (1998) Praxiswissen Umwelttechnik - Umweltmanagement, Vieweg Verlag, Braunschweig/Wiesbaden

SCHINDLER U (1999) Umweltorientiertes Personalmanagement in mittelständischen Unternehmen - ein ganzheitliches Rahmenkonzept in: TEMPEL H, SCHMITTEL W (1999) Umweltmanagement in kleinen und mittleren Unternehmen, Verlag Peter Lang, Frankfurt/Berlin etc., S. 127-144

SCHREINER M (1996) Umweltmanagement in 22 Lektionen, 4. Auflage, Gabler Verlag, Wiesbaden

SCHWISTER K (Hrsg.) (2003) Taschenbuch der Umwelttechnik, Fachbuchverlag Leipzig im Carl Hanser Verlag, München/Wien

STAHLMANN V, CLAUSEN J (2000) Umweltleistung von Unternehmen, Gabler Verlag, Wiesbaden

STREIT B (2000) Umweltorientierte Investitionsplanung, Studienbrief 2-804-0203, 2. Auflage, Fernstudienagentur des Fachhochschul-Fernstudienverbundes der Länder Berlin, Brandenburg, Mecklenburg-Vorpommern, Sachsen, Sachsen-Anhalt und Thüringen (FVL) (Sitz: FHTW Berlin), Berlin

THALER K (1999) Supply Chain Management, Fortis Verlag, Köln

UMWELTBUNDESAMT (Hrsg.) (2002) Nachhaltige Entwicklung in Deutschland, Erich Schmidt Verlag, Berlin

UNDP: UNITED NATIONS DEVELOPMENT PROGRAM (1999) Human Development Report 1999, University Press, Oxford

VORBACH S (2000) Prozessorientiertes Umweltmanagement: Ein Modell zur Integration von Umweltschutz, Qualitätssicherung und Arbeitssicherheit, Deutscher Universitäts-Verlag, Wiesbaden

WAGNER M, SCHALTEGGER S (2002) Umweltmanagement in deutschen Unternehmen, Universität Lüneburg, Center for Sustainability Management (CSM), Lüneburg

WCED: World Commission on Environment and Development (Chairman: Gro Harlem Brundtland) (1987) Our Common Future, Oxford University Press, Oxford/New York

WEIZSÄCKER E U VON, SEILER-HAUSMANN J-D (1999) Öko-Effizienz, Das Management der Zukunft, Birkhäuser Verlag, Berlin/Basel/Boston

WILHELM R (2003) Prozessorganisation, Oldenbourg Verlag, München/Wien

WOHLFAHRT W (DIN Deutsches Institut für Normung e. V. (Hrsg.)) (1999) Der Weg zum Umweltmanagementsystem: Gegenüberstellung von Öko-Audit-Verordnung und DIN EN ISO 14001, Beuth Verlag, Berlin/Wien/Zürich

WORLDWATCH INSTITUTE (Hrsg.) (2003) Zur Lage der Welt 2003 – Daten für das Überleben unseres Planeten, Westfälisches Dampfboot, Münster

ZABEL (2002): Betriebliches Umweltmanagement in Forschung und Lehre in: ZABEL H U (Hrsg.) (2002) Betriebliches Umweltmanagement - nachhaltig und interdisziplinär, Erich Schmidt Verlag, Berlin, S. 95-124

ZESCHMANN E G; WILKEN M (2000) Anleitung für ein Umweltmanagementsystem, Reihe Kontakt & Studium Nr. 606, expert-Verlag, Renningen

9.2 Gesetze/Verordnungen/Normen etc. in engem Zusammenhang zum Umweltmanagement

DIN EN ISO 14001:1996 Umweltmanagementsysteme - Spezifikation mit Anleitung zur Anwendung, CEN, Brüssel (deutsch: Beuth Verlag, Berlin)

DIN EN ISO 14010:1996 Leitfäden für Umweltaudits - Allgemeine Grundsätze (deutsch: Beuth Verlag, Berlin)

DIN EN ISO 14011:1996 Leitfäden für Umweltaudits - Auditverfahren - Audit von Umweltmanagementsystemen (deutsch: Beuth Verlag, Berlin)

DIN EN ISO 14012:1996 Leitfäden für Umweltaudits - Qualifikationskriterien für Umweltauditoren (deutsch: Beuth Verlag, Berlin)

DIN EN ISO 14020:2001 Umweltkennzeichnungen und -deklarationen - Allgemeine Grundsätze (deutsch: Beuth Verlag, Berlin)

DIN EN ISO 14031:1999 Umweltmanagement - Umweltleistungsbewertung - Leitlinien, (deutsch: Beuth Verlag, Berlin)

DIN EN ISO 14040:1997 Umweltmanagement - Ökobilanz - Prinzipien und allgemeine Anforderungen (deutsch: Beuth Verlag, Berlin)

DIN EN ISO 14041:1998 Umweltmanagement - Ökobilanz - Festlegung des Ziels und des Untersuchungsrahmens sowie Sachbilanz (deutsch: Beuth Verlag, Berlin)

DIN EN ISO 14042:2000 Umweltmanagement - Ökobilanz - Wirkungsabschätzung (deutsch: Beuth Verlag, Berlin)

DIN EN ISO 14043:2000 Umweltmanagement - Ökobilanz - Auswertung (deutsch: Beuth Verlag, Berlin)

DIN ISO 14004:1996 Allgemeiner Leitfaden über Grundsätze, Systeme und Hilfsinstrumente (Deutsche Fassung ISO 14004:1997), (deutsch: Beuth Verlag, Berlin)

DIN ISO/TR 14062:2002 Umweltmanagement - Integration von Umweltaspekten in Produktdesign und -entwicklung, Beuth Verlag, Berlin/Wien/Zürich

EMAS I: Verordnung (EWG) Nr. 1836/93 des Rates vom 29. Juni 1993 über die freiwillige Beteiligung gewerblicher Unternehmen an einem Gemeinschaftssystem für das Umweltmanagement und die Umweltbetriebsprüfung (**EMAS**) (ABl. Nr. L 168 vom 10.7.1993 S. 1) (aufgehoben/ersetzt durch EMAS II)

EMAS II: Verordnung (EG) Nr. 761/2001 des Europäischen Parlaments und des Rates vom 19. März 2001 über die freiwillige Beteiligung von Organisationen an einem Gemeinschaftssystem für das Umweltmanagement und die Umweltbetriebsprüfung (**EMAS**) (ABl. Nr. L 114 vom 24.4.2001 S. 114, ber. 2002 L 327 S. 10)

Entscheidung 2001/681/EG der Kommission vom 7. September 2001 über Leitlinien für die Anwendung der Verordnung (EG) Nr. 761/2001 des Europäischen Parlaments und des Rates über die freiwillige Beteiligung von Organisationen an einem Gemeinschaftssystem für das Umweltmanagement und die Umweltbetriebsprüfung (EMAS) (Bekanntgegeben unter Aktenzeichen K(2001) 2504) (Text von Bedeutung für den EWR) (ABl. Nr. L 247 vom 17.9.2001 S. 24)

Entscheidung 97/264/EWG der Kommission vom 16. April 1997 zur Anerkennung der Zertifizierungsverfahren gemäß Artikel 12 der Verordnung (EWG) Nr. 1836/93 des Rates über die freiwillige Beteiligung gewerblicher Unternehmen an einem Gemeinschaftssystem für das Umweltmanagement und die Umweltbetriebsprüfung (Text von Bedeutung für den EWR) (ABl. Nr. L 104 vom 22.4.1997 S. 35)

Entscheidung 97/265/EG der Kommission vom 16. April 1997 zur Anerkennung der Internationalen Norm ISO 14001:1996 und der Europäischen Norm EN ISO 14001:1996 für Umweltmanagementsysteme gemäß Artikel 12 der Verordnung (EWG) Nr. 1836/93 des Rates über die freiwillige Beteiligung gewerblicher Unternehmen an einem Gemeinschaftssystem für das Umweltmanagement und die Umweltbetriebsprüfung (Text von Bedeutung für den EWR) (ABl. Nr L. vom 22.4.1997 S. 37)

Gesetz zur Ausführung der Verordnung (EG) Nr. 761/2001 des Europäischen Parlaments und des Rates vom 19. März 2001 über die freiwillige Beteiligung von Organisationen an einem Gemeinschaftssystem für das Umweltmanagement und die Umweltbetriebsprüfung (EMAS) (**Umweltauditgesetz – UAG**) vom 4. September 2002 (BGBl. I.Nr. 64 vom 10.09.2002 S. 3490) Gl.-Nr.: 2129-29

ISO/TS 14048:2002 Umweltmanagement - Ökobilanz - Datendokumentationsformat (englisch: Beuth Verlag, Berlin)

ISO 14050:2002 Umweltmanagement - Begriffe (englisch/französisch: Beuth Verlag, Berlin)

Richtlinie des Umweltgutachterausschusses nach dem Umweltauditgesetz für die mündliche Prüfung zur Feststellung der Fachkunde von Umweltgutachtern und Inhabern von Fachkenntnisbescheinigungen (**UAG-Fachkunderichtlinie - UAG-FkR**) vom 20. September 2002 (BAnz. Nr. 222 vom 28.11.2002, S. 25532)

Richtlinie des Umweltgutachterausschusses nach dem Umweltauditgesetz für die Akkreditierung von Zertifizierungsstellen für Umweltmanagementsysteme und entsprechende Zertifizierungsverfahren (**UAG-Zertifizierungsverfahrensrichtlinie - UAG-ZertVfR**) vom 8. Dezember 1997 (BAnz. 1998, S. 7942ff)

Richtlinie des Umweltgutachterausschusses nach dem Umweltauditgesetz für die Überprüfung von Umweltgutachtern, Umweltgutachterorganisationen und Inhabern von Fachkenntnisbescheinigungen im Rahmen der Aufsicht (**UAG-Aufsichtsrichtlinie - UAG-AufsR**) vom 20. September 2002 (BAnz. Nr. 222 vom 28.11.2002, S. 25530)

Literatur- und Quellenverzeichnis

Richtlinie des Umweltgutachterausschusses über die Voraussetzungen der Aufnahme von Bewerbern in die Prüferliste nach dem Umweltauditgesetz (**UAG-Prüferrichtlinie - UAG-PrüfR**) vom 20. September 2002 (BAnz. Nr. 222 vom 28.11.2002, S. 25533)

Umweltallianz Hessen - Katalog verwaltungsrechtlicher Erleichterungen zugunsten EMAS-auditierter oder nach ISO 14001 zertifizierter Organisationen (StAnz. Nr. 1 vom 07.01.2002, S. 116)

NACE-Code: Verordnung (EWG) Nr. 3037/90 des Rates vom 9. Oktober 1990 betreffend die statistische Systematik der Wirtschaftszweige in der Europäischen Gemeinschaft - **NACE-Code** - (ABl. Nr. L 293 vom 24.10. 1990; Änderungen: VO EWG Nr. 761/93 - ABl. Nr. L 83 vom 3.4.1993 S. 1; VO EG Nr. 29/2002 - ABl. Nr. L 6 vom 10.1.2002 S. 3)

Verordnung über das Verfahren zur Zulassung von Umweltgutachtern und Umweltgutachterorganisationen sowie zur Erteilung von Fachkenntnisbescheinigungen nach dem Umweltauditgesetz (**UAG-Zulassungsverfahrensverordnung – UAGZVV**) vom 12. September 2002 (BGBl. I Nr. 67 vom 20.9.2002 S. 3654)

Verordnung über die Beleihung der Zulassungsstelle nach dem Umweltauditgesetz (**UAG-Beleihungsverordnung - UAGBV**) vom 18. Dezember 1995, (BGBl. 1995 I S. 2013)

Verordnung über Gebühren und Auslagen für Amtshandlungen der Zulassungsstelle und der Widerspruchsbehörde bei der Durchführung des Umweltauditgesetzes (**UAG-Gebührenverordnung – UAGGebV**) vom 4. September 2002 (BGBl. I Nr. 64 vom 10.09.2002 S. 3503)

Verordnung über immissionsschutz- und abfallrechtliche Überwachungserleichterungen für nach der Verordnung (EG) Nr. 761/2001 registrierte Standorte und Organisationen (**EMAS-Privilegierungs-Verordnung – EMASPrivilegV**) vom 24. Juni 2002 (BGBl. I Nr. 41 vom 28.6.2002 S. 2247)

Verwaltungsvorschrift des Ministeriums für Umwelt und Verkehr über administrative Erleichterungen für Standorte, die nach den Vorschriften der Verordnung (EWG) Nr. 1836/93 des Rates vom 29. Juni 1993 (ABl. der EG Nr. L 168 S. 1) über die freiwillige Beteiligung gewerblicher Unternehmen an einem Gemeinschaftssystem für das Umweltmanagement und die Umweltbetriebsprüfung (Öko-Audit-Verordnung) registriert werden, vom 21. Dezember 1998 (GABl. Nr. 4/1999 S. 203)

Vollzug umweltrechtlicher Vorschriften bei nach Art. 6 der Verordnung (EG) Nr. 761/2001 des Europäischen Parlaments und des Rates registrierten Organisationen und bei Unternehmen, deren Umweltmanagementsystem gemäß EN ISO 14001 von einer akkreditierten Zertifizierungsstelle überprüft wurde („EMAS-Betriebe") - Sachsen-Anhalt - RdErl. des MRLU vom 11.3.2002 - 33.1/44950 (MBl. Nr. 26 vom 21.05.2002 S. 530)

9.3 Literaturhinweise zum Umweltmanagement

Folgende Literaturhinweise dienen zur Ergänzung und zur weiteren Auseinandersetzung mit dem Thema „Umweltmanagement". Die Literatur wurde bis zum Stand 1.10.2003 berücksichtigt.

ADAM D (1993) Umweltmanagement in der Produktion, Gabler Verlag, Wiesbaden

ALBACH H, STEVEN M [Ed.] (1998) Betriebliches Umweltmanagement 1998, Gabler Verlag, Wiesbaden

ALIJAH R, HEUVELS K (2001) Betriebliches Umweltmanagement, Loseblattsammlung m. CD-ROM, zur Fortsetzung, Weka, Augsburg

ANKELE K, KOTTMANN H (2000) Ökologische Zielfindung im Rahmen des Umweltmanagements, Schriftenreihe des IÖW; Institut für ökologische Wirtschaftsforschung (IÖW) GmbH, Berlin

ANTES R (1991) Qualifikationen für ein betriebliches Umweltmanagement, Arbeitsberichte; Institut für Ökologie und Unternehmensführung, Oestrich-Winkel

ANTES R, SIEBENHÜNER B, ZABEL H U (1999) Einführung eines Umweltmanagements, Martin-Luther-Universität Halle-Wittenberg, Halle/S.

BACKER P DE (1996) Umweltmanagement im Unternehmen, Springer Verlag, Berlin etc.

BAHNER O (2001) Innovationswirkungen normierter Umweltmanagementsysteme, Deutscher Universitätsverlag, Wiesbaden

BAUM H-G (Hrsg.) (2000) Lehr- und Handbücher der ökologischen Unternehmensführung und Umweltökonomie; Bd. II: Umweltmanagement und ökologieorientierte Instrumente, Oldenbourg Verlag, München

BAUMAST A (Hrsg.), PAPE J (2001) Betriebliches Umweltmanagement: theoretische Grundlagen, Praxisbeispiele, Ulmer Verlag, Stuttgart (Hohenheim)

BAUMAST A, DYLLICK T (2001) Umweltmanagement-Barometer 2001, Tagung am 4. September 2001, IWÖ-Diskussionsbeitrag; 93, Universität St. Gallen, St. Gallen

BECHMANN A (1998) Anforderungen an Bewertungsverfahren im Umweltmanagement - Dargestellt am Beispiel der Bewertung für die Umweltverträglichkeitsprüfung; SYNÖK-Report 20; Edition Zukunft Buch- und Medienverlag, Barsinghausen

BECK M (Hrsg.), GEIGER C (1996) Betriebliches Umwelt-Audit in der Praxis, Vogel Verlag, Würzburg

BECKE G, MESCHKUTAT B, GANGLOFF T, WEDDIGE P (2000) Dialogorientiertes Umweltmanagement und Umweltqualifizierung, Springer Verlag, Berlin etc.

BELLMANN K (Hrsg.) (1999) Betriebliches Umweltmanagement in Deutschland, Deutscher Universitätsverlag, Wiesbaden

BICKHOFF N (2000) Erfolgswirkungen strategischer Umweltmanagementmaßnahmen, Betriebswirtschaftliche Forschung zur Unternehmensführung, Deutscher Universitätsverlag, Wiesbaden

BIRKE M, BURSCHEL C, SCHWARZ M (1997) Handbuch Umweltschutz und Organisation, Oldenbourg Verlag, München/Wien

BIRKE M, SCHWARZ M, GÖBEL M (2003) Beratungsthema Unternehmensnachhaltigkeit, edition sigma, Berlin

BIZER K, DOPFER J, PETER B (1999) Nachhaltige Entwicklung von Unternehmen, Öko-Institut, Darmstadt

BLESSIN B (1998) Innovations- und Umweltmanagement in kleinen und mittleren Unternehmen: eine theoretische und empirische Analyse, Peter Lang Verlag, Frankfurt am Main [u.a.]

BOOS T (2000) Betriebliches Umweltmanagement als neues Modell der Risikosteuerung, Nomos Verlagsgesellschaft, Baden-Baden

BREIDENBACH R (2002) Umweltschutz in der betrieblichen Praxis, 2., akt. Auflage, Gabler Verlag, Wiesbaden

BRENNECKE V M, KRUG S, WINKLER C M (1998) Effektives Umweltmanagement, Loseblattsammlung, Springer Verlag, Berlin etc.

BREYER K, LEICHT-ECKARD E, MÖLLER-ROST M (2000) Umweltmanagement, Tagungsprotokolle; Institut für Kirche und Gesellschaft, Iserlohn

BRODEL D (1996) Internationales Umweltmanagement, Gabler Verlag, Wiesbaden

BRÜMMER E (2001) Interne Auditierung als Instrument zur Weiterentwicklung von betrieblichem Umweltschutz und von Umweltmanagementsystemen, Peter Lang Verlag, Europäischer Verlag der Wissenschaft, Frankfurt am Main

BRUNNER P H (1995) Umwelt und Unternehmen: erfolgreiches Umweltmanagement, Signum Verlag, Wien

BUNDESUMWELTMINISTERIUM/UMWELTBUNDESAMT (Hrsg.) (2000) Umweltmanagementsysteme - Fortschritt oder heisse Luft?, Frankfurter Allgemeine Zeitung, Frankfurt am Main

BUNDESUMWELTMINISTERIUM/UMWELTBUNDESAMT (Hrsg.) (2001) Handbuch Umweltcontrolling, Verlag Franz Vahlen, München

Literatur- und Quellenverzeichnis

BURKE G H, SINGH B R, THEODORE L (2000) Handbook of Environmental Management and Technology, 2nd ed., Wiley & Sons, New York etc.

BUTTERBRODT D (1997) Praxishandbuch umweltorientiertes Management, Springer Verlag, Berlin etc.

BUTTERBRODT D, DANNICH-KAPPELMANN M, TAMMLER U (1995) Umweltmanagement, Carl Hanser Verlag, München

BUTTERBRODT D (1997) Integration von Qualitäts- und Umweltmanagementsystemen und ihre betriebliche Umsetzung; Fraunhofer-Gesellschaft, Berlin

CLAUSEN J, GALLERT H [Ed.] (1994) Umweltmanagement und Umweltaudit in kleinen Unternehmen; Schriftenreihe des IÖW 80; Institut für ökologische Wirtschaftsforschung (IÖW) GmbH, Berlin

TÜV (Hrsg.) (2002) Der TÜV-Umweltmanagement-Berater, TÜV-Verlag (Unternehmensgruppe TÜV Rheinland), Köln

DEUTSCHE GESELLSCHAFT FÜR QUALITÄT e. V. [Ed.] (1996) Aufbau eines Umweltmanagementsystems, Beuth Verlag, Berlin [u.a.]

DIN und BAO Berlin-Marketing Service GmbH (Hrsg.) mit ihrem EuRo Info Centre Eric, Berlin; [Ed.] (2000) Umweltmanagement-Leitfaden - Gesamtwerk, 2. Auflage, Beuth Verlag, Berlin/Wien/Zürich

DOKTORANDEN-NETZWERK ÖKO-AUDIT e. V. (Hrsg.) (1998) Umweltmanagementsysteme zwischen Anspruch und Wirklichkeit, Springer Verlag, Berlin etc.

DORN D (1998) Umweltmanagementsysteme, Kommentar zu DIN EN ISO 14001 ff. und der EG-Öko-Audit-Verordnung. (Mit deutsch/englischen Originaltexten im Anhang; Beuth-Kommentare, Beuth Verlag, Berlin/Wien/Zürich

DREYHAUPT F J (1992) Umwelt-Handwörterbuch: Umweltmanagement in der Praxis für Führungskräfte in Wirtschaft, Politik und Verwaltung, Walhalla Verlag, Berlin [u.a.]

DYCKHOFF H (2000) Umweltmanagement: zehn Lektionen in umweltorientierter Unternehmensführung, mit 13 Tab., Springer Verlag, Berlin etc.

EBINGER F [Ed.] (1997) Geprüftes Umweltmanagement, RKW Rationalisierungs- und Innovationszentrum, Eschborn

ELLRINGMANN H, SCHMIHING C, CHROBOK R (1995) Umweltschutz-Management, Loseblattsammlung, Luchterhand Verlag, Neuwied [u.a.]

ENSTHALER J, FUNK M, GESMANN-NUISSL D, SELZ A (2002) Umweltauditgesetz/EMAS-Verordnung, Erich Schmidt, Berlin etc.

EWER W (Hrsg.) (1998) Handbuch Umweltaudit, Beck Verlag, München

FICHTER K, CLAUSEN J [Ed.] (1998) Schritte zum nachhaltigen Unternehmen, Springer Verlag, Berlin etc.

FIEDLER K P (1991) Kommunales Umweltmanagement: Handbuch für praxisorientierte Umweltpolitik und Umweltverwaltung in Städten, Kreisen und Gemeinden, Deutscher Gemeindeverlag, Köln [u.a.]

FIGGE F (2001) Wert schaffendes Umweltmanagement, Center for Sustainability Management (CSM), Lüneburg

FISCHER N, HOFMANN M, KLETT C (1993) Umweltmanagement in der Praxis, RKW Rationalisierungs- und Innovationszentrum, Eschborn

FLUNGER S (1998) Öko-Audit im Kleinbetrieb, Deutscher Universitätsverlag, Wiesbaden

FREIMANN J [Ed.] (1999) Werkzeuge erfolgreichen Umweltmanagements, Gabler Verlag, Wiesbaden

GALLERT H, CLAUSEN J (1996) Leitfaden Öko-Controlling, VDI-Verlag, Düsseldorf

GIETL G (2001) Umweltmanagement: Begriffe und Definitionen, (TÜV Akademie) Resch Verlag, Gräfelfing

GINTER T (1999) Die Koordination ökologischer Konsequenzen - Make-or-buy-Entscheidungen im Umweltmanagement, Logos-Verlag, Berlin

GLATFELD N (1998) Das Umweltaudit im Kontext der europäischen und nationalen Umweltgesetzgebung: eine kritische Reflexion ..., Universität Freiburg, Freiburg im Breigau

GÖLLINGER T (1997) Vom additiven Umweltschutz zum integrierten Umweltmanagement, Materialien zur Vorlesung, Arbeitspapier Nr. 20; Arbeitspapiere des Instituts für ökologische Betriebswirtschaft; Institut für ökologische Betriebswirtschaft e. V., Siegen

GORALCZYK D, HELLER M (1995) Strategisches Umweltschutzmanagement in der Industrie, Ueberreuter Wirtschaftsverlag, Wien

GROSSE H, EHRIG S, LEHMANNN G (2000) Umweltschutz und Umweltmanagement in der gewerblichen Wirtschaft, Ein Leitfaden, expert-Verlag, Fachverlag für Wirtschaft und Technik, Renningen

GRÖSSMANN U (2000) Motivations- und Schulungsfolien Umweltmanagement, (WEKA Praxislösungen), WEKA media GmbH, Augsburg

GÜNTHER K (1994) Erfolg durch Umweltmanagement: Reportagen aus mittelständischen Unternehmen, Luchterhand Verlag, Neuwied [u.a.]

HAMSCHMIDT J (1998) Auswirkungen von Umweltmanagementsystemen nach EMAS und ISO 14001 in Unternehmen, Eine Bestandsaufnahme empirischer Studien, IWÖ-Diskussionsbeitrag, Universität St. Gallen, St. Gallen

HANSMANN K W (1994) Marktorientiertes Umweltmanagement, Gabler Verlag, Wiesbaden

HAURAND G, PULTE P (1996) Umweltaudit: Normen, Hinweise und Erläuterungen, Verlag Neue Wirtschafts-Briefe, Herne [u.a.]

HELLENTHAL F (2001) Umweltmanagement nach der Öko-Audit-Verordnung, Tectum-Verlag, Marburg

HERMANN M (1993) Die betriebsbezogene Ökobilanz: ein leistungsfähiges Instrument für offensives Umweltmanagement, Harwalik Verlag, Reutlingen

HOPFENBECK W, JASCH C, JASCH A (1996) Lexikon des Umweltmanagements; verlag moderne industrie, Landsberg

JÄGER J, SEITSCHEK V, SMIDA F (1996) Chefsache Qualitätsmanagement Umweltmanagement, Vieweg Verlag, Braunschweig

JÄGER T, WELLHAUSEN A, BIRKE M, SCHWARZ M (1998) Umweltschutz, Umweltmanagement und Umweltberatung, Verein zur Förderung des Instituts zur Erforschung sozialer Chancen, Köln

JÜTTNER W, TAEGER J, PFRIEM R, SCHNEIDEWIND U (2000) Neue Konzepte der Umweltpolitik, des Umweltmanagements und des Umweltrechts, Carl von Ossietzky Universität Oldenburg, Oldenburg

KALUZA B (1998) Kreislaufwirtschaft und Umweltmanagement, S+W Steuer- und Wirtschaftsverlag, Hamburg

KANZIAN R, KERBL A, LIST W (1998) Aufbau und Umsetzung von Umweltmanagementsystemen, Verlag Österreich, Wien

KANZIAN R, LIST W (2002) Integrierte Managementsysteme, Verlag Österreich, Wien

KELLER A, LÜCK M (1996) Der Einstieg ins Öko-Audit für mittelständische Betriebe durch modulares Umweltmanagement, Springer Verlag, Berlin etc.

KENSY P (1999) Umweltmanagementsysteme bei Dienstleistungsunternehmen, Papierflieger Verlag, Clausthal-Zellerfeld

KERSCHBAUMMAYR G, ALBER S (1996) Module eines Qualitäts- und Umweltmanagementsystems, Service-Fachverlag, Wien

KIRCHGÄSSNER H (1995) Informationsinstrumente einer ökologieorientierten Unternehmensführung, Deutscher Universitätsverlag, Wiesbaden

KIRCHGEORG M (1999) Ökologieorientiertes Unternehmensverhalten, Gabler Verlag, Wiesbaden

KLIPPHAHN V (1997) Umweltmanagement und Umwelt-Auditing unter besonderer Berücksichtigung der Perspektiven und Probleme des Mittelstandes; Peter Lang Verlag, Europäischer Verlag der Wissenschaft, Frankfurt am Main

KOLBECK F (1997) Entwicklung eines integrierten Umweltmanagementsystems, Hampp Verlag, München

KONTER H J (2001) EG-Öko-Audit-Verordnung (EMAS) und das Umweltmanagement ISO 14001, Kopier- und Druckcenter, Pirrot

KOTTMANN H, LOEW T, CLAUSEN J (1999) Umweltmanagement mit Kennzahlen, Verlag Franz Vahlen, München

KRALLMANN H [Ed.] (1996) Herausforderung Umweltmanagement, Festschrift, Duncker & Humblot, Berlin

KRAMER M [Ed.] (2003) Internationales und interdisziplinäres Umweltmanagement in Zukunftsmärkten, Gabler -Betriebswirtschaftlicher Verlag, Wiesbaden

KRAMER M, REICHEL M (1998) Internationales Umweltmanagement und europäische Integration, (Studien zum internationalen Innovationsmanagement); Deutscher Universitätsverlag, Wiesbaden

KRCMAR H, DOLD G, FISCHER H, STROBEL M, SEIFERT E K [Ed.] (2000) Informationssysteme für das Umweltmanagement, Oldenbourg Verlag, München [u.a.]

KREIKEBAUM H [Ed.] (1996) Umweltmanagement in mittel- und osteuropäischen Unternehmen, Verlag Wissenschaft & Praxis, Sternenfels [u.a.]

KRINN H, MEINHOLZ H, DREWS A, EPPLER R, FÖRTSCH G, MAI G, MOOSBRUGGER R, SEIFERT E (1997) Einführung eines Umweltmanagementsystems in kleinen und mittleren Unternehmen, Ein Handbuch; Springer Verlag, Berlin etc.

LANDESANSTALT FÜR UMWELTSCHUTZ BADEN-WÜRTTEMBERG, UMWELTMINISTERIUM BADEN-WÜRTTEMBERG (Hrsg.) (1994) Umweltorientierte Unternehmensführung in kleinen und mittleren Unternehmen und in Handwerksbetrieben – Ein Praxisleitfaden, Karlsruhe

LANDESANSTALT FÜR UMWELTSCHUTZ BADEN-WÜRTTEMBERG, UMWELTMINISTERIUM BADEN-WÜRTTEMBERG (Hrsg.) (1995) Umweltmanagementsystem – Ein Modellhandbuch, Karlsruhe

LAXHUBER D, KELNHOFER E, SCHLEMMINGER H (1998) Maßgeschneiderte Umweltmanagementsysteme, C. F. Müller Verlag, Heidelberg

LOEW T (1996) Umweltkennzahlen für das betriebliche Umweltmanagement, IÖW (Institut für ökologische Wirtschaftsforschung gGmbH), Berlin

LOHSE S (2000) Umweltrecht für Umweltmanagement: die „Einhaltung einschlägiger Umweltvorschriften" im Rahmen der Öko-Audit-Verordnung, 5., völlig neu bearb. Auflage, Erich Schmidt Verlag, Berlin

LUTZ U, DÖTTINGER K, ROTH K [Ed.] (2000) Betriebliches Umweltmanagement, 17. Auflage, Springer Verlag, Berlin etc.

MICHAELIS P (1999) Betriebliches Umweltmanagement, (Betriebswirtschaft in Studium und Praxis), Verlag Neue Wirtschafts-Briefe, Herne/Berlin

MINISTERIUM FÜR UMWELT UND VERKEHR BADEN-WÜRTTEMBERG u.a. (Hrsg.) (2001) Der Weg zu EMAS, Ministerium für Umwelt und Verkehr Baden-Württemberg, Stuttgart

MÖLLER C (2000) Umweltlernprozesse in Unternehmen, Waxmann Verlag, Münster [u.a.]

MÜLLER C (1995) Strategische Leistungen im Umweltmanagement, Deutscher Universitätsverlag, Wiesbaden

MÜLLER J, GILCH H, BASTENHORST K O [Ed.] (2001) Umweltmanagement an Hochschulen, VAS-Verlag für Akademische Schriften, Frankfurt am Main

MÜLLER M (2001) Normierte Umweltmanagementsysteme und deren Weiterentwicklung im Rahmen einer nachhaltigen Entwicklung, Studien zu Umweltökonomie und Umweltpolitik; Duncker & Humblot Verlag, Berlin

O'RIORDAN T [Ed.] (1996) Umweltwissenschaften und Umweltmanagement, Springer Verlag, Berlin etc.

ORWAT C (1996) Informationsinstrumente des Umweltmanagements, Angewandte Umweltforschung 3, Analytica Verlagsgesellschaft, Berlin

PETRICK K, EGGERT R (1995) Umweltmanagementsysteme und Qualitätsmanagementsysteme, Carl Hanser Verlag, München

PFAUS R (1996) Betriebliches Umweltmanagement, Bausteine, Methoden und Techniken, Edition Wissenschaft 69, 3 Mikrofiches, Tectum-Verlag, Marburg

PFEIFFER J (2001) Strukturelle Integration von Umweltmanagementsystemen in gewerblichen Betrieben, Hampp Verlag, München

PFRIEM R (1997) Umweltmanagement und Theorie der Unternehmung, Schriftenreihe Allgemeine Betriebswirtschaftslehre, Unternehmensführung, Betriebliche Umweltpolitik 15, Carl von Ossietzky Universität Oldenburg, Oldenburg

PRAMMER K H (1998) Rationales Umweltmanagement, Gabler Verlag, Wiesbaden

ROTTLER J (1999) Ausgewählte Instrumente für das Umweltmanagement von Produktionsunternehmen, Tectum-Verlag, Marburg

SAUER B (1993) Strategische Situationsanalyse im Umweltmanagement, Deutscher Universitätsverlag, Wiesbaden

SCHALTEGGER S, PETERSEN H (2002) Marktorientiertes Umweltmanagement, Universität Lüneburg, Lüneburg

SCHELLENS J, CIND C, ESSER J, FELLER M (1995) Checkliste „Aufbau eines Umweltmanagementsystems", Wirtschaft und Umwelt 8, Gutke Verlag, Köln

SCHIMMELPFENG L (1999) UmweltManagement für Handel, Banken, Versicherungen: Verknüpfung von Ökologie und Ökonomie durch bewährte Systeme für die Praxis, Blottner Verlag, Taunusstein

SCHIMMELPFENG L, HENN S, JANSEN C (Hrsg.) (1997) Integrierte Managementsysteme, Blottner Verlag, Taunusstein

SCHIMMELPFENG L, HENN S, JANSEN C [Ed.] (1998) Integrierte (Umwelt-)Managementsysteme, Blottner Verlag, Taunusstein

SCHMIDT M, SCHWENGLER R (Hrsg.) (2003) Umweltschutz und strategisches Handeln, Gabler Verlag, Wiesbaden

SCHOLZ R W [Ed.] (2001) Erfolgskontrolle von Umweltmaßnahmen, Springer Verlag, Berlin etc.

SCHULZ E, SCHULZ W (1994) Ökomanagement: so nutzen Sie den Umweltschutz im Betrieb, Deutscher Taschenbuch Verlag, München

SCHULZ W, EGGERT C, ENDERS D (1996) Leitfaden Betriebliches Umweltmanagement; AWV Arbeitsgemeinschaft für wirtschaftliche Verwaltung, Arbeitskreis Betriebliches Umweltmanagement, Eschborn

SCHÜTTE M (1998) Umweltmanagement in Hochschulen, Dokumentation der Fortbildungsveranstaltung der HIS Hochschul-Informations-System GmbH Hannover und der Technischen Universität Clausthal vom 09. - 11. Juni 1997 in Clausthal-Zellerfeld, Papierflieger Verlag, Clausthal-Zellerfeld

SCHWADERLAPP R (1999) Umweltmanagementsysteme in der Praxis, Oldenbourg Verlag, München

SEIDEL E [Ed.] (1999) Betriebliches Umweltmanagement im 21. Jahrhundert, Springer Verlag, Berlin etc.

SIETZ M, SONDERMANN W D (1990) Umwelt-Audit und Umwelthaftung: Anleitung zur Risikominimierung, Vorsorge und Produktqualitätssicherung in der Betriebspraxis, Blottner Verlag, Taunusstein

SIETZ M (1996) Umweltbetriebsprüfung und Öko-Auditing, 2., überarb. u. erw. Auflage 1996, Springer Verlag, Berlin etc.

SIETZ M (2001) Umweltmanagementsysteme, Loseblattsammlung, WEKA-Media GmbH, Augsburg

SIMMONS I G (1993) Ressourcen und Umweltmanagement: eine Einführung für Geo-, Umwelt- und Wirtschaftswissenschaftler, Spektrum, Akademischer Verlag, Heidelberg [u.a.]

STAHLMANN V (1994) Umweltverantwortliche Unternehmensführung, Beck Juristischer Verlag, München

STEGER U [Hrsg.] (1997) Handbuch des integrierten Umweltmanagements, Oldenbourg Verlag, München

STEINLE C, REITER F (2002) Ökologieorientiertes Anreiz- und Entwicklungsmanagement für mittelständische Unternehmungen, Erich Schmidt Verlag, Berlin etc.

STIEGER A (1997) Umweltmanagement und betriebliche Realität, Deutscher Universitätsverlag, Wiesbaden

TEMPEL H, SCHMITTEL W [Ed.] (1999) Umweltmanagement in kleinen und mittleren Unternehmen, Verlag Peter Lang, Europäischer Verlag der Wissenschaft, Frankfurt a. M.

THIEM H (2000) Umweltmanagement und Unternehmungserfolg, Deutscher Universitätsverlag, Wiesbaden

TISCHLER K (1998) Betriebliches Umweltmanagement als Lernprozess, Verlag Peter Lang, Europäischer Verlag der Wissenschaft, Frankfurt am Main

UNGER K R (1994) Praxis des Umweltmanagements, Praxiswissen Wirtschaft 11; expert-Verlag, Fachverlag für Wirtschaft und Technik, Renningen

VCH (1995) Das Buch des Umweltmanagements, Von Schitag, Ernst & Young, Wiley-VCH, Weinheim

VDI - Kompetenzfeld Betrieblicher Umweltschutz und Umweltmanagement (Hrsg.) (2001) Wettbewerbssicherung durch zukunftsorientiertes Management, VDI-Berichte 1625, VDI-Verlag, Düsseldorf

VOLLMER S A M (1995) EG-ÖKO-Audit-Verordnung - Umwelterklärung: Anforderungen, Hintergründe, Gestaltungsoptionen, Springer Verlag, Berlin etc.

WASKOW S (1997) Betriebliches Umweltmanagement, 2., neubearb. u. erw. Auflage, C. F. Müller Verlag, Heidelberg

WASSMUTH B (2001) Umwelt-Audit und Umweltmanagement in der industriellen Unternehmung, Verlag Peter Lang, Europäischer Verlag der Wissenschaft, Frankfurt am Main

WEBER F M (1998) Umweltmanagement und Umwelt-Auditing in deutschen Unternehmen, Arbeitspapiere des Instituts für ökologische Betriebswirtschaft; 2., verb. Auflage, Institut für ökologische Betriebswirtschaft e. V., Siegen

WEBER J (Hrsg.) (1997) Umweltmanagement, Schäffer-Poeschel Verlag, Stuttgart

WECKENMANN A (2001) Leitfaden Wirtschaftlichkeit von Qualitäts- und Umweltmanagement-Methoden (WIQUM), Friedrich-Alexander-Universität, Erlangen-Nürnberg

WINTER G (1998) Das umweltbewusste Unternehmen, 6., vollst. neubearb. u. erw. Auflage, Verlag Franz Vahlen, München

WOLTER F (2002) Koordination im internationalen Umweltmanagement, Schriften zu Marketing und Management, Peter Lang Verlag, Europäischer Verlag der Wissenschaft, Frankfurt am Main

WURK H-P, ZESCHMANN E-G (1996) Praxis-Checklisten Öko-Audit, Deutscher Wirtschaftsdienst, Köln

ZENK G (1995) Öko-Audits nach EU-Verordnung, Gabler Verlag, Wiesbaden

9.4 Literaturhinweise zur Entwicklung des Umweltbewusstseins und des Umweltmanagements

Die folgenden Literaturhinweise beziehen sich auf die **Entwicklung des Umweltbewusstseins und des Umweltmanagements** und deren **historische Einordnung** (siehe Abb. 1). Sie stellen eine Auswahl dar und dienen der weiteren Auseinandersetzung mit dem Thema und der Vertiefung des Wissens um die wesentlichen Ereignisse, die zum heutigen Verständnis des Umweltschutzes in Deutschland führten.

Basler Übereinkommen über die Kontrolle der grenzüberschreitenden Verbringung gefährlicher Abfälle und ihrer Entsorgung, **Basler Konvention**, (vom 22. März 1989, Tag des Inkrafttretens 5. Mai 1992; siehe Bundesgesetzblatt II, S. 2704 ff, vom 14. Oktober 1994)

BRÜGGEMEIER F-J, ROMMELSPACHER T (1992) Blauer Himmel über der Ruhr, Klartext Verlag, Essen

CARSON R (1962) Der stumme Frühling, engl. Original: Silent spring, Biederstein Verlag, München

CITES: Convention on International Trade in Endangered Species of Wild, Fauna and Flora (1973) **Washingtoner Artenschutzabkommen**, Beitritt der BRD 1976 (siehe: Gesetz zu dem Übereinkommen vom 3. März 1973 über den internationalen Handel mit gefährdeten Arten freilebender Tiere und Pflanzen (Gesetz zum Washingtoner Artenschutzübereinkommen). Vom 22. Mai 1975. BGBl. II (1975), S. 773-833; Text des Übereinkommens S. 777-833, sowie: Bekanntmachung über das Inkrafttreten des Übereinkommens über den internationalen Handel mit gefährdeten Arten freilebender Tiere und Pflanzen. Vom 3. Juni 1976. BGBl. II (1976), S. 1237-1239)

CORBIN A (1988) Pesthauch und Blütenduft, Fischer Verlag, Frankfurt am Main

DER RAT VON SACHVERSTÄNDIGEN FÜR UMWETLFRAGEN (1978) Umweltgutachten 1978, Deutscher Bundestag, 8. Wahlperiode, Bundestags-Drucksache 8/1978, Bonn

DER RAT VON SACHVERSTÄNDIGEN FÜR UMWETLFRAGEN (1990) Sondergutachten „Altlasten", Deutscher Bundestag, 11. Wahlperiode, Bundestags-Drucksache 11/6191, 3.11.1990, Bonn

Deutscher Bundestag (Hrsg.) (1971) Umweltprogramm der Bundesregierung, Deutscher Bundestag, 6. Wahlperiode, Bundestags-Drucksache VI/2710, Bonn, 14. Oktober 1971

FUCHSLOCH N (1996) Einführung in Methodenfragen der Umweltgeschichte, in: BAYERL G, FUCHSLOCH N, MEYER T (Hrsg.) (1996) Umweltgeschichte (Cottbuser Studien zur Geschichte von Technik, Arbeit und Umwelt 1), Waxmann Verlag, Münster, New York, S. 1-12

FUCHSLOCH N (2003) Technischer Fortschritt und Schutz der Umwelt, in: MASING W, KETTING M, KÖNIG W, WESSEL K-F (Hrsg.) (2003) Qualitätsmanagement - Tradition und Zukunft. Festschrift, Carl Hanser Verlag, München/Wien, S. 99-126

Gesetz über die Beseitigung von Abfällen (**Abfallbeseitigungsgesetz**) (vom 7.6.1972, BGBl. I (1972), S. 873-880, Tag des Inkrafttretens: 11.6.1972)

Gesetz zum Schutz vor schädlichen Bodenveränderungen und zur Sanierung von Altlasten (**Bundes-Bodenschutzgesetz - BBodSchG**) (vom 17. März 1998, BGBl. I (1998), S. 502 ff)

Gesetz zum Schutz vor schädlichen Umwelteinwirkungen durch Luftverunreinigungen, Geräusche, Erschütterungen und ähnliche Vorgänge (**Bundesimmissionsgesetz - BImSchG**) (vom 15. März 1974, BGBl. I, S. 721)

Gesetz zur Ordnung des Wasserhaushalts (**Wasserhaushaltsgesetz - WHG**) (vom 27. Juli 1957, BGBl. I (1957), S. 1110-1118, Tag des Inkrafttretens: 1.3.1959)

GRZIMEK B, GRZIMEK M (1959) Serengeti darf nicht sterben, Ullstein Verlag, Berlin

HENNEKING R (1994) Chemische Industrie und Umwelt, (Zeitschrift für Unternehmensgeschichte, Beiheft 86), Franz Steiner Verlag, Stuttgart

HENSELING K-O (1992) Ein Planet wird vergiftet, Rowohlt Taschenbuch Verlag, Reinbek bei Hamburg

KARL F (1980) Deutsches Immissionsschutzrecht seit 1870 bis zum Bundesimmissionsschutzgesetz 1974, in: Technikgeschichte 47, S. 20-39

KLOEPFER M (1994) Zur Geschichte des deutschen Umweltrechts, (Schriften z. Umweltrecht 50), Duncker & Humblot Verlag, Berlin

KOCH E (1983) Der Weg zum blauen Himmel über der Ruhr, Verlag technisch-wissenschaftliche Schriften, Essen

KÖNIG W (1984) Retrospective Technology Assessment - Technikbewertung im Rückblick, in: Technikgeschichte 51, S. 247-262

MEADOWS D L (1972) Die Grenzen des Wachstums, Bericht des Club of Rome zur Lage der Menschheit, engl. Original: The limits to growth, Deutsche Verlags-Anstalt, Stuttgart

MIECK I (1967) „Aerum corrumpere non licet", in: Technikgeschichte 34, S. 36-78

MIECK I (1989) Industrialisierung und Umweltschutz, in: CALLIESS J, RÜSEN J, STRIEGNITZ M (Hrsg.) (1989) Mensch und Umwelt in der Geschichte, Centaurus Verlagsgesellschaft, Pfaffenweiler, S. 205-227

MITSCHERLICH A (1965) Die Unwirtlichkeit unserer Städte, Suhrkamp Verlag, Frankfurt a.M.

MÜLLER E (1986) Innenwelt der Umweltpolitik, Westdeutscher Verlag, Opladen

PRITTWITZ V VON (1990) Das Katastrophen-Paradox, Leske + Budrich Verlag, Opladen

RADKAU J (1991) Unausdiskutiertes in der Umweltgeschichte, in: HETTLING M, HÜRKAMP C, NOLTE P, SCHMUHL H-W (Hrsg.) (1991) Was ist Gesellschaftsgeschichte? Positionen, Themen, Analysen, Beck Verlag, München, S. 44-57

RAT: ABl. Nr. C 112/1-53 vom 20.12.1973, Erklärung des Rates der Europäischen Gemeinschaften und der im Rat vereinigten Vertreter der Regierungen der Mitgliedstaaten vom 22. November 1973 über ein Aktionsprogramm der Europäischen Gemeinschaften für den Umweltschutz

SCHRAMM E (1991) Kommunaler Umweltschutz in Preußen (1900-1933): Verengung auf Vollzug durch wissenschaftliche Beratung?, in: REULECKE J, CASTELL RÜDENHAUSEN A GRÄFIN ZU (Hrsg.) (1991) Stadt und Gesundheit, Stuttgart, S. 77-90

SIEFERLE R-P (1984) Fortschrittsfeinde? Beck Verlag, München

SONNENBERG S (1968) Hundert Jahre Sicherheit, (Technikgeschichte in Einzeldarstellungen 6), VDI Verlag, Düsseldorf

Technische Anleitung zur Reinhaltung der Luft (**TA Luft**) (vom 8. September 1964, Gemeinsames Ministerialblatt vom 14. September 1964, S. 433)

Vertrag über die Nichtverbreitung von Kernwaffen, **Atomwaffensperrvertrag**, London, Washington, Moskau, (vom 1. Juli 1968, Inkrafttreten am 5. März 1970) (siehe inoffizielle Übersetzung sowie Abdruck in den verbindlichen Sprachen russisch, englisch, französisch, spanisch und chinesisch sowie einer Liste der bis dato ratifizierenden Staaten: GBl.-DDR I (1969), Nr. 9, S. 52-106, dt. S. 52-54)

VESTER F (1978) Unsere Welt, ein vernetztes System (eine internationale Wanderausstellung), Klett-Cotta, Stuttgart

WEY K-G (1982) Umweltpolitik in Deutschland, Westdeutscher Verlag, Opladen

WOLF R (1986) Der Stand der Technik, (Beiträge zur sozialwissenschaftlichen Forschung 75), Westdeutscher Verlag, Opladen

9.5 Literaturhinweise zum Umweltrecht

Folgende Literaturhinweise dienen zum Einfinden in die Materie „**Umweltrecht**". Die Literatur wurde bis zum Stand 1.10.2003 berücksichtigt.

BECK TEXTE im Verlag „DTV": Sammlung von Gesetzestexten mit unterschiedlichen Titeln, z.B. Umweltrecht, Abfallrecht, Naturschutzrecht etc.

BENDER B, SPARWASSER R, ENGEL R (2000) Umweltrecht: Grundzüge des öffentlichen Umweltschutzrechts, 4., völlig neubearb. Aufl., C.F. Müller Verlag, Heidelberg

HOPPE W (2000) Umweltrecht: juristisches Kurzlehrbuch für Studium und Praxis, 2., vollst. überarb. Aufl., Beck Verlag, München

KAHL W, VOSSKUHLE A (Hrsg.) (1995) Grundkurs Umweltrecht, Spektrum Akademischer Verlag, Heidelberg/Berlin/Oxford

KIMMINICH O, LERSNER H VON, STORM P-C (Hrsg.) (1994) Handwörterbuch des Umweltrechts, 2 Bände, 2., überarb. Aufl., Erich Schmidt Verlag, Berlin

KOCH H J (2002) Umweltrecht, Luchterhand Verlag, Neuwied

KOTULLA M (2001) Umweltrecht: Grundstrukturen und Fälle, Boorberg Verlag, Stuttgart

KRÖGER D, KLAUSS I (2001) Umweltrecht: schnell erfaßt, Springer Verlag, Berlin

MEYERHOLT U (2000) Umweltrecht - allgemeiner Teil: eine Einführung, Jur. Seminar, Carl von Ossietzky Universität, Oldenburg

RINKEN A (1979) Aufgabe der Verwaltung - Ziele des Verwaltungshandelns im Hinblick auf den Umgang mit dem Bürger, in: HOFFMANN-RIEM W (Hrsg.) (1979) Bürgernahe Verwaltung? Luchterhand Verlag, Neuwied, Darmstadt, S. 23-69

SCHMIDT R (1999) Einführung in das Umweltrecht, Schriftenreihe der juristischen Schulung, Heft 98, 5., erw. Auflage, C.H. Beck´sche Verlagsbuchhandlung, München

SCHMIDT R, MÜLLER H (2001) Einführung in das Umweltrecht, 6., erw. Aufl., Beck Verlag, München

STORM P-C (2002) Umweltrecht: Einführung, 7., vollst. überarb. und erw. Aufl., Erich Schmidt Verlag, Berlin etc.

STORM P-C (1999) Umweltrecht – wichtige Gesetze und Verordnungen zum Schutz der Umwelt, 12., neubearb. und erw. Aufl., Deutscher Taschenbuch Verlag, München

WAHL R (1981) Entscheidungsprozesse bei Gemeinschaftsaufgaben, in: HOFFMANN-RIEM W (Hrsg.) (1981) Sozialwissenschaften im Öffentlichen Recht, Luchterhand Verlag, Neuwied, Darmstadt, S. 318-336

WOLF J (2002) Umweltrecht, Beck Verlag, München

Literatur- und Quellenverzeichnis 217

9.6 Internetadressen

Stand der Internet-Links ist der 15.10.2003.

Bundesministerium für Umwelt (BMU):

→ Allgemeines zum Öko-Audit: www.bmu.de, Link „Themen von A-Z", „Wirtschaft und Umwelt"
→ deutsche Umweltfachgesetze und -verordnungen: www.bmu.de, Link „Themen von A-Z", „Gesetze und Verordnungen"
→ Umweltförderprogramme: Förderdatenbank des Bundeswirtschaftsministeriums gibt einen vollständigen und aktuellen Überblick über die Förderprogramme des Bundes, der Länder sowie der Europäischen Union: www.bmwi.de/Navigation/Unternehmer/foerderdatenbank.jsp

Umweltgutachterausschuss (UGA):

→ Allgemeines zum Öko-Audit: www.umweltgutachterausschuss.de
→ UAG-Richtlinien zum Download: http://umweltgutachterausschuss.de, Link Richtlinien/Publikationen (UAG-Fachkunderichtlinie, UAG-Aufsichtsrichtlinie, UAG-Prüferrichtlinie, UAG-Zertifizierungsverfahrensrichtlinie, UAG-Lehrgangsrichtlinie)

Umweltbundesamt (UBA):

→ Allgemeines zum Öko-Audit und zu betrieblichen Umweltauswirkungen, einschließlich Datenbank, in verschiedenen Links auf der Homepage des Umweltbundesamtes: www.umweltbundesamt.de

Deutscher Industrie- und Handelstag (DIHT):

Umweltkommunikations- und Umweltinformationssystem der deutschen Industrie- und Handelskammern (IHK), der deutschen Auslandshandelskammern (AHK) und des Deutschen Industrie- und Handelskammertages (DIHK): www.ihk-umkis.de
→ IHK-Plattform zum EU-Öko-Audit: http://www.ihk-umkis.de/emas2/index.html - allgemeines zu EMAS
→ Liste der zugelassenen Umweltgutachter: www.ihk-umkis.de/gutachter/dau/index.html
→ Umweltmessen: www.ihk-umkis.de/umweltmessen/index.htm

Deutsche Akkreditierungs- und Zulassungsgesellschaft für Umweltgutachter mbH (DAU):

→ Zulassungsregister für Umweltgutachter: www.ihk.de, Link „Innovation und Umwelt", „Umweltberatung", „Öko-Audit"

Europäische Union:

→ EMAS-Helpdesk der EU und Informationen zu EMAS: http://europa.eu.int/comm/environment/emas/index_en.htm
→ EMAS II und die anderen EU- Rechtsverordnungen bei der EU: http://europa.eu.int/comm/environment/emas/documents/legislative_en.htm

weitere Links zum Thema „Umwelt", u.a.:

→ online-Datenbanken
→ allgemeine Portale
→ das Internetportal, bei dem sie Umweltschutz und Entwicklungshilfe ohne Aufwand leisten: www.nexxt.ag

10 Anhang

10.1 Anhang 1: Informationsquellen zu „Umwelt" - eine Auswahl

1. Internationale Organisationen, u.a.:
- Europäische Kommission, Brüssel/Belgien
- UN-Organisationen, u.a. WHO (New York), FAO (Rom), UNCED (Nairobi), UNIDO (Wien)
- Weltbank, Washington/USA

2. Nationale Organisationen, u.a.:[1]
- Bundesamt für Umwelt, Wald und Landschaft, Bern/Schweiz
- Bundesministerium für Umwelt (Berlin) sowie Ministerien für verschiedene Ressorts (Berlin)
- Deutsche Bundesstiftung Umwelt, Osnabrück
- Deutsches Institut für Normung e.V., Berlin
- Enquete-Kommissionen des Bundestages, Berlin
- Gerichte
- Gesetzgebende Institutionen: Deutscher Bundestag (Berlin), Länderparlamente
- Kommunen
- Landesministerien für „Umwelt" sowie Ministerien für verschiedene Ressorts
- Rat von Sachverständigen für Umweltfragen, Berlin
- Statistisches Bundesamt, Wiesbaden
- Umweltbundesamt (Berlin), Landesämter für „Umweltschutz"
- United States Environmental Protection Agency (EPA), Washington/USA

3. Non Governmental Organizations (NGO's)

3.1. „klassische" Umweltinstitute, u.a.:
- Institut für Energie- und Umweltforschung (IFEU), Heidelberg
- Institut für ökologische Wirtschaftsforschung (IÖW), Heidelberg
- Ökoinstitut, Freiburg/Darmstadt
- Rocky Mountain Institute, Snowmass/Colorado/USA
- WorldWatch Institute, Washington/USA
- Wuppertal Institut für Klima Umwelt Energie, Wuppertal

3.2. Umweltverbände, u.a.:
- Bund für Umwelt- und Naturschutz (BUND), Bonn/Berlin
- Deutscher Naturschutzring (DNR), Bonn/Berlin
- Greenpeace, Hamburg
- World Wild Fond for Nature (WWF), Frankfurt

---

[1] Zudem siehe Kap. 9.6.

3.3. Verbände und weitere Non Governmental Organizations, u.a.:
- Attac, Frankfurt
- Deutscher Industrie- und Handelstag (DIHT), Bonn, und alle lokalen IHK und HWK
- Fachverbände, z.B. Verband der chemischen Industrie (VCI), Frankfurt
- Gesellschaft Deutscher Chemiker (GdCh), Frankfurt
- Gewerkschaften
- Kirchen
- Society for the Promotion of Life Cycle Assessment (SPOLD), Brüssel/Belgien
- Stiftung Warentest, Berlin
- Verein Deutscher Ingenieure (VDI), Düsseldorf

4. Forschungseinrichtungen, u.a.:
- Centrum voor Milieukunde, Leiden/Niederlande
- Danish Technological Institute, Taastrup/Dänemark
- Eidgenössische Materialprüfungs- und Versuchsanstalt für Industrie, Bauwesen und Gewerbe (EMPA), St. Gallen/Schweiz
- Fraunhofer-Institute, verschiedene Standorte
- GSF-Forschungszentrum für Umwelt und Gesundheit, Neuherberg
- Swedish Environmental Research Institut (IVL), Stockholm/Schweden
- Universitäten/Fachhochschulen, dabei Institute und Einzelpersonen

5. Unternehmen, u.a.:
- Anbieter von innovativer Umwelttechnik, einschließlich Logistik
- Anbieter von umweltverträglichen Produkten und Dienstleistungen
- Branchenkonkurrenten
- Gutachter und Beratungsdienstleister
- Unternehmen der „klassischen" Umwelttechnik bzw. des „klassischen" Anlagenbaus

10.2 Anhang 2: Arten der Informationsbeschaffung - eine Auswahl

1. Medienrecherche, u.a.:
- Fachbücher, Handbücher, Lexika
- Fachzeitschriften
- Zeitungen (lokale und überregionale)
- Informations-Dienste
- Adressbücher
- Branchenhandbücher
- Bezugsquellenverzeichnisse
- Internet

2. Veranstaltungsbesuche, u.a.:
- Messen
- Ausstellungen
- Kongresse
- Symposien
- Workshops

3. Schriftliche und mündliche Anfragen an Organisationen

4. Besuche bei und von Organisationen (u.a. Lieferanten, Abnehmer)

5. Unternehmensdatenabfrage, u.a.:
- Geschäftsberichte
- Umwelterklärungen
- Kataloge
- Prospekte
- Preislisten
- Hausinformationen

10.3 Anhang 3: Wesentliche umweltrelevante Gesetze/Verordnungen etc. – eine Auswahl

Die **Rechtsquellen**, aus denen sich der umweltrechtliche Rahmen für Unternehmen ableitet, sind sehr vielfältig. Sie sind in Abbildung 39 dargestellt.

Abbildung 39: Rechtsquellen des Umweltrechts*

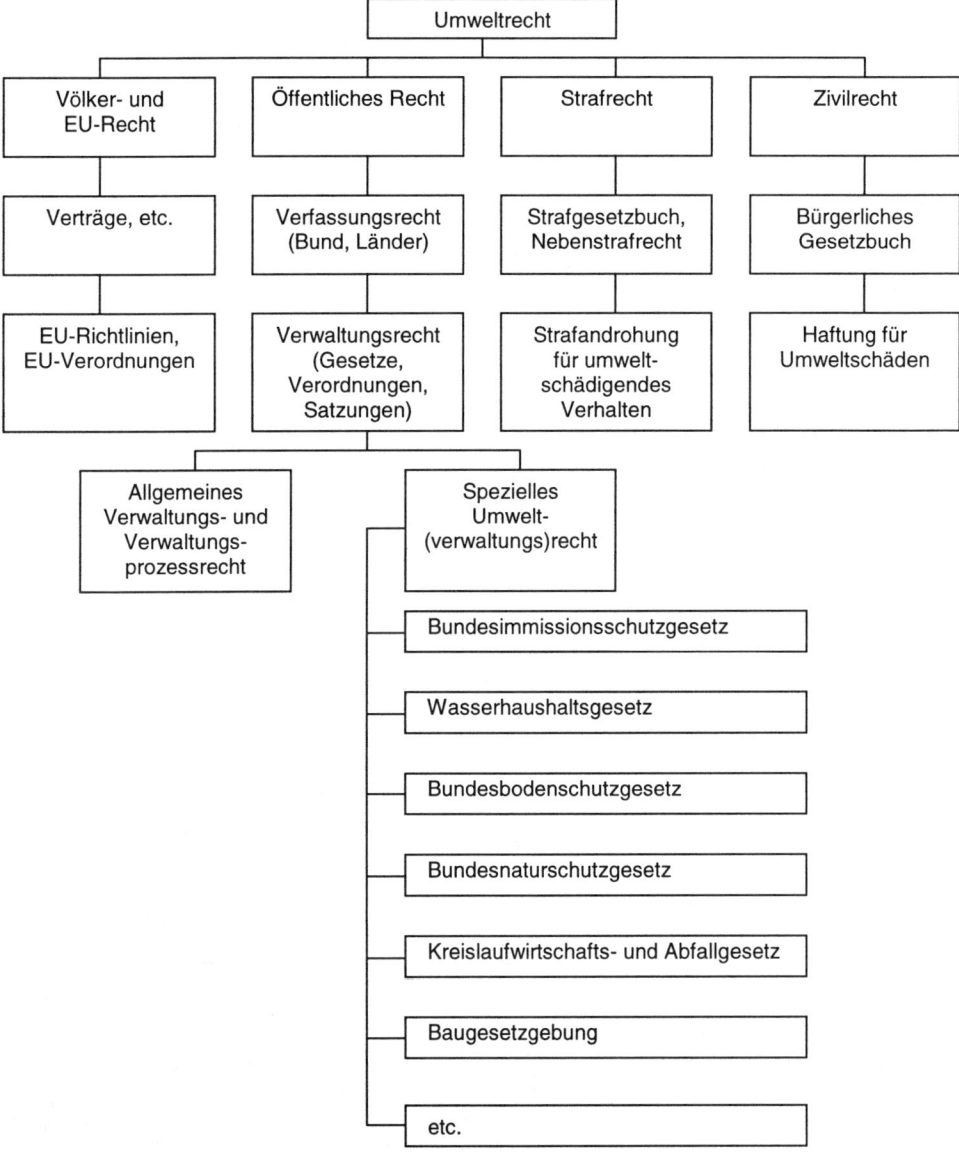

* verändert nach OBERRRATH/HAHN, 2000:28

Neben dem **speziellen Umweltrecht** weist für die Unternehmen auch das nicht umweltspezifische **Verwaltungsrecht**, insbesondere das Verwaltungsverfahrensgesetz, besondere Relevanz auf, z.B. im Rahmen von Genehmigungsverfahren bezüglich der Einhaltung von Fristen. Zudem können allgemeine und spezielle **zivil- und strafrechtliche Regelungen** zur Anwendung kommen, u.a. im Rahmen umweltgefährdender Abfallbeseitigung oder bei der Verursachung von Störfällen.

Bei der bundesdeutschen speziellen umweltrechtlichen Rechtsetzung standen der Schutz der Umweltmedien Luft, Gewässer, Boden, der Natur sowie ein stofforientierter Ansatz im Vordergrund (siehe hierzu die Literaturhinweise zum Umweltrecht, Kap. 9.5). Die folgende Auswahl an wesentlichen, vom Unternehmen einzuhaltenden umweltschutzrelevanten Gesetzen, Verordnungen etc. ist deshalb in dieser Reihenfolge aufgeführt. Erst allmählich setzen sich medienübergreifende Gesetze durch.

Gesetz zum Schutz vor schädlichen Umwelteinwirkungen durch Luftverunreinigungen, Geräusche, Erschütterungen und ähnliche Vorgänge (**Bundesimmissionsschutzgesetz - BImSchG**) (idF der Bekanntmachung vom 26.09.2002, BGBl. I S. 3830, geändert m.W.V. 01.02.2003 durch G v. 21.08.2002, BGBl. I S. 3322)

Verordnungen zum Bundesimmissionsschutzgesetz – **Bundesimmissionsschutzverordnungen (BImSchV)**:

Verordnung über kleine und mittlere Feuerungsanlagen - 1. BImSchV (idF der Bek. vom 14. März 1997, BGBl. I S. 490, zuletzt geändert durch Art. 3 UVP-ÄnderungsrichtlinienumsetzungG v. 27.07.2001, BGBl. I S. 1950)

Verordnung zur Emissionsbegrenzung von leichtflüchtigen halogenierten organischen Verbindungen - 2. BImSchV (vom 10. Dezember 1990, BGBl. I S. 2694, zuletzt geändert durch Art. 2 VO zur Umsetzung der Richtlinie 1999/13/EG über die Begrenzung von Emissionen flüchtiger organischer Verbindungen v. 21.08.2001, BGBl. I S. 2180)

Verordnung über genehmigungsbedürftige Anlagen - 4. BImSchV (idF der Bek. vom 14. März 1997, BGBl. I S. 504, zuletzt geändert durch Art. 2 ImmissionsschutzÄndVO v. 06.05.2002, BGBl. I S. 1566)

Verordnung über Immissionsschutz- und Störfallbeauftragte - 5. BImSchV (vom 30. Juli 1993, BGBl. I S. 1433, zuletzt geändert durch Art. 2 Siebtes Euro-EinführungsG v. 09.09.2001, BGBl. I S. 2331)

Verordnung über das Genehmigungsverfahren - 9. BImSchV (idF der Bek. vom 29. Mai 1992, BGBl. I S. 1001, zuletzt geändert durch Art. 3 VO über den Versatz von Abfällen unter Tage und zur Änd. Von Vorschriften zum Abfallverzeichnis v. 24.07.2002, BGBl. I S. 2833)

Emissionserklärungsverordnung - 11. BImSchV (vom 12. Dezember 1991, BGBl. I S. 2213 zuletzt geändert durch Art. 2 Vierte GefahrenstoffVO-ÄndVO v. 18.10.1999, BGBl. I S. 2059)

Störfall-Verordnung - 12. BImSchV (vom 26. April 2000, BGBl. I S. 603)

Verordnung über Großfeuerungsanlagen - 13. BImSchV (vom 22. Juni 1983, BGBl. I S. 719, geänd. Durch Art. 6 Zweites ZuständigkeitslockerungsG v. 03.05.2000, BGBl. I S. 632)

Verordnung über Verbrennungsanlagen für Abfälle und ähnliche brennbare Stoffe - 17. BImSchV (vom 23. November 1990, BGBl. I S. 2545, ber. S. 2832) zuletzt geändert durch Art. 6 UVP-ÄnderungsrichtlinienumsetzungsG v. 27.07.2001, BGBl. I S. 1950)

Verordnung über Immissionswerte für Schadstoffe in der Luft - 22. BImSchV (vom 11. September 2002, BGBl. I S. 3626)

Verordnung über Anlagen zur biologischen Behandlung von Abfällen - 30. BImSchV (vom 20. Februar 2001, BGBl. I S. 305)

Verordnung zur Begrenzung der Emissionen flüchtiger organischer Verbindungen bei der Verwendung organischer Lösemittel in bestimmten Anlagen - 31. BImSchV (vom 21. August 2001, BGBl. I S. 2180)

Erste Allgemeine Verwaltungsvorschrift zum Bundesimmissionsschutzgesetz (**Technische Anleitung zur Reinhaltung der Luft - TA Luft**) (vom 24.07.2002, GMBl. S. 511)

Sechste Allgemeine Verwaltungsvorschrift zum Bundesimmissionsschutzgesetz - **Technische Anleitung zum Schutz gegen Lärm (TA Lärm)** (16.7.1968, BAnz. Nr. 137 (Beilage)), idF vom 26.08.1998, GMBl. S. 503

Erste Allgemeine Verwaltungsvorschrift zur Störfall-Verordnung (**1. StörfallVwV**) (vom 20. September 1993, GMBl. S. 582, ber. GMBl. 1994 S. 820)

Zweite Allgemeine Verwaltungsvorschrift zur Störfall-Verordnung (**2. StörfallVwV**) (vom 27. April 1982, GMBl. S. 203; 1993 S. 582)

Gesetz zur Ordnung des Wasserhaushalts (**Wasserhaushaltsgesetz - WHG**) (idF der Bekanntmachung vom 19.08.2002, BGBl. I S. 3245)

Gesetz über Abgaben für das Einleiten von Abwasser in Gewässer (**Abwasserabgabengesetz - AbwAG**) (13.9.1976, idF der Bekanntmachung vom 03.11.1994, BGBl. I S. 3370, zuletzt geändert durch G v. 09.09.2001, BGBl. I S. 2331)

Verordnung über Anforderungen an das Einleiten von Abwasser in Gewässer (**Abwasserverordnung - AbwV**) (idF der Bekanntmachung vom 15.10.2002, BGBl. I S. 4047, ber. S. 4550)

Indirekteinleiterverordnungen auf kommunaler Ebene, jeweilige Amtsblätter

Verordnung über die Qualität von Wasser für den menschlichen Gebrauch (**Trinkwasserverordnung - TrinkwV**) (vom 21.05.2001, BGBl. I S. 959)

Raumordnungsgesetz (ROG) (8.4.1965, idF vom 18.08.1997, BGBl. I S. 2081, 2102, geändert durch Art. 3 G v. 15.12.1997, BGBl. I S. 2902)

Gesetz zum Schutz vor schädlichen Bodenveränderungen und zur Sanierung von Altlasten (**Bundesbodenschutzgesetz - BBodSchG**) (vom 17.03.1998, BGBl. I S. 502, geändert durch G v. 09.09.2001, BGBl. I S. 2331)

Gesetz über Naturschutz und Landschaftspflege (**Bundesnaturschutzgesetz - BNatSchG**) (vom 25.03.2002, BGBl. I S. 1193)

Gesetz zur Förderung der Kreislaufwirtschaft und Sicherung der umweltverträglichen Beseitigung von Abfällen (**Kreislaufwirtschafts- und Abfallgesetz - KrW-/AbfG**) (vom 27.09.1994, BGBl. I S. 2705, zuletzt geändert durch G v. 21.08.2002, BGBl. I S. 3322)

Verordnung über die Vermeidung und Verwertung von Verpackungsabfällen (**Verpackungsverordnung - VerpackV**) (vom 21.08.1998, BGBl. I S. 2379, zuletzt geändert durch VO v. 15.05.2002, BGBl. I S. 1572)

Verordnung über Anforderungen an die Verwertung und Beseitigung von Altholz (**Altholzverordnung - AltholzV**) (vom 15.08.2002, BGBl. I S. 3302)

Verordnung über die Erzeugung von Strom aus Biomasse (**Biomasseverordnung - BiomasseV**) (vom 21.06.2001, BGBl. I S. 1234)

Klärschlammverordnung (AbfKlärV) (15.04.1992, BGBl. I S. 912, zuletzt geändert durch Art. 2 Abfallnachweis-ÄndVO v. 25.04.2002, BGBl. I S. 1488)

Zweite allgemeine Verwaltungsvorschrift zum Abfallgesetz (**TA Abfall - Teil 1**: Technische Anleitung zur Lagerung, chemisch/physikalischen, biologischen Behandlung, Verbrennung und Ablagerung von besonders überwachungsbedürftigen Abfällen) (10.04.1990, idF der Bekanntmachung vom 12.03.1991, GMBl. S. 139, ber. S. 469)

Dritte allgemeine Verwaltungsvorschrift zum Abfallgesetz (**TA Siedlungsabfall** - Technische Anleitung zur Verwertung, Behandlung und sonstigen Entsorgung von Siedlungsabfällen) (vom 14.05.1993, BAnz. Nr. 99a S. 1)

Verordnung über die umweltverträgliche Ablagerung von Siedlungsabfällen (**Abfallablagerungsverordnung – AbfAblV**) (vom 20.02.2001, BGBl. I S. 305, geändert durch VO v. 24.07.2002, BGBl. I S. 2807)

Verordnung über die Entsorgung von gewerblichen Siedlungsabfällen und von bestimmten Bau- und Abbruchabfällen (**Gewerbeabfallverordnung – GewAbfV**) (vom 19.06.2002, BGBl. I S. 1938)

Altölverordnung (**AltölV**) (idF der Bekanntmachung vom 16.04.2002, BGBl. I S. 1368)

Bedarfsgegenständeverordnung (10.4.1992, BGBl. I. S. 866, neugefasst durch Bekanntmachung v. 23.12.1997; 1998 I 5; zuletzt geändert durch Art. 1 V v. 07.04.2003, BGBl. I S. 486)

Gesetz zum Schutz vor gefährlichen Stoffen (**Chemikaliengesetz - ChemG**) (idF der Bekanntmachung vom 20.06.2002, BGBl. I S. 2090, zuletzt geändert durch G v. 06.08.2002, BGBl. I S. 3082)

Verordnung zum Schutz vor gefährlichen Stoffen (**Gefahrstoffverordnung - GefStoffV**) (idF der Bekanntmachung vom 15.11.1999, BGBl. I S. 2233, ber. 2000 I S. 739, zuletzt geändert durch VO v. 15.10.2002, BGBl. I S. 4123)

Verordnung über Verbote und Beschränkungen des Inverkehrbringens gefährlicher Stoffe, Zubereitungen und Erzeugnisse nach dem Chemikaliengesetz (**Chemikalienverbotsverordnung - ChemVerbotsV**) (idF der Bekanntmachung vom 19.07.1996, BGBl. I S. 1151, zuletzt geändert durch VO v. 15.10.2002, BGBl. I S. 4123)

Verordnung zum Verbot von bestimmten die Ozonschicht abbauenden Halogenkohlenwasserstoffen (**FCKW-Halon-Verbots-Verordnung**) (vom 06.05.1991, BGBl. I S. 1090, zuletzt geändert durch Art. 398 Siebente Zuständigkeitsanpassungs-VO vom 29.10.2001, BGBl. I S. 2785)

Gesetz über den Verkehr mit Arzneimitteln (**Arzneimittelgesetz - AMG**) (vom 24.08.1976, BGBl. I S. 2445/2448)

Gesetz zum Schutz der Kulturpflanzen (**Pflanzenschutzgesetz - PflSchG**) (idF der Bekanntmachung vom 14.05.1998, BGBl. I S. 971, ber. S. 1527, 3512, zuletzt geändert durch G v. 06.08.2002, BGBl. I S. 3082)

Düngemittelgesetz (**DMG**) (vom 15.11.1977, BGBl. I S. 2134, zuletzt geändert durch VO v. 29.10.2001, BGBl I S. 2785)

Baugesetzbuch (**BauGB**) (neugefasst durch Bekanntmachung v. 27.08.1997, BGBl. I S. 2141, zuletzt geändert durch Art. 12 G v. 23.07.2002, BGBl. I S. 2850)

Gesetz zur Einsparung von Energie in Gebäuden (**Energieeinsparungsgesetz - EnEG**) (vom 22.07.1976, BGBl. I S. 1873, zuletzt geändert durch G v. 10.11.2001, BGBl. I S. 2992)

Verordnung über einen energiesparenden Wärmeschutz bei Gebäuden (**WärmeschutzV**) (16.08.1994, BGBl. I S. 2121)

Anforderungen an heizungstechnische Anlagen und Warmwasseranlagen (**Heizungsanlagen-Verordnung - HeizAnlV**) (vom 26.01.1989, BGBl. I S.121, neugefasst vom 04.05.1998, BGBl. I S. 851)

Gesetz über die Umweltverträglichkeitsprüfung (**Umweltverträglichkeitsprüfungsgesetz - UVPG**) (idF der Bekanntmachung vom 05.09.2001, BGBl. I S. 2350, zuletzt geändert durch G v. 18.06.2002, BGBl. I S. 1914)

Gesetz über die friedliche Verwendung der Kernenergie und den Schutz gegen ihre Gefahren (**Atomgesetz**) (23.12.1959, idF der Bekanntmachung vom 15.7.1985, BGBl. I S.1565, zuletzt geändert durch G v. 21.08.2002, BGBl. I S. 3322)

Gesetz zum vorsorgenden Schutz der Bevölkerung gegen Strahlenbelastungen (**Strahlenschutzvorsorgegesetz**) (vom 19.12.1986, BGBl. I S. 2610, zuletzt geändert durch G v. 14.12.2001, BGBl. I S. 3714)

Verordnung über den Schutz vor Schäden durch ionisierende Strahlen (**Strahlenschutzverordnung - StrlSV**) (13.10.1976, idF vom 20.07.2001, BGBl. I S. 1714, geändert durch Art. 2 V v. 18.06.2002, BGBl. I S. 1869)

Gesetz zur Regelung der Gentechnik (**Gentechnikgesetz - GenTG**) (20.06.1990, idF der Bekanntmachung vom 16.12.1993, BGBl. I S. 2066, zuletzt geändert durch G v. 16.08.2002, BGBl. I S. 3220)

Umweltinformationsgesetz (**UIG**) (idF der Bekanntmachung vom 23.08.2001, BGBl. I S. 2218)

Gesetz über die Umwelthaftung (**Umwelthaftungsgesetz - UmweltHG**) (vom 10.12.1990, BGBl. I S. 2634, geändert durch G v. 19.07.2002, BGBl. I S. 2674)

Gesetz über die Haftung für fehlerhafte Produkte (**Produkthaftungsgesetz - ProdHaftG**) (15.12.1989, BGBl. I S.2198, zuletzt geändert durch Art. 9, Abs. 3 G v. 19.07.2002, BGBl. I S. 2674)

Verwaltungsverfahrensgesetz (**VwVfG**) (vom 25.05.1976, BGBl. I S. 1253, neugefasst durch Bek. V. 23.01.2003, BGBl. I S. 102)

10.4 Anhang 4: Vorschlag einer Checkliste zur Dokumentation der Implementierungsschritte eines Umweltmanagements nach EMAS bzw. zur Verwendung im Rahmen der Umweltbetriebsprüfung

Elemente nach EMAS	Inhalte des Elements bzw. dessen Ausführung*	Anforderung (auch als Dokument) erfüllt			Bemer-kungen***
		ja	unvoll-ständig**	nein	
Umwelt-politik	angemessen				
	schriftlich vorliegend				
	veröffentlicht				
	...				
	Zusammenhang Umweltpolitik/-programm/-managementsystem				
	Einordnung Umweltschutz im Verhältnis zu anderen Unternehmenszielen				
	Einhaltung der rechtlichen Vorschriften				
	kontinuierliche Verbesserung				
	...				
Umwelt-prüfungs-verfahren	Festlegung der Ziele				
	Festlegung von Ressourcen				
	Festlegung/Gewährleistung der Qualifikation				
	...				
Umwelt-prüfung - Inhalte	Abgrenzung des Standorts				
	Erfassung aller umweltrelevanten Bereiche				
	Ermittlung aller Umweltauswirkungen				
	- Energieeinsatz				
	- Materialeinsatz/Abfallanfall				
	...				
Umwelt-pro-gramm	quantitative Zielformulierung für				
	- Energieeinsatz				
	- Materialeinsatz/Abfallanfall				
	...				
	qualitative Zielformulierung für				
	....				
Umwelt-manage-mentsys-tem/Um-welt-manage-ment-hand-buch	Sind alle Kapitel des Umweltmanagement-handbuchs vorhanden, im einzelnen				
	- Kap. 1				
	- Kap. 2				
	...				
	- Kap. „Übergeordnete Managementaufgaben"				
	- Auflistung jeder übergeordneten Managementaufgabe, im einzelnen				
	- ...				
	- ...				
	- Erstellen der Verantwortungsmatrix				
	- Erstellen der Dokumentenmatrix				
	- ...				
	- ein Kapitel für jeden umweltrelevanten Bereich				
	- Bereich 1, mit allen Aspekten				
	- Bereich 2, mit allen Aspekten				
	- ...				

Umwelt-betriebs-prüfungs-verfahren	Voraussetzungen				
	- Umweltpolitik vorhanden				
	- Umweltprogramm vorhanden				
	- Umweltmanagementsystem vorhanden				
	Festlegung der Ziele				
	Festlegung des Umfangs				
	Festlegung von Ressourcen				
	...				
Umwelt-betriebs-prüfung - Inhalte	Einhaltung jeder umweltrelevanten Tätigkeit hinsichtlich Verantwortlichkeiten				
	Einhaltung der Dokumentation				
	Einhaltung der Verfahrensanweisungen				
	...				
Umwelt-erklärung	gedruckt				
	verständlich, klar etc.				
	Inhalte begründet				
	...				
	Vorwort				
	Unternehmens-**** und Standortbe-schreibung				
	Umweltpolitik				
	...				
Validie-rung	Zulassung nach NACE-Code				
	schriftliche Vereinbarung mit ihren Inhalten				
	kein Abhängigkeitsverhältnis				
	...				
Eintra-gung in das Standort-register	Aspekte der Übermittlung				

* die weiteren Inhalte bzw. deren Ausführung sind Kap. 4.1.1 - 4.1.8 zu entnehmen
** bzw. teilweise umgesetzt
*** hier sind Anmerkungen zu den einzelnen Inhalten aufzuführen, z.B. Lücken, Mängel, Fehler
**** eigentlich Organisationsbeschreibung

10.5 Anhang 5: Vorschlag einer Checkliste zur Dokumentation der Implementierungsschritte eines Umweltmanagements nach DIN EN ISO 14001 bzw. zur Verwendung im Rahmen des Umweltmanagementsystem-Audits

Elemente nach DIN EN ISO 14001	Inhalte des Elements bzw. dessen Ausführung*	Anforderung (auch als Dokument) erfüllt ja	unvollständig**	nein	Bemerkungen***
Umweltpolitik	angemessen				
	schriftlich vorliegend				
	veröffentlicht				
	...				
	Zusammenhang Umweltpolitik/-programm/-managementsystem				
	Einordnung Umweltschutz im Verhältnis zu anderen Unternehmenszielen				
	Einhaltung der rechtlichen Vorschriften				
	kontinuierliche Verbesserung				
	...				
Ermittlung der Umweltauswirkungen****	Abgrenzung des Standorts				
	Erfassung aller umweltrelevanten Bereiche				
	Ermittlung von einzelnen Umweltauswirkungen				
	...				
Umweltziele	quantitative Zielformulierung für einzelne Umweltauswirkungen				
	qualitative Zielformulierung für				
Umweltmanagementsystem/Umweltmanagementhandbuch	Sind alle Kapitel des Umweltmanagementhandbuchs vorhanden, im einzelnen				
	- Kap. 1				
	- Kap. 2				
	...				
	- Kap. „Übergeordnete Managementaufgaben"				
	- Auflistung jeder übergeordneten Managementaufgabe, im einzelnen				
	- ...				
	- ...				
	- Erstellen der Verantwortungsmatrix				
	- Erstellen der Dokumentenmatrix				
	- ...				
	- ein Kapitel für jeden umweltrelevanten Bereich				
	- Bereich 1, mit allen Aspekten				
	- Bereich 2, mit allen Aspekten				
	- ...				
Umweltmanagementsystem-Audit	Voraussetzungen				
	- Umweltpolitik vorhanden				
	- Umweltziele vorhanden				
	- Umweltmanagementsystem vorhanden				
	Festlegung der Ziele				

(Umweltbetriebsprüfungsverfahren)	Festlegung des Umfangs				
	Festlegung von Ressourcen				
	...				
Umweltmanagementsystem-Audit - Inhalte	Einhaltung jeder umweltrelevanten Tätigkeit hinsichtlich Verantwortlichkeiten				
	Einhaltung der Dokumentation				
	Einhaltung der Verfahrensanweisungen				
	...				
Zertifizierung	Zulassung für die Branche				
	schriftliche Vereinbarung mit ihren Inhalten				
	kein Abhängigkeitsverhältnis				
	...				
Übergabe des Zertifikats	Aspekte der Übergabe				

* die weiteren Inhalte bzw. deren Ausführung sind Kap 4.1.1 – 4.1.8 zu entnehmen

** bzw. teilweise umgesetzt

*** hier sind Anmerkungen zu den einzelnen Inhalten aufzuführen, z.B. Lücken, Mängel, Fehler

**** auch wenn die Umweltauswirkungen nicht systematisch erfasst werden müssen, ist streng genommen auch bei DIN EN ISO 14001 ein Umweltprüfungsverfahren analog EMAS notwendig

10.6 Anhang 6: Vorschlag für die Gestaltung von Interviewleitfäden für die Umweltbetriebsprüfung bzw. für das Umweltmanagementsystem-Audit

Allgemeine Angaben:

Befragte Person: Herr/Frau	Abteilung:
Aufgabe/Tätigkeit:	Qualifikation:
	umweltspezifische Qualifikation:
Interviewer:	Datum: Zeit: von bis

Allgemeine Fragen:

Frage	Antwort	Bemerkungen[*]
Kennen Sie die Umweltpolitik des Unternehmens? Erläutern Sie einige Leitlinien.		
Kennen Sie die abteilungsspezifischen Umweltziele? Erklären Sie einige Ziele.		
Wie sind Ihnen die Umweltpolitik und die Umweltziele bekannt gemacht und erklärt worden?		
Was ist ein Umweltmanagementsystem?		
...		

Spezifische Fragen bezogen auf die Tätigkeit:[**]

Frage	Antwort	Bemerkungen[*]
Welche Umweltauswirkungen hat Ihre Tätigkeit?		
Welche Umweltauswirkungen treten ein, wenn Sie Ihre Tätigkeit nicht oder fehlerhaft erledigen?		
Welche Änderungen bewirkte die Einführung des Umweltmanagementsystems für Sie?		
Welche umweltrechtlichen Bedingungen haben Sie einzuhalten?		
Welche Regelungen haben Sie einzuhalten bzgl. Der festgelegten Verantwortung?		
Welche Regelungen haben Sie einzuhalten bzgl. Der Dokumentenlenkung?		
Sind die Umweltverfahrens- und Umweltarbeitsanweisungen verständlich?		
Haben Sie Zugang zu den Anweisungen für die Gefahrstoffe?		
Ist Ihnen das Vorgehen bei Störfällen/Notfällen bekannt?		
Welche Optimierungsmöglichkeiten sehen Sie für die Abläufe?		
Wenn Sie Vorschläge haben zur Verbesserung des Umweltschutzes, der Verfahrenstechnik, der Organisation etc. haben, an wen wenden Sie sich?		
Welche Weiterqualifikationen (fachlich, umweltspezifisch) führen Sie durch bzw. erhalten Sie?		
Welche Weiterqualifikation würden Sie sich wünschen?		
...		

[*] hier sind Anmerkungen des Interviewers einzutragen, z.B. Widersprüche bei der Beantwortung, mögliche Rückfragen, Bewertungen der Antworten.

[**] diese Fragen sind typisch im Rahmen der Überprüfung einer Organisationseinheit, z.B. der Produktion. Für die „übergeordneten Managementaufgaben" sind diese Fragen entsprechend anzupassen.

10.7 Anhang 7: Maßnahmen zur Erhöhung der umweltspezifischen Qualifikation der Beschäftigten - eine Auswahl

Maßnahmenbereich	Beispiele für Maßnahmen
(Erst-)Ausbildung	Umweltschutz als Thema bei der Einführung der Auszubildenden
	Integration von Umweltthemen in die berufsfachliche Ausbildung, z.B. durch - Ergänzung der Ausbildung um unternehmensspezifische Sachverhalte - Ergänzung durch praxisnahe unternehmensspezifische Demonstrationen - Erweiterung der didaktisch-methodischen Konzepte (z.B. Exkursionen, Planspiele, Vermittlung von aktivem Informationsverhalten)
	Angebot von Sonderveranstaltungen für Auszubildende, z.B. „Meckerstunden" mit Teilnahme der Geschäftsführung, des Ausbilders etc.
	...
(schriftliche) Informationen	Umweltseite oder -rubrik in der Firmen- bzw. Mitarbeiterzeitung
	Umweltinformationen bei den Gehaltsabrechnungen
	Faltblätter zu spezifischen Themen
	Verteilen der Umwelterklärung bzw. der Umweltberichte
	Umweltabteilung in der Firmenbibliothek
	...
on the job	Unterweisungen in unternehmensspezifischen Umweltthemen
	Besprechungen mit umweltkompetenten Mitarbeitern, z.B. Umweltbeauftragter, Umweltvorstand, Meistern
	Gruppenarbeiten zu unternehmensspezifischen Umweltthemen
	Projektarbeiten zu unternehmensspezifischen Umweltthemen
	Beobachtung/Teilnahme an Umweltprüfungen bzw. -betriebsprüfungen als interne Schulung
	umweltorientiertes Vorschlagswesen
	Teilnahme am unternehmensinternen Umweltausschuss
	...
near bzw. off the job	Vorträge zu Umweltthemen durch interne/externe Referenten
	Seminare
	Tagungen
	Fachlehrgänge
	Umwelt-Workshops
	Umweltfachmessen
	Erfahrungsaustauschgruppen oder Umwelt-Qualitätszirkel
	Betriebsbegehungen/Werksbesichtigungen
	Natur-Erlebnisseminare
	...
weitere umweltbezogene soziale und sonstige Aktivitäten	Mitwirkung des Unternehmens bei der Gestaltung der Ausbildungspläne hinsichtlich Integration von Umweltthemen
	Vorbildcharakter des (Top)Managements z.B. bei der Wahl des Verkehrsmittels zur täglichen Anfahrt, bei Dienstreisen etc.
	Tag der offenen Tür mit Umwelt-Infostand
	Betriebsausflüge zu umweltorientierten bzw. nachhaltigen Zielen, z.B. Naturschutzgebiete, Architektur etc.
	...

Stichwortverzeichnis

Alarmplan 95
Amortisationsrechnung 167
Amortisationszeit 167, 194
Arbeitsplatzbelastungen 74, 75
Arbeitsschutzmanagement 93, 130
Bedrohung 9, 142, 193
Bedürfnisse 13, 145, 146, 147
Benchmarking 139, 180
Biodiversität 38, 45, 54, 56, 69, 71
Biotop 71
Business Re-Engineering 103
Checkliste 29, 30, 43, 108, 226, 228
Demontageplanung 154
Design 52, 79, 80, 81, 140, 155, 172, 186
Diskriminierungsgefahr 142, 193
Distributions- bzw. Redistributionspolitik **156ff**
Dokumentenmatrix 90, 102
Effektivität 61, 80
Effizienz   17, 21, 61, 68, 80, 129, 190, 199
End-of-pipe-Technologie 6, 56, 57, 73, 193, 194
Energieeffizienz 15, 64, 67, 82
Energie-Mix 64, 75
Entscheidungsprozess 135, 137, 163, 188
Fördermöglichkeiten 141, 192
Forschungs- und Entwicklungspolitik 21, 64, 97, 135, 150, 152, 154, 156, 159, **171ff**, 174
Gefahrenabwehrplan 95
Handel 35, 38, 39, 143, 156, 157, 158, 179, 186
Handelspartner 143, 155, 157, 193
Hochschule 187, 188
Implementierungsverantwortlicher 31, 32, 33, 34, 84, 88, 90, 100, 103
Inertisierung 73
Input- und Outputströme 45, 50, 51, 52
Investitions- und Finanzpolitik 21, 97, 135, 150, 152, 154, **166ff**, 174
Investitionsentscheidung 61, 62, 167, 193
Investitionsrechnung 23, 194
Kapitalwertmethode 194
Käuferverhalten 160
Know-how 32, 34, 128, 138, 139, 158, 165, 169, 191, 194
Kommune 9, 26, 188, 189, 190, 218
Kommunikations-Mix 149, 164
Kommunikationspolitik 21, 35, 50, 61, 97, 130, 135, 140, 147, 150, 151, 152, 154, **161ff**, 166, 173, 174
Konditionenpolitik 159, 161
Konsumdiskrepanz 162
Kontrahierungspolitik 21, 92, 97, 132, 135, 150, 151, 152, **159ff**, 161, 173, 174
Kosten/Nutzen-Betrachtung 25

Kostenvergleichsrechnung 194
Leistungsfähigkeit .. 41, 98, 105, 108, 110, 197
Materialeffektivität 15, 66, 80, 82
Materialeffizienz 15, 66, 80, 82
Mitarbeiter 6, 7, 8, 37, 77, 86, 107
Modal-Split 78
NACE-Code 115, 121, 227
Nachhaltigkeit, nachhaltige Entwicklung..... 11, **13ff**
Entwicklung
Nutzwertanalyse 53, 183, 184, 185
Ökobilanz 11, 51, 52, 53, 78, 79, 171, 180, 181, 196
Organigramm 86, 92, 112, 132
Personal 89, 108, 155, 190
Personalpolitik **168ff**
Preispolitik 130, 159, 161
Produkt, umweltverträglich **80ff**
Produktionspolitik 64, 97, 152, 159, 174
Produkt-Leasing-Konzepte 81
Produktlinienuntersuchung 52, 79, 83, 171, 180
Produktpolitik 35, 64, 97, 111, 150, 151, **156**, 174, 185
Produkt-Sharing-Konzepte 81
Projektablauf 31, 41, 44, 105, 109
Prozessorganisation 20, 103
Qualitätsmanagement 22, 23, 37, 85, 125, 130, 133, 174, 195
Qualitätsmanagementsystem 195
Ressourcenqualität 141, 192
Review 103
Revision 103
Rohstoffversorgung 141, 192
Rücknahmesysteme 81
Sicherheitsmanagement 128, 130
Situationsanalyse 139, 212
Sponsoring-Partner 163, 165
St. Gallener Umweltmanagementmodell... 208, 219
Störfälle 10, 58, 69, 76
Technologie, End-of-pipe- 6, 56, 57, 73, 193, 194
Umweltaudit 103, 124
Umweltbetriebsprüfung **103ff**, **109ff**
Umweltbetriebsprüfungsverfahren.**103ff**, **105ff**
Umweltbetriebsprüfungsprogramm 107
Umweltbetriebsprüfungszeitraum 104
Umweltbetriebsprüfungszyklus 104, 109
Umweltbewusstsein **5ff**, 6, 9, 10, 11, 12, 37, 57, 58, 139, 140, 144, 147, 157, 158, 160, 162, 163, 180, 192
Umwelteinzelziele 18, 59, 64, 105
Umwelterklärung **110ff**

Umweltkompetenz 141, 143, 158, 166, 192, 193
Umweltmanagementhandbuch 23, **84ff**, 100, 103
Umweltmanagementsystem **84ff**, 197, 227, 228, 230
Umweltmanagementsystem-Audit 30, 35, 97, **103ff**, 228, 230
Umweltmanagementvertreter 31, 58, 84, 86, 92, 112, 120
Umweltnutzen 140, 141, 161, 192
Umweltpolitik.... **36ff**, 196, 226, 227, 228, 230
Umweltprogramm............ **59ff**, 196, 197, 227
Umweltprüfung......................... **40ff**, **44ff**, 231
Umweltprüfungsprogramm 43
Umweltprüfungsverfahren 40, **41ff**, 229
Umweltraum.. 14
Umweltschutztechnik 10, 15, 138, 191
Umweltzielsetzungen 18, 59, 64

Unternehmenspositionierung 29, 31, 135, **138ff**, 144, 164, 168, 182, 191
Unternehmensstrategie 25, 31, 129, 135, 136, 138, **145ff**, 154, 169, 178, 180
Validierung...**113ff**
Verantwortungsmatrix..........................87, 101
Verpackung **80ff**, **156ff**
Versandhandel..187
Versandhandelsunternehmen 187
vertikales Marketing 158
Wettbewerbsintensität..............................143
Wiederverwendung 52, 79, 82, 83
Wiederverwertung..................... 52, 79, 82, 83
Wirkungsschwelle 55, 73, 74, 75
Wirtschaftsprüfung 41, 59, 121, 136, 175
Wünsche 145, 146
Zertifizierung...**113ff**